**Professionelle Bewerbungsberatung
für Führungskräfte**

Christian Püttjer und *Uwe Schnierda* arbeiten seit 1992 als Trainer und Berater in den Bereichen Karriere, Bewerbung und Rhetorik. Ihre Erfahrungen aus Seminaren und Einzelberatungen haben sie, angereichert durch viele Tipps und Übungen, in zahlreichen Ratgebern veröffentlicht. Bei Campus erscheinen von Püttjer und Schnierda unter anderem *Assessment-Center-Training für Führungskräfte* und *Handbuch Einstellungstest*.

Christian Püttjer & Uwe Schnierda

Professionelle Bewerbungsberatung für Führungskräfte

Der Praxisratgeber für Ihren beruflichen Erfolg

Illustrationen von Hillar Mets

Campus Verlag
Frankfurt/New York

Bibliografische Information der Deutschen Nationalbibliothek:
Die Deutsche Nationalbibliothek verzeichnet diese Publikation in der
Deutschen Nationalbibliografie. Detaillierte bibliografische Daten
sind im Internet unter http://dnb.d-nb.de abrufbar.
ISBN 978-3-593-38840-3

5., aktualisierte und überarbeitete Auflage 2009

Das Werk einschließlich aller seiner Teile ist urheberrechtlich geschützt.
Jede Verwertung ist ohne Zustimmung des Verlags unzulässig. Das gilt
insbesondere für Vervielfältigungen, Übersetzungen, Mikroverfilmungen
und die Einspeicherung und Verarbeitung in elektronischen Systemen.
Copyright © 2001, 2006 und 2009 Campus Verlag GmbH, Frankfurt/Main
Umschlaggestaltung: grimm.design, Düsseldorf
Illustrationen: Hillar Mets
Satz: Publikations Atelier, Dreieich
Druck und Bindung: AALEXX Buchproduktion GmbH, Großburgwedel
Gedruckt auf säurefreiem und chlorfrei gebleichtem Papier.
Printed in Germany

Besuchen Sie uns im Internet: www.campus.de

Inhalt

Einleitung 11

**Bewerben mit der
Püttjer & Schnierda-Profil-Methode** 16

1. Führungskräfte gesucht 18

    Erfolg durch Individualität 19
    Die Wünsche der Unternehmen 23
    Praxiswissen für Ihre Bewerbung 25

I. Die Vorbereitung

2. Ihre Erfolgsbilanz 31

    Erfolge dokumentieren 33
    Wunschposition definieren 37

**3. Anforderungen der Unternehmen
an Führungskräfte** 41

    Geforderte berufliche Qualifikation 41
    Eigene berufliche Qualifikation 52
    Auswertung von Stellenausschreibungen 64

4. Auswahlverfahren im Bewerbungsprozess 70

Schriftliche Unterlagen 72
Interviews und Vorstellungsgespräche 73
Tests 75
Assessment-Center 79
Referenzen 81
Grafologische Gutachten 82

5. Die Selbstpräsentation: das Herzstück Ihrer Bewerbung 86

Schema für die Selbstpräsentation 88
Fehler in der Selbstpräsentation 91
Überzeugungsregeln für Ihre Selbstpräsentation 100
Selbstpräsentation optimieren und einsetzen 108

II. Suche und erste Kontaktaufnahme

6. Den Wunscharbeitgeber finden 115

Ihre Suche nach potenziellen neuen Arbeitgebern 115
Personalberatungen/Headhunter 119
Persönliche Kontakte zu Unternehmensvertretern knüpfen 122

7. Telefonische Kontaktaufnahme 126

Optimale Rahmenbedingungen schaffen 128
Gesprächsziele und eigene Fragen 129
An Stellenausschreibungen anknüpfen 131
Die richtige Selbstdarstellung am Telefon 134

8. Initiativbewerbungen ... 140

Initiative mit Erfolg ... 140
Beispiele für gelungene Initiativanschreiben ... 149

III. Ihre schriftlichen Bewerbungsunterlagen

9. Die Bewerbungsmappe ... 157

Unterlagen richtig sortieren ... 158
Die Mappenfrage ... 159

10. Das Anschreiben ... 162

Die richtige Form ... 162
Inhaltlich überzeugen ... 168

11. Der Lebenslauf ... 179

Themenblöcke ... 182
Lücken im Lebenslauf ... 198
Hobbys ... 200
Handschriftenprobe ... 201

12. Das Bewerbungsfoto ... 205

Der erste Eindruck ... 206
Das geeignete Foto ... 207
Das Foto in Ihrer Bewerbungsmappe ... 209

13. Gelungene Beispielanschreiben und -lebensläufe ... 212

Verkaufsleiter ... 214
Produktmanagerin Sportartikel ... 219
Leiter Qualitätssicherung ... 224

    Leiterin Personalentwicklung 229
    Leiter Marketing/Kommunikation. 233

14. Leistungsbilanz statt dritter Seite 238

    Aussagekraft oder Beliebigkeit?. 238
    Wann ist eine Leistungsbilanz sinnvoll?. 239

IV. Das Vorstellungsgespräch

15. Sinn und Zweck von Vorstellungsgesprächen 249

16. Motive für den Stellenwechsel 255

    Argumentationsstrategien. 257
    Zukunftsorientierung statt Vergangenheitsfixierung . 259

17. Vorbereitung des Vorstellungsgesprächs 263

    Die richtige Kleidung 263
    Einstimmung. 265
    Die Phasen des Vorstellungsgesprächs. 266

18. Gesprächspartner auf Unternehmensseite 271

    Personalverantwortliche. 272
    Direkte Vorgesetzte. 273
    Geschäftsführer und Firmeninhaber 275

19. Gesprächstechniken 279

    Offene Fragen 279
    Geschlossene Fragen 280

    Alternativfragen 281
    Stressfragen 283
    Antworttechnik: Beispiele geben 287

20. Stärken und Schwächen 293

    Stärken 293
    Schwächen 296

21. Fragenblöcke: Fragen an Sie 300

    Fragen zur Leistungsmotivation 301
    Fragen zur Führungserfahrung 304
    Fragen zum Unternehmen 308
    Fragen zur beruflichen Entwicklung 310
    Fragen zur Persönlichkeit 315
    Fragen zur privaten Lebensgestaltung 320

22. Ihre Fragen 326

23. Ihre Reaktion auf unzulässige Fragen 330

24. Gehaltsverhandlungen 335

    Gehaltshöhe ermitteln 336
    Gehaltsforderungen taktisch durchsetzen 339

25. Aktive Nachbereitung 343

    Telefonisch nachfassen 346
    Taktisch weiter bewerben 347

V. Sonderfälle

26. Bewerben mit 40-plus ... 351

Entkräften Sie Vorurteile ... 353
Das 40-plus-Anschreiben ... 355
Das 40-plus-Vorstellungsgespräch ... 357

27. E-Mail-Bewerbung: Die schnelle Variante ... 366

28. Englisch: die neue Herausforderung im Job-Interview ... 368

Warum werden englische Job-Interviews in Deutschland eingesetzt? ... 368
Die wichtigsten Fragekomplexe im Überblick ... 369

Fit für den Karrieresprung ... 378

Register ... 380

Wir sind für Sie da ... 387

Einleitung

Führungskräfte zeichnen sich im Berufsleben durch überdurchschnittliche Leistungen aus und durch den Willen, mehr als andere zu erreichen. Sie erwarten von ihren Arbeitgebern, dass ihnen ausreichend Handlungsspielraum und Verantwortung übertragen wird. Im Gegenzug wollen sich Unternehmen besonders sicher sein, dass sie den richtigen Mann respektive die richtige Frau auf die ausgeschriebene Position setzen.

Im Bewerbungsverfahren erwarten Unternehmen deshalb von dieser Bewerbergruppe mehr als von anderen. Die Auseinandersetzung mit den eigenen Vorstellungen und den Anforderungen im Berufsalltag ist eine Triebfeder für die Karriere von Führungskräften. Hier geht es nicht um irgendeinen Arbeitsplatz, der das tägliche Einkommen sichert: Führungskräfte suchen in ihrer Berufstätigkeit Zufriedenheit und das Gefühl, etwas bewegen zu können.

Von Führungskräften wird viel erwartet

Im Bewerbungsverfahren setzen sich Führungskräfte einem Wettstreit ähnlich dem Zehnkampf aus: Wie in der Königsdisziplin der Leichtathletik dürfen sie sich in keiner Disziplin Schwächen erlauben und müssen ihre Stärken so einsetzen, dass am Ende eine optimale Punktzahl erzielt wird. Der Sieg im Bewerbungsprozedere wird nur gelingen, wenn sie sich mental richtig vorbereitet haben, trainiert sind, gezielt mit ihren Ressourcen umgehen und Wettkampfstärke beweisen.

Stellen Sie Ihren persönlichen Rekord auf. Unser Bewerbungsratgeber hilft Ihnen dabei, sich für die Anforderungen dieses anspruchsvollen Bewerbungsverfahrens fit zu machen. Wir

Erfolg durch optimale Vorbereitung

erläutern Ihnen die richtige Technik für die einzelnen Disziplinen, geben Ihnen mit unseren Übungen sinnvolle Trainingseinheiten und verraten Ihnen die Tipps und Tricks, mit denen Sie sich den entscheidenden Vorsprung für den Sieg sichern. Der Bewerbungsprozess für Führungskräfte verläuft in verschiedenen Stufen. Die Übersicht 1 zeigt Ihnen, was Sie erwartet.

Bewerbungsprozess für Führungskräfte

Übersicht 1

- Erfolge dokumentieren und Wunschposition definieren
- Anforderungen der Unternehmen durchschauen
- Auswahlverfahren überblicken
- Selbstpräsentation erstellen
- Kontakt zu Wunscharbeitgebern aufnehmen
- Initiativbewerbung einsetzen
- schriftliche Unterlagen aufbereiten
- in Vorstellungsgesprächen überzeugen
- Gehaltsziele festlegen
- Assessment-Center bestehen
- **Arbeitsvertrag unterschreiben**

> Außerdem sollten Sie sich gegebenenfalls auf die folgenden Sonderfälle einstellen:
>
> Überzeugungsarbeit: Bewerbung mit 40-plus
> Aktuell: E-Mail-Bewerbungen
> Herausforderung: englische Job-Interviews

Wir werden Sie auf jede dieser Stufen vorbereiten. Dabei erhalten Sie handfeste Trainingstipps von uns. Sie erarbeiten sich damit Wettkampfvorteile, die wir schon vielen Führungskräften aus verschiedenen Branchen vermittelt haben.

Bei der Vorbereitung spielt Ihr individuelles Profil eine wichtige Rolle. Im Mittelpunkt unserer Arbeit als Karriereberater und Bewerbungstrainer steht immer der Bewerber mit seinen Wünschen, Bedürfnissen und speziellen Zielen. Jede Führungskraft bringt einen spezifischen beruflichen Hintergrund mit und möchte sich in ihrem Tätigkeitsfeld besonderen Anforderungen stellen. Wir helfen Ihnen, aus dem, was Sie mitbringen, das Optimum herauszuholen. *So erarbeiten Sie sich Wettkampfvorteile*

Die langjährige erfolgreiche Ausübung einer beruflichen Tätigkeit führt oft dazu, dass die Anforderungen des Arbeitsmarktes aus dem Blick geraten. Wir machen Sie mit den Erwartungen der Unternehmen an neue Mitarbeiter vertraut, damit Sie sich ein umfassendes und überzeugendes Qualifikationsprofil erarbeiten.

Als Führungskraft auf dem Sprung nach oben werden Sie mit der gesamten Palette der Personalauswahl konfrontiert werden, insbesondere solchen Verfahren, die Führungsqualitäten überprüfen. Deshalb werden wir Ihnen das Assessment-Center ebenso erläutern wie den Stellenwert von Referenzen. Daneben stellen wir Ihnen die weiteren Auswahlverfahren wie die Beurteilung der schriftlichen Unterlagen und die Auswertung von Vorstellungsgesprächen, den Einsatz von Tests und grafologische Gutachten vor. *Vorbereitung auf unterschiedliche Personalauswahlverfahren*

Ihre Selbstpräsentation ist im Bewerbungsverfahren der Schlüssel zum Erfolg. In jeder einzelnen Bewerbungsstufe werden Sie sich und Ihre berufliche Qualifikation darstellen müssen. Dies gilt sowohl für das Anschreiben als auch für die Selbstdarstellung im Vorstellungsgespräch, für die persönliche und telefonische Kontaktaufnahme und für Gehaltsverhandlungen. Da Ihr individuelles Profil gefragt ist, müssen Sie in Ihrer Selbstpräsentation knapp, aber aussagekräftig darstellen können, über welche beruflichen Qualifikationen Sie verfügen und warum diese Sie für die Übernahme einer neuen Position befähigen.

Der Schlüssel zum Erfolg: Ihre Selbstpräsentation

Bei Ihrer Suche nach einem neuen Arbeitgeber müssen Sie in der Lage sein, Interesse an Ihrer Person und Ihren Qualifikationen zu wecken. Wir erklären Ihnen, wie Sie über die üblichen Wege der Kontaktaufnahme hinaus Zugang zu interessanten Stellen finden.

Eine besondere Rolle spielen Initiativbewerbungen. Diese müssen per Telefon vorbereitet werden. Wir erläutern Ihnen, wie Sie bereits am Telefon Ihr Profil vermitteln und wie Sie Informationen erfragen können, die für Ihre schriftliche Bewerbung von Bedeutung sind. Eine Initiativbewerbung ist keine Blindbewerbung. Wir zeigen Ihnen, welche Vorarbeit Sie dazu leisten müssen.

Der nächste Schritt ist die Gestaltung und Ausformulierung der schriftlichen Bewerbungsunterlagen. Wir stellen Ihnen ein Schema für die Ausformulierung von Anschreiben vor und helfen Ihnen, formale Fehler zu vermeiden. Damit auch Ihr Lebenslauf so aussagekräftig wie möglich wird, machen wir Sie mit dem positionsbezogenen Lebenslauf vertraut. Daneben lernen Sie die Regeln kennen, nach denen Sie Ihr Bewerbungsfoto aussuchen sollten. Mit Beispielanschreiben und -lebensläufen zeigen wir Ihnen, wie Sie Ihre Unterlagen erfolgversprechend aufbereiten können.

Die optimalen Bewerbungsunterlagen

Ist die Hürde der schriftlichen Vorauswahl überwunden, gilt es, im Vorstellungsgespräch weitere Punkte zu sammeln. Damit Sie nicht in typische Bewerberfallen tappen, bereiten wir Sie intensiv auf die einzelnen Fragenblöcke und auf Stressfragen vor. Damit Sie flexibel auf die Gesprächspartner, die Ihnen gegenübersitzen werden, reagieren können, stellen wir Ihnen die richtigen Antwortstrategien vor. Sie lernen, Ihre Stärken im Gespräch herauszustellen und zu verdeutlichen, dass Sie die beziehungsweise der Richtige für die neue Position sind.

Gerade Führungskräfte werden häufig mit modernen Personalauswahlverfahren wie dem Assessment-Center konfrontiert. Wir stellen Ihnen die häufigsten Gruppenauswahlverfahren vor und erläutern, warum diese für Führungskräfte eingesetzt werden.

Was erwartet Sie bei Gruppenauswahlverfahren?

Bewerber, die 40 Jahre und älter sind, befinden sich in einer besonderen Situation. Manche Personalverantwortliche haben Vorurteile gegenüber älteren Bewerbern. 40-plus-Bewerber sollten es im Bewerbungsverfahren vermeiden, diese Vorurteile unabsichtlich zu bestätigen. Wenn 40-plus-Bewerber ihre bisherigen Erfolge herausstellen und sich als Bewerber präsentieren, von denen noch viel zu erwarten ist, haben sie die gleichen Chancen wie alle anderen Führungskräfte.

Manche Arbeitgeber wünschen mittlerweile ausschließlich Bewerbungen per E-Mail. Damit Ihre virtuelle Bewerbung nicht einfach weggeklickt wird, verraten wir Ihnen, welche Besonderheiten für die schnellste Variante des Bewerbungsverfahrens gelten.

Wie erläutern Sie auf Englisch Ihre berufliche Entwicklung? Wie präsentieren Sie Ihre Stärken in dieser Fremdsprache? Und wie machen Sie in englischer Sprache deutlich, dass Sie sich gründlich über Ihr künftiges Arbeitsfeld und die dazugehörigen Aufgaben informiert haben? Lassen Sie sich ebenfalls erläutern, wie Sie in englischen Job-Interviews eine Hands-on-Mentalität vermitteln und Ihren persönlichen Anteil an Firmenerfolgen deutlich herausstellen können.

Unser Ratgeber wird Sie umfassend auf alle Disziplinen im Bewerbungsverfahren vorbereiten. Erarbeiten Sie sich den nächsten Karriereschritt. Wir begleiten Sie dabei.

Bewerben mit der
Püttjer & Schnierda-Profil-Methode

Gesichtslose Massenbewerber machen es sich und den Unternehmen unnötig schwer, zueinander zu finden. Machen Sie es besser: Sie werden sich im Bewerbungsverfahren mehr Gehör verschaffen, wenn Sie Ihr Profil vermitteln können.

Die Profil-Methode, die die Erfolgscoaches Christian Püttjer und Uwe Schnierda dazu in ihrer über 15-jährigen Beratungspraxis (www.karriereakademie.de) entwickelt haben, hat schon vielen Bewerbern zu mehr Erfolg verholfen.

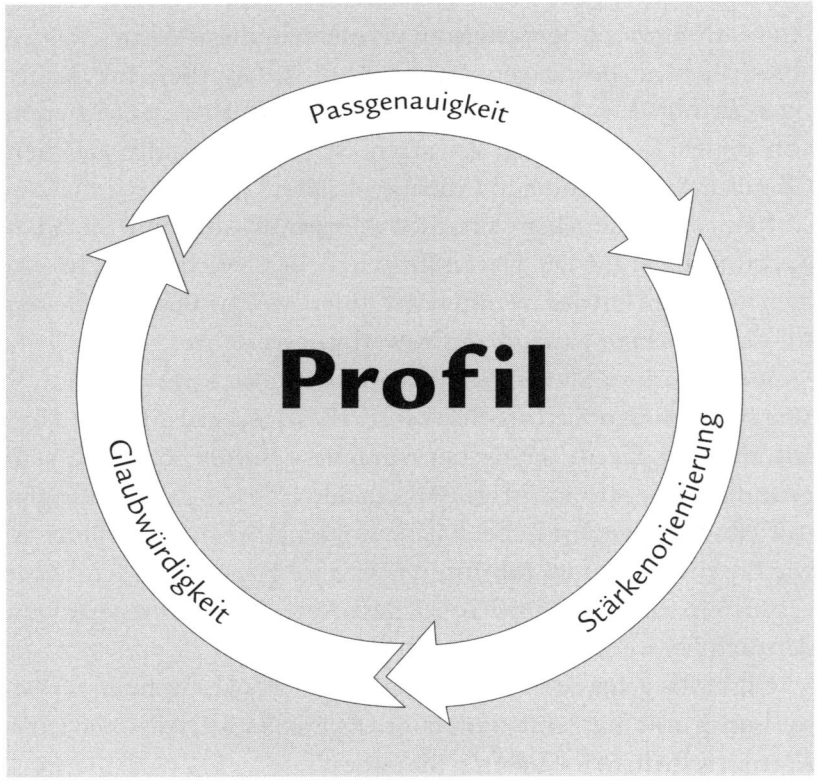

Drei Kernelemente kennzeichnen die Profil-Methode: Punkten Sie mit einer passgenauen Bewerbung, vermitteln Sie Ihre Stärken und treten Sie glaubwürdig auf.

1. Passgenauigkeit

Je besser Sie in Ihrer Bewerbung auf die Anforderungen einer Stelle eingehen, desto höher ist Ihre Erfolgsquote. Machen Sie sich den Blick der Personalverantwortlichen zu eigen. Argumentieren Sie von den Anforderungen der zu vergebenden Stelle her. So wird Ihre Bewerbung passgenau.

2. Stärkenorientierung

Niemand lässt sich durch Krisen- und Problemschilderungen von etwas überzeugen – auch Unternehmen nicht! Verzichten Sie auf Selbstabwertungen, stellen Sie lieber Ihre Vorzüge in den Mittelpunkt Ihrer Bewerbung. So werden Ihre Stärken sichtbar.

3. Glaubwürdigkeit

Verbiegen Sie sich nicht im Bewerbungsverfahren, Ihre Persönlichkeit ist gefragt! Verstecken Sie sich nicht hinter Leerfloskeln und abstrakten Formulierungen, liefern Sie statt dessen nachvollziehbare Beispiele, die Ihre Bewerbung mit Leben füllen. So gewinnen Sie Glaubwürdigkeit.

Alle im Campus Verlag erschienenen Bewerbungsratgeber von Püttjer & Schnierda basieren auf der Profil-Methode. Erfahren Sie in diesem Ratgeber, wie Sie Schritt für Schritt Ihr eigenes Profil entwickeln und vermitteln können.

1
Führungskräfte gesucht

Als Führungskraft können Sie nicht einfach im Bewerberstrom mitschwimmen. Man erwartet von Ihnen besondere Leistungen im Berufsalltag. Machen Sie schon mit der Bewerbung deutlich, dass Sie mehr zu bieten haben als der Durchschnitt. Unsere Tipps aus der Praxis werden Ihnen dabei helfen, den Karrieresprung vorzubereiten.

Auf dem Weg nach oben steigen die Anforderungen. Der Karrieresprung wird Ihnen nur gelingen, wenn Sie herausstellen können, dass Sie in Ihren bisherigen Positionen ein Gewinn für das jeweilige Unternehmen waren. Ihre berufliche Orientierung ist abgeschlossen. In Ihren bisherigen Tätigkeiten haben sich Bereiche herauskristallisiert, in denen Sie Experte sind und Außergewöhnliches leisten können. Stellen Sie diese individuellen Leistungen heraus.

Stellen Sie Ihre individuellen Stärken heraus

Gefragt ist nicht der gesichtslose Bewerber, sondern die Führungskraft, die ihre Stärken kennt und weiß, in welchem Arbeitsumfeld diese am besten zum Tragen kommen. Machen Sie möglichen neuen Arbeitgebern deutlich, was Sie für sie leisten können. Gleichen Sie Ihre Vorstellungen mit denen der Unternehmen ab.

Damit Sie die Klippen des Bewerbungsverfahrens umschiffen, stellen wir Ihnen die offenen und verborgenen Erwartungen der Personalverantwortlichen vor. Führungskräften ist nicht immer klar, was von ihnen im Bewerbungsverfahren erwartet wird, denn nicht alle Anforderungen der Unternehmensseite werden klar ausgesprochen. Manches bleibt undurchsichtig.

Wir helfen Ihnen dabei, den Schleier zu lüften. Nutzen Sie unser Wissen aus der Praxis, damit Ihr Karrieresprung gelingt.

Erfolg durch Individualität

Führungskräfte haben im Bewerbungsverfahren Erfolg, wenn sie ihr individuelles Profil in ihrer Bewerbungsmappe und im Vorstellungsgespräch deutlich machen. Die Individualität der Bewerberinnen und Bewerber zeigt sich daran, über welche Kenntnisse und Fähigkeiten sie verfügen und wie sie diese bei der Lösung beruflicher Aufgaben einsetzen. Wichtig dabei ist, das eigene Qualifikationsprofil auf die Wünsche des betreffenden Unternehmens zuzuschneiden. Diese Anpassung gelingt nicht in einem einzigen Schritt. Sie werden Unternehmen erst dann von sich überzeugen, wenn Sie bereit sind, sich Ihr individuelles Profil vor dem Einstieg in die aktive Bewerbungsphase Schritt für Schritt zu erschließen.

Schneiden Sie Ihr Qualifikationsprofil auf das Unternehmen zu

Aus unserer Beratungspraxis
Bewerber ohne Profil

Ein Sales-Manager suchte uns auf, weil er den Karriereschritt zum Verkaufsleiter vorbereiten wollte. Zum vereinbarten Termin brachte er mehrere für ihn interessante Stellenanzeigen, sein Anschreiben und seinen Lebenslauf mit. Er bat uns, das Anschreiben und den Lebenslauf zu überprüfen und ihm Änderungen vorzuschlagen. Dann verabschiedete er sich. Er hätte es wegen eines Termins bei einem Kunden leider sehr eilig und würde in zwei Stunden wiederkommen, um die überarbeiteten schriftlichen Bewerbungsunterlagen in Empfang zu nehmen.

Der Blick auf die Unterlagen ergab, dass der Sales-Manager sehr oberflächlich, zu allgemein und etwas zu forsch formuliert hatte. In seinem Anschreiben stellte er sich so dar: »Ich kenne die Tätigkeiten eines Verkaufsleiters. Ich bin kreativ, dynamisch und verhandlungsgewandt. Mein derzeitiges Tätigkeitsfeld füllt mich nicht mehr aus. Ich weiß, dass noch mehr in mir steckt. Sie werden es nicht bereuen, mir eine Chance zu geben. Lassen Sie sich von meinen Fähigkeiten in einem Gespräch überzeugen. Rufen Sie mich bald an.« Seine – sicherlich vorhandenen – Handlungskompetenzen bei der Bewältigung des Tagesgeschäftes stellte er ebenso wenig heraus wie besondere Erfolge oder zusätzlich übernommene Projektaufgaben. Auch auf die besonderen Anforderungen der ihn interessierenden Stellenanzeigen war er nicht weiter eingegangen. Sein individuelles Profil wurde dadurch für neue Arbeitgeber nicht deutlich.

Wir konnten den Sales-Manager davon überzeugen, dass er mit seinen Bewerbungsunterlagen nur dann zu Vorstellungsgesprächen eingeladen werden würde, wenn er beim Marketing in eigener Sache genauso vorgehen würde wie bei der Akquisition von Neukunden in seinem Arbeitsfeld. Um im Verkauf ein individuelles Angebot machen zu können, müsse er zunächst die Wünsche des Kunden ermitteln und dann mit seinem Angebot auf die geforderten Leistungsmerkmale eingehen. Wichtig dabei sei auch, den besonderen Nutzen der von ihm angebotenen Produkte herauszustellen, damit deutlich würde, in welcher Hinsicht sich seine Leistungen von denen der Mitbewerber absetzten.

Wir erfragten die Aufgabenbereiche, Tätigkeitsfelder und besonderen Erfolge dieses Sales-Managers und konnten auf diese Weise sein individuelles Profil definieren. Nachdem wir eine Basis für seine Anschreiben erarbeitet hatten, kam es darauf an, auf die besonderen Anforderungen einzugehen, die in den Stellenanzeigen für die Position Verkaufsleiter formuliert wurden. In einem der Anschreiben stellten wir das verlangte aktive Beziehungsmanagement von Kunden stärker in den Vordergrund, in einem anderen gaben wir zusätzliche Belege für die geforderte Erfahrung in der Übernahme von Projektmanagementaufgaben.

Der Sales-Manager hatte nun mehrere individuell ausgerichtete Anschreiben, in denen klar herausgearbeitet war, welchen Nutzen neue Arbeitgeber von ihm hätten. Die konkrete Beschreibung seiner Tätigkeiten, die Verweise auf seine berufliche Praxis und der individuelle Zuschnitt auf die Anforderungen der Unternehmen führten zum gewünschten Bewerbungserfolg. Der Sales-Manager wurde zu Vorstellungsgesprächen eingeladen und konnte überzeugen. Der Karrieresprung zum Verkaufsleiter gelang.

Fazit: Führungskräfte sind sich über den Umfang und die Art der von ihnen täglich ausgeübten Tätigkeiten oft selbst nicht im Klaren. Im Bewerbungsverfahren kommt es aber darauf an, außenstehende Dritte von den eigenen Qualifikationen in kurzer Zeit zu überzeugen. Deswegen müssen sich Bewerber vor dem Einstieg in die aktive Bewerbungsphase zunächst intensiv mit den eigenen Kenntnissen und Fähigkeiten auseinander setzen. Auf dieser Grundlage lässt sich ein berufliches Profil entwickeln, das auf die individuellen Wünsche der jeweiligen Unternehmen abgestimmt werden muss.

»Können Sie ein individuelles Profil entdecken?«

Die gelungene Selbstpräsentation als Erfolgsfaktor

Bei der Ausarbeitung Ihrer schriftlichen Unterlagen und bei der Vorbereitung von Vorstellungsgesprächen werden wir Sie mit unserem Praxiswissen in der Betreuung von Führungskräften unterstützen. Wir erläutern Ihnen, wie Sie sich Ihre persönliche Erfolgsbilanz erschließen und diese so aufbereiten, dass Ihr einzigartiges Profil deutlich wird. Das Herzstück Ihrer Bewerbungsarbeit ist die Erarbeitung Ihres individuellen Profils in Form einer Selbstpräsentation. Diese Selbstpräsentation ist die Grundlage für inhaltlich ausgerichtete Anschreiben und schlüssige Selbstbeschreibungen in Vorstellungsgesprächen. Nutzen Sie unsere Hinweise, Beispiele und Übungen, um für das Bewerbungsverfahren Ihre Individualität herauszuarbeiten, die Personalverantwortliche überzeugt.

Die Wünsche der Unternehmen

Für Unternehmen sind Führungskräfte in erster Linie Problemlöser. Sie werden eingestellt, um berufliche Aufgaben zu übernehmen, deren Lösung es dem Unternehmen ermöglicht, Geschäftserfolge zu erzielen und am Markt zu bestehen. Die bisher übernommenen beruflichen Aufgaben spielen bei der Beurteilung der Qualifikationen von Führungskräften eine entscheidende Rolle. Führungskräfte müssen nachweisen, dass sie sich in ihrer Berufstätigkeit die Handlungskompetenz erworben haben, die man sich nicht in einer Ausbildung oder einem Studium aneignen kann.

Der Unterschied zwischen Bewerbern mit Berufserfahrung und Berufseinsteigern liegt darin begründet, dass es bei Einsteigern ausreichen kann, wenn sie über ein ausbaufähiges Qualifikationsprofil verfügen. Führungskräfte dagegen müssen nachweisen, dass sie den Ausbau ihres Qualifikationsprofils schon in ihrer Berufstätigkeit geleistet haben. Neben dem unverzichtbaren Fachwissen und gefragten persönlichen Eigenschaften spielt bei Führungskräften die methodische Kompetenz eine wichtige Rolle. Dazu gehört die Fähigkeit, komplexe Aufgaben zu strukturieren, Vorgänge zu delegieren, Arbeitsprozesse zu gestalten und Mitarbeiter anzuleiten. Da bei Führungskräften die Fähigkeit zur Lösung beruflicher Aufgaben gefragt ist, müssen Sie nachweisen, dass Sie bereits erfolgreich Aufgabenstellungen bearbeitet haben.

Zeigen Sie, dass Sie methodische Kompetenz erworben haben

Die Darstellung beruflicher Erfolge verlangt von Ihnen inhaltliche Arbeit bei der Bewerbung. Von Unternehmen hören wir häufig die Klage, dass eine inhaltliche Auseinandersetzung mit dem eigenen Profil und den Anforderungen des neuen Arbeitsplatzes von vielen Führungskräften nicht geleistet wird. Aus einer Bewerbung, in der nur die aktuelle Berufsbezeichnung angegeben wird und die sich darauf beschränkt, ein prinzipielles Interesse an einer neuen Stelle zu bekunden, kann ein Unternehmen nicht erkennen, ob der Absender bisher erfolgreich gearbeitet hat. Damit ist die Einschätzung unmöglich, ob der Bewerber auf der neuen Position erfolgreich arbeiten wird.

Personalverantwortliche fühlen sich von Bewerberinnen und Bewerbern viel zu häufig als Berufsberater missbraucht, wenn ihnen einfach ein Stapel Papier ohne ausgearbeitetes Profil als Bewerbungsmappe zugesandt wird. Die dahinter stehende Hoffnung der Bewerber »Die Personalprofis werden schon etwas aus mir machen, die wissen schließlich, was gefragt ist« erfüllt sich üblicherweise nicht. Personalauswahl ist keine Berufsberatung, und Profillosigkeit ist eine Todsünde im Bewerbungsverfahren.

Erarbeiten und präsentieren Sie Ihr individuelles Profil

Wir werden Ihnen im Verlauf unserer Ausführungen viele Möglichkeiten vorstellen, wie Sie sich Ihr individuelles Profil erarbeiten und so präsentieren, dass Sie auf die Wünsche der Unternehmen eingehen. Die Unternehmen horchen auf, wenn Bewerber von Anfang an hervorheben, was sie bereits beruflich geleistet haben, und dass diese Leistungen auch in der neuen Stelle verwertbar sind. Wunschbewerber lassen im Bewerbungsverfahren von Anfang an erkennen, welchen Nutzen das neue Unternehmen von ihnen hat. Sie werden von uns erfahren, wie Ihnen der Sprung von der Perspektive des Bewerbers und seinen Vorstellungen hin zu der des Unternehmens gelingt. Nur wer verstanden hat, welche Anforderungen die Unternehmen an ihre Mitarbeiter stellen, ist in der Lage, darauf einzugehen.

Heben Sie die Fähigkeiten hervor, die für das Unternehmen interessant sind

Im Bewerbungsverfahren müssen Sie immer wieder die Perspektive des Unternehmens übernehmen können. Ihr Anschreiben und Ihren Lebenslauf müssen Sie so aufbauen, dass für das Unternehmen ein Abgleich Ihres Profils mit dem Stellenprofil möglich wird. Bei persönlichen oder telefonischen Kontakten zu Unternehmensvertretern sollten Sie diejenigen Aspekte aus Ihrem Profil herausstellen, die für genau dieses Unternehmen interessant sind. In Vorstellungsgesprächen sollten Sie konkrete

Beispiele für Ihre Kenntnisse und Fähigkeiten liefern, die belegen, dass Ihre Arbeitsleistung für das neue Unternehmen von Wert ist.

Unsere Ausführungen werden Ihnen dabei helfen, die Sichtweise der Unternehmen zu verstehen und auf die entsprechenden Anforderungen zu reagieren. Sie erfahren, warum in Stellenausschreibungen immer wieder Schlagworte zur sozialen und methodischen Kompetenz verwendet werden und wie Sie diese Schlagworte für eine inhaltliche Ausgestaltung Ihrer Bewerbung nutzen können. Wir zeigen Ihnen Beispiele, wie Sie sich im Anschreiben und im Lebenslauf so darstellen können, dass die neue Stelle als konsequente Weiterführung Ihrer beruflichen Entwicklung erscheint. Wir machen Sie mit den Fragenblöcken aus Vorstellungsgesprächen vertraut und erläutern Ihnen, welche Absichten die Unternehmensseite mit einzelnen Fragen verfolgt. So können Sie in Vorstellungsgesprächen angemessen reagieren und die Vertreter der Unternehmensseite für sich einnehmen.

Nehmen Sie einen Perspektivenwechsel vor

Lernen Sie, die Spielregeln zu durchschauen, nach denen Unternehmen Führungskräfte auswählen. Erkennen Sie, welche Anforderungen die Unternehmen an Sie stellen. Unsere Übungen und Beispiele werden Ihnen die Sicherheit geben, die Ihnen einen souveränen Auftritt im Bewerbungsverfahren ermöglicht.

Praxiswissen für Ihre Bewerbung

Im Bewerbungsverfahren liegen nicht alle Regeln offen. Bewerberinnen und Bewerber erkennen nicht unmittelbar, warum sie mit einer Bewerbung Erfolg hatten oder auch nicht. Nachfragen bei den Unternehmen nach den Gründen für das Scheitern helfen meist nicht weiter. Die Antworten bleiben in der Regel unverbindlich. Sie lauten meist: »Wir haben ei-

Die Regeln des Bewerbungsverfahrens

nen Bewerber gefunden, der besser zu der ausgeschriebenen Stelle passt« oder »Wir fanden Ihr Profil durchaus interessant, haben uns aber für eine andere Bewerberin entschieden«. Als Führungskraft sollten Sie sich damit nicht zufrieden geben.

Nutzen Sie das Praxiswissen von Bewerbungsprofis

Wir machen Sie mit den ausgesprochenen, aber vor allem mit vielen unausgesprochenen Regeln des Bewerbungsverfahrens vertraut. Als Bewerbungstrainer und Karriereberater kennen wir die versteckten Klippen, auf die Führungskräfte immer wieder auflaufen. Personalverantwortliche sind es gewohnt, sich viele Informationen durch das »Lesen zwischen den Zeilen« zu erschließen. Sie haben täglich mit Bewerbungen zu tun und sind Profis im Beurteilen einzelner Bewerberprofile.

Für Führungskräfte gehört die Aufbereitung von Bewerbungsunterlagen und die Selbstdarstellung im Gespräch nicht zu den täglichen Aufgaben. Oft liegt die letzte Bewerbung schon eine lange Zeit zurück. Damit Sie nicht an Hürden scheitern, die außerhalb Ihrer Wahrnehmung liegen, sollten Sie unser Praxiswissen rund um die Bewerbung für sich nutzen. Wir kennen die Sorgen und Nöten der Bewerber ebenso wie die Schwierigkeiten der Unternehmen, geeignete Mitarbeiter zu finden. Der Fokus unserer Arbeit liegt darin, für beide Seiten Zufriedenheit zu erzielen.

Erfolg ist planbar

Erarbeiten auch Sie sich die Erfolge, die wir im Coaching für Führungskräfte erzielen konnten. Überlassen Sie Ihre Bewerbung nicht dem Zufall. Gerade für Führungskräfte ist ein möglichst detaillierter Abgleich der eigenen Vorstellungen mit denen des Unternehmens wichtig. Ein Wechsel auf eine andere Position bringt Ihnen nichts, wenn Sie dort nicht erfolgreich tätig sein können, Ihnen die Aufgaben nicht liegen und Sie Ihre Karriere nicht vorantreiben können.

Finden Sie deshalb heraus, was Sie durch den Wechsel auf eine neue Position erreichen wollen, definieren Sie die Schwerpunkte Ihrer neuen Tätigkeit und suchen Sie in Ihrer bisherigen Erfolgsbilanz nach Anknüpfungspunkten, die Ihre beruflichen

Wünsche auch für andere nachvollziehbar werden lassen. Erarbeiten Sie sich ein aussagekräftiges Profil. Lernen Sie, Ihre Stärken in einer schriftlichen Bewerbung zu vermitteln. Gehen Sie aktiv auf Ihre Wunscharbeitgeber zu. Überzeugen Sie mit Ihrem Profil in Vorstellungsgesprächen. Auf diese Weise werden Sie zum Wunschkandidaten für Ihre Wunscharbeitgeber.

Auf einen Blick
Führungskräfte gesucht

- Stellen Sie im Bewerbungsverfahren Ihr individuelles Qualifikationsprofil heraus.
- Schneiden Sie Ihr Qualifikationsprofil auf die Wünsche des Unternehmens zu.
- Zeigen Sie, dass Sie auch bisher schon erfolgreich gearbeitet haben.
- Überlassen Sie die Einschätzung Ihrer Qualifikationen nicht der Personalabteilung Ihres Wunschunternehmens, liefern Sie Argumente für Ihre Einstellung.
- Machen Sie sich mit den Regeln des Bewerbungsverfahrens vertraut.
- Gleichen Sie Ihre eigenen Vorstellungen mit denen Ihres Wunschunternehmens ab.

I
Die Vorbereitung

2
Ihre Erfolgsbilanz

Führungskräfte, die ihren nächsten Karriereschritt vorbereiten, brauchen Argumentationsmaterial, um den Unternehmen den Wert ihrer Arbeitsleistung verdeutlichen zu können. Als Führungskraft können Sie auf vielfältige berufliche Erfahrungen und Erfolge zurückgreifen. Für das Bewerbungsverfahren kommt es darauf an, dass Sie Ihre Erfolgsbilanz anhand von konkreten Beispielen vermitteln können. Vermeiden Sie inhaltsleere Selbstdarstellungen. Machen Sie deutlich, dass Sie ein Gewinn für das zukünftige Unternehmen sind.

Als Führungskraft sind Sie in der Lage, Ihren nächsten Karriereschritt auf der Grundlage bisheriger Erfolge vorzubereiten. Es geht für Sie nicht um irgendeine neue Tätigkeit, sondern um die Fortführung Ihrer beruflichen Erfolgsstory. Um Ihren beruflichen Aufstieg voranzutreiben, müssen Sie die Basis für Ihren Erfolg vermitteln können. Aus unserer Beratungspraxis wissen wir, dass man die eigenen beruflichen Erfolge oft nicht mehr wahrnimmt. Im Gedächtnis bleiben eher Probleme und Schwierigkeiten. Erfolgreiches Arbeiten wird von Führungskräften als selbstverständlich angesehen.

Führen Sie sich Ihre bisherigen Erfolge vor Augen

Für Sie heißt dies: Für das Bewerbungsverfahren müssen Sie wieder Zugang zu Ihren bisherigen Erfolgen finden. Überzeugen Sie zuerst einmal sich selbst vom Wert des bisher Geleisteten, bevor Sie damit beginnen, andere überzeugen zu wollen.

Aus unserer Beratungspraxis

Assistent mit Problemen

Ein Assistent der Geschäftsleitung in einem mittelständischen Unternehmen wollte den nächsten Karriereschritt machen. Nach fünf Jahren Berufstätigkeit in seiner derzeitigen Position suchte er eine neue berufliche Herausforderung. Wie viele Stellenwechsler machte er sich mehr Gedanken darüber, welche beruflichen Positionen noch für ihn in Frage kämen, anstatt ein aussagekräftiges Profil von sich zu erstellen. Er war der Meinung, dass er für eine Position, die die gleichen Tätigkeitsinhalte wie seine momentane Arbeit hätte, quasi automatisch eingestellt werden würde.

Sein Anschreiben vermittelte gerade einmal seine aktuelle Berufsbezeichnung, seine familiäre Situation, eine Ausschlussliste von Orten, an denen er nicht arbeiten wollte, und von Tätigkeiten, die er nicht übernehmen wollte. Ein eigenes Qualifikationsprofil wurde ebenso wenig deutlich wie bisher erzielte berufliche Erfolge.

In dem Gespräch mit ihm kristallisierte sich heraus, dass er als Assistent der Geschäftsleitung Controllingaufgaben wahrgenommen hatte. Er hatte nach einem Jahr Einarbeitung ein modernes Controllingsystem aufgebaut, ein Management-Informationssystem installiert und die Vernetzung von Informations- und Entscheidungsprozessen vorangetrieben.

Für ihn selbst waren seine bisherigen Leistungen schon in den Hintergrund getreten. Stattdessen hatte er das Gefühl, sich in Problemen aufzureiben. Eine eigene Abteilung für das Controlling war bisher entgegen gegebener Zusagen nicht geschaffen worden und er bearbeitete das gesamte Controlling immer noch alleine. Diese Situation bot jedoch für eine Bewerbung eine gute Ausgangsbasis,

> da er sehr umfangreiche Aufgaben im Controlling bearbeitet hatte.
> Wir erarbeiteten mit ihm eine aussagekräftige Darstellung seiner bisherigen beruflichen Erfahrungen und Erfolge. Mit dieser Erfolgsbilanz konnte er neue Arbeitgeber für sich interessieren und seine schriftlichen Bewerbungen hatten Erfolg. Nachdem er gelernt hatte, seine Erfolge auch im Gespräch herauszustellen, und darauf verzichtete, Probleme am alten Arbeitsplatz zu thematisieren, gelang ihm der Sprung auf eine Abteilungsleiterposition im Controlling.
>
> *Fazit:* Der Erfolg im Bewerbungsverfahren beruht auf der aussagekräftigen Darstellung beruflicher Erfolge. Das Profil des Bewerbers muss deutlich werden, damit Unternehmen überhaupt einen Abgleich von Bewerberprofil und Stellenprofil vornehmen können.

Anhand unserer folgenden Ausführungen und Übungen werden Sie sich Ihr individuelles Profil erarbeiten, indem Sie Ihre bisherige berufliche Tätigkeit auf wahrgenommene Aufgaben und erzielte Erfolge hin durchgehen.

Erfolge dokumentieren

Ihre momentane Position spielt bei Ihrer Bewerbung die größte Rolle. Stellen Sie die von Ihnen bearbeiteten Aufgaben heraus und vollziehen Sie Ihre Entwicklung in diesem Unternehmen noch einmal nach. Auch die in vorangegangenen Tätigkeiten wahrgenommenen Aufgaben sollten Sie aufschreiben. Als Anhaltspunkte können Ihnen Arbeitszeugnisse, Zwischenzeugnisse, Stellenbeschreibungen, Projektberichte

Dokumentieren Sie Ihre beruflichen Leistungen

und Protokolle von Sonderaufgaben dienen. Nehmen Sie sich genügend Zeit für die Erstellung Ihrer Erfolgsbilanz. Gehen Sie Ihre gesamte Berufstätigkeit von Ihrem Berufseinstieg bis heute durch und erstellen Sie eine umfassende Dokumentation Ihrer bisherigen beruflichen Leistungen.

Ihre Erfolgsbilanz sollte möglichst lückenlos sein

An diesem Punkt Ihrer Vorbereitung sollten Sie sich nicht beschränken. Die Auswahl der für eine Bewerbung relevanten Erfahrungen und Erfolge findet später statt. Erarbeiten Sie sich zunächst eine lückenlose Aufstellung der bewältigten Aufgaben und Projekte, auf die Sie im Bewerbungsverfahren immer wieder zurückgreifen können. Sie erarbeiten sich jetzt die Basis für die spätere inhaltliche Ausgestaltung der einzelnen Bewerbungsschritte.

Stellen Sie Ihre Bilanz in der folgenden Form dar:

1. Unternehmensbereich/Abteilung/Projekt
2. offizielle Berufsbezeichnung
3. Tätigkeiten
4. Erfolge

Unser Beispiel »Erfolgsbilanz Personalreferent« zeigt Ihnen, wie Sie selbst in der nachfolgenden Übung vorgehen sollten. Erfassen Sie so viele Tätigkeiten wie möglich und stellen Sie als Erfolge Aufgaben heraus, die Sie neben dem Tagesgeschäft erfolgreich berarbeitet haben.

Erfolgsbilanz Personalreferent

Derzeitige Position: Personalreferent

1. Abteilung Personalentwicklung
2. Personalreferent
3. Einführung neuer Vergütungsmodelle, Beratung von Führungskräften über Entwicklungsmöglichkeiten, Gehaltsgespräche durchführen, Vertragsgestaltung, Sonderprojekt Karrierepläne für Top-Nachwuchskräfte

4. Reduktion der Mitarbeiterfluktuation, Einführung flexibler Arbeitszeitmodelle

Einstiegsposition: Personalassistent
1. Abteilung Personalverwaltung
2. Personalassistent
3. personelle Administration, Mitarbeiterberatung, Personalmaßnahmen wie Eintritte, Übernahmen, Abordnungen, Versetzungen, Ernennungen organisieren und durchführen, Mitwirkung bei der Auswahlentscheidung, Personalplanung
4. Erstellung eines Weiterbildungskataloges und Entwicklung von Workshops zur Steigerung der sozialen Kompetenz

Ihre Erfolgsbilanz

Erstellen Sie Ihre persönliche Erfolgsbilanz. Arbeiten Sie Ihre Erfolgsbilanz anhand unseres Schemas aus:

1. Unternehmensbereich/Abteilung/Projekt
2. offizielle Berufsbezeichnung
3. Tätigkeiten
4. Erfolge

Gehen Sie von Ihrer jetzigen Position aus in Ihrer beruflichen Entwicklung rückwärts. Achten Sie darauf, den dritten Punkt, die Aufzählung der Tätigkeiten, so umfassend und detailliert wie möglich auszugestalten.

Ihre jetzige Position: ....

1. ....
2. ....
3. ....
4. ....

Ihre vorherige Position: ....

1. ....
2. ....
3. ....
4. ....

Ihre Einstiegsposition: ....

1. ....
2. ....
3. ....
4. ....

Damit Sie keine Ihrer Tätigkeiten und Erfolge vergessen, sollten Sie die folgende Auflistung bei der Ausarbeitung Ihrer Erfolgsbilanz durchgehen. Stellen Sie zutreffende Punkte in Ihrer Bilanz dar.

- Führungsverantwortung
- Umsatzverantwortung
- Abteilungen
- Stabsfunktionen
- Projekte
- Sonderaufgaben
- Umstrukturierungen
- Kostensenkungen
- Qualitätsverbesserungen
- Gewinnsteigerungen
- Akquisitionserfolge
- Erschließung neuer Geschäftsfelder
- Optimierung von Arbeitsabläufen
- Verantwortungsbereiche
- Zuliefererintegration
- Aufbau neuer Geschäftsbereiche
- abteilungsübergreifende Koordination
- unternehmensübergreifende Projekte
- Umsetzung neuer Arbeitsorganisationsformen
- Entwicklung neuer Organisationsstrukturen

Ihre Erfolgsbilanz ist die Grundlage für die Ausarbeitung Ihres Anschreibens, Ihres Lebenslaufes und Ihrer Selbstpräsentation im Vorstellungsgespräch. Sie werden später auf die hier gewonnenen Fakten zurückgreifen. Ihre Erfolgsbilanz wird Ihnen dabei helfen, im Bewerbungsverfahren mit Beispielen aus der Praxis zu argumentieren. Sie vollziehen damit den ersten Schritt zur inhaltlichen Ausgestaltung Ihrer Bewerbung.

Die Erfolgsbilanz als Grundlage für den Bewerbungsprozess

Wunschposition definieren

Nachdem Sie sich einen Überblick darüber verschafft haben, welche beruflichen Erfolge Sie in den letzten Jahren vorweisen können, sollten Sie nun den Blick nach vorne richten. Überlegen Sie sich, welche Tätigkeiten Sie in Zukunft intensiver ausüben möchten und auf welche Sie verzichten wollen.

Wenn Sie Ihre Erfolgsbilanz in Ruhe durchgehen, wird Ihnen klar werden, bei welchen beruflichen Aufgaben Sie besondere Erfolge erzielt haben, an welche Aufgaben Sie sich gerne erinnern, wo Sie Ihre Stärken sehen, welche Tätigkeitsbereiche Sie ausbauen möchten, welche Tätigkeiten Ihnen nicht lagen und was Sie noch erreichen wollen.

In welchem Tätigkeitsbereich liegen Ihre Stärken?

Erarbeiten Sie sich eine Vorstellung davon, was Sie mit Ihrem Stellenwechsel erreichen wollen. Gehen Sie dazu anhand der nachstehenden Übung unsere Fragen zum gewünschten neuen Arbeitsfeld durch und definieren Sie daraus die neuen Anforderungen an Ihre Wunschposition. Es ist typisch für Führungskräfte, dass die Motive für die Suche nach einem neuen Arbeitsplatz vielschichtig sind. Werden Sie sich darüber klar, was Ihre Hauptmotive für den Karrieresprung sind und woran Sie Ihre Wünsche nach Veränderung festmachen.

Wunschposition

Übung

Setzen Sie sich intensiv mit den nachfolgenden Fragen auseinander. Nutzen Sie dabei Ihre Erfolgsbilanz, um über Ihre bisherigen beruflichen Erfahrungen zu reflektieren.

- Streben Sie viel Freiraum für eigene Entscheidungen an?
- Möchten Sie sich um parallel laufende Projekte kümmern?
- Sehen Sie sich als Vermittler von Zielvorgaben der Geschäftsleitung an die einzelnen Abteilungen?
- Möchten Sie Neuerungen vorantreiben?
- Können Sie Veränderungen auch gegen Widerstände durchsetzen?
- Welche neuen Aufgabenbereiche möchten Sie übernehmen?
- Welche Aufstiegsmöglichkeiten erwarten Sie in einem neuen Unternehmen?
- Sind Sie eher technisch oder eher organisatorisch orientiert?
- Streben Sie umfangreiche Entscheidungsverantwortung an?
- Können Sie mit einem großen Abstimmungsbedarf bei Ihrer Arbeit umgehen?
- Arbeiten Sie gerne schnell und unter großem Erfolgsdruck?
- Sind Sie bereit, ein hohes Risiko für den Markterfolg einzugehen?
- Streben Sie eher Projektverantwortung oder eher Personalverantwortung an?
- Brauchen Sie kurzfristige Erfolge oder möchten Sie langfristig laufende Projekte betreuen?
- Möchten Sie in einem internationalen Rahmen arbeiten?

- Sehen Sie sich selbst eher als Spezialisten oder als Generalisten?
- Wie eng möchten Sie mit anderen zusammenarbeiten?
- Wollen Sie auch im Ausland tätig werden?
- Kommt es Ihnen entgegen, wenn Sie an einem festen Ort tätig sind?
- Wie hoch darf die Belastung durch Reisetätigkeit sein?
- Stehen interessante berufliche Aufgaben für Sie im Vordergrund oder ein möglichst hohes Gehalt?
- Streben Sie ein fixes Gehalt an oder wünschen Sie sich Erfolgskomponenten?

Wenn Sie die aufgeführten Fragen für sich beantwortet und geklärt haben, sind Ihnen die Wünsche, die Sie an Ihre neue Position stellen, klarer geworden. Überlegen Sie sich nun, welche Ihrer Wünsche schon in Ihrer momentanen Berufstätigkeit verwirklicht sind und welche Wünsche Ihnen eine neue Position erfüllen müsste. So können Sie bei persönlichen und telefonischen Kontakten zu neuen Arbeitgebern oder Personalberatern gezielt Ihre Erwartungen herausstellen und die gegenseitigen Vorstellungen vor der Aufnahme weiterer Bewerbungsaktivitäten abklären.

Arbeiten Sie heraus, welche Wünsche Ihre neue Position erfüllen soll

Auf einen Blick
Ihre Erfolgsbilanz

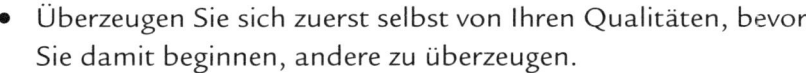
Im Blick

- Stellen Sie Ihre bisherige Berufstätigkeit als Basis für den weiteren Aufstieg heraus.
- Überzeugen Sie sich zuerst selbst von Ihren Qualitäten, bevor Sie damit beginnen, andere zu überzeugen.
- Erstellen Sie eine Erfolgsbilanz Ihrer bisherigen Tätigkeiten.

- Erarbeiten Sie sich eine Zukunftsperspektive, definieren Sie die Ansprüche an Ihre Wunschposition.
- Überlegen Sie sich, welche Aufgaben und Tätigkeiten Sie in Ihrer derzeitigen Position wahrnehmen und welche zusätzlichen Handlungsspielräume Sie in einer neuen Position gewinnen wollen.

3
Anforderungen der Unternehmen an Führungskräfte

In diesem Kapitel setzen Sie sich mit den aktuellen Anforderungen der Unternehmen an Führungskräfte auseinander. Wir erläutern Ihnen die Bedeutung fachlicher, sozialer und methodischer Kompetenz für das gesamte Bewerbungsverfahren. Anschließend werden Sie Ihre individuelle fachliche, soziale und methodische Kompetenz erfassen. So erarbeiten Sie sich eine Übersicht über Ihre berufliche Qualifikation, auf die Sie im schriftlichen und mündlichen Bewerbungsverfahren zurückgreifen werden.

Die Auseinandersetzung mit den aktuellen Anforderungen der Unternehmen an Führungskräfte ist unverzichtbar. Sie müssen wissen, was Unternehmen von Ihnen erwarten, um gezielt auf diese Erwartungen eingehen zu können. Da Sie Verantwortung für Mitarbeiter, Sachmittel und Entwicklungen im Unternehmen übernehmen werden, werden Sie im Bewerbungsverfahren mit hohen Anforderungen konfrontiert.

Was erwartet das Unternehmen von Ihnen?

Geforderte berufliche Qualifikation

Ihre berufliche Qualifikation lässt sich nicht eindimensional darstellen. Je nach Tätigkeitsfeld, Branche und Unternehmensgröße sind ganz unterschiedliche Fähigkeiten und Kenntnisse gefragt. In der Personalarbeit hat sich die Dreiteilung der beruflichen Qualifikation in fachliche, soziale und methodische Kompetenz durchgesetzt (siehe Abbildung 1). Vereinfacht dargestellt bedeutet dies, Sie müssen über das zu Ihrem Berufsfeld passende Fachwissen verfügen (fachliche Kompetenz), mit Kollegen und Mitarbeitern umgehen können (soziale Kompetenz) und berufliche Aufgabenstellungen strukturieren und bewältigen können (methodische Kompetenz). Fachwissen allein genügt nicht mehr zur Bewältigung von qualifizierten Berufstätigkeiten. Sie müssen Ihr Wissen auch in die Praxis umsetzen und mit anderen Menschen zusammenarbeiten können.

Fachliche, soziale und methodische Kompetenz

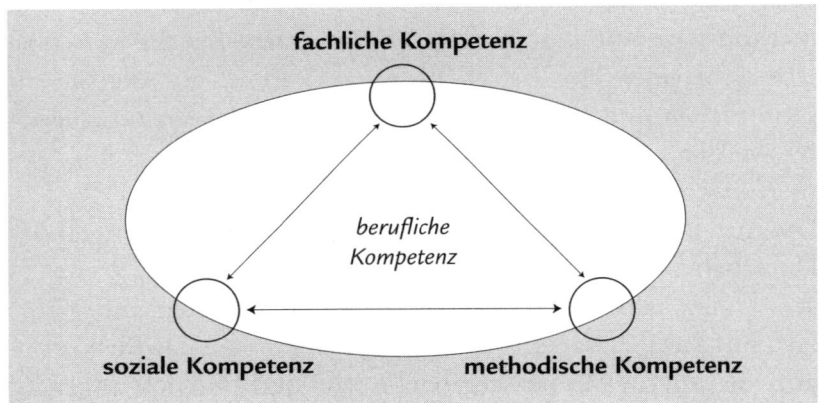

Abbildung 1

Die Dreiteilung der beruflichen Kompetenz

Als Führungskraft können Sie sich nicht mehr allein auf Ihre fachliche Kompetenz berufen, wenn es darum geht, interessante und verantwortungsvolle Positionen zu übernehmen. Gerade auf den höheren Karrierestufen waren Fähigkeiten im zwischenmenschlichen Umgang und in der Strukturierung von Aufgaben immer schon wichtige Anforderungen. Im Zuge der Verflachung der Unternehmenshierarchien sind die Verantwortungs- und Aufgabenbereiche auch in den unteren und mittleren Karriereebenen größer geworden.

Mit der Darstellung der sozialen und methodischen Kompetenz tun sich alle Bewerberinnen und Bewerber schwer. Es ist nicht immer leicht zu durchschauen, was die Unternehmen verlangen und wie dies im Einzelnen darzustellen ist. Daneben gibt es Unterschiede in der propagierten Unternehmenskultur und den tatsächlichen Anforderungen am Arbeitsplatz. Sie werden im Bewerbungsverfahren nur dann erfolgreich sein, wenn es Ihnen gelingt, sowohl Ihr Fachwissen als auch Ihre Fähigkeiten im Umgang mit Menschen und Aufgabenstellungen deutlich zu machen.

Machen Sie Ihre Kompetenzen in allen drei Bereichen deutlich

Aus unserer Beratungspraxis
Fachlich einseitig

Ein Abteilungsleiter aus der pharmazeutischen Forschung suchte uns auf, da ihm der anvisierte Karriereschritt zum Bereichsleiter nicht gelang. Aus seinen Bewerbungsunterlagen konnte man ersehen, dass sein Fachwissen in seiner Bewerbung eine zentrale Rolle spielte. Im Gespräch bestätigte sich diese Einschätzung. So wurde auch deutlich, dass der Abteilungsleiter seine momentane Position verlassen wollte, da seiner Meinung nach Marketing und Vertrieb zu großen Einfluss auf die Produktentwicklung nahmen. Aus seiner Sicht waren die Abstimmungsgespräche zwischen den Abteilungen oftmals reine Zeitverschwendung. Für ihn war die Entwicklung innovativer Produkte der einzige Weg zu einer besseren Marktposition.

Aus diesem Grund stellte er in seinem Anschreiben und seinem Lebenslauf die von ihm beherrschten Analysemethoden und Testverfahren in den Mittelpunkt. Seine Ausführungen waren wegen der eingesetzten Fachtermini nur für Fachkollegen verständlich. Der durch sein Anschreiben erweckte Eindruck lies zwar einen hochkompetenten Fachspezialisten vermuten, aber seine Befähigung, Mitarbeiter anzuleiten und Arbeitsprozesse zu strukturieren, wurde nicht deutlich. Die angeschriebenen Personalabteilungen mussten ihm daher seine Führungsqualität absprechen. Auch die von ihm verwendeten Leerfloskeln »selbstverständlich bin ich teamfähig und ständig kommunikationsbereit« konnten den Eindruck nicht positiv färben, da Belege für diese Behauptungen fehlten.

Es war schwierig, ihn davon zu überzeugen, nicht nur sein Fachwissen zu thematisieren. Wir konnten ihm schließlich klarmachen, dass ein Ausbau seiner Führungsverantwortung nur gelänge, wenn er auch seine Fähigkeiten im Umgang mit Vorgesetzten, Kollegen und Mitarbeitern überzeugend belegen würde. Um seine außerfachlichen Kompetenzen zu verdeutlichen, stellten wir in seinem neuen Anschreiben von ihm initiierte Projektgruppen in den Vordergrund und hoben die Markterfolge von ihm entwickelter Produkte hervor. Die Bewerbung als Bereichsleiter bekam damit eine neue Gewichtung. Neben den ausgewiesenen Fachkenntnissen wurden jetzt auch seine Fähigkeiten in der Abstimmung der einzelnen Abteilungen klar. Mit der neuen Bewerbungsmappe wurde er zu Vorstellungsgesprächen eingeladen und sein beruflicher Aufstieg gelang.

Fazit: Der von Bewerberinnen und Bewerbern sehr oft gewählte Rückzug auf fachliche Aspekte ist aus der Sicht der Personalabteilungen nicht überzeugend. Die geforderte berufliche Qualifikation beinhaltet mehr als nur die Fachkompetenz. Tätigkeitsfelder von Führungskräften sind vom Umgang mit Mitarbeitern und Kollegen und

> der Gestaltung von Arbeitsabläufen bestimmt. Sie überzeugen Personalverantwortliche nur, wenn Sie in allen Kompetenzbereichen punkten.

Damit Sie in allen Kompetenzbereichen überzeugen können, müssen Sie sich vorher mit den Anforderungen der Unternehmen an Führungskräfte auseinander setzen. Wir erklären Ihnen nun, was im Einzelnen hinter den Begriffen fachlicher, sozialer und methodischer Kompetenz steht.

Setzen Sie sich mit den Anforderungen der Unternehmen auseinander

Fachliche Kompetenz

Fachliche Kompetenz ist das zu einem bestimmten Arbeitsbereich gehörende Wissen. Fachliche Kompetenz wird auch als Fachwissen oder Fachkenntnis bezeichnet. Von Führungskräften wird erwartet, dass sie genügend Wissen mitbringen, um die Aufgaben bearbeiten zu können, die ihnen in ihrem Arbeitsfeld gestellt werden. Daneben brauchen sie umfangreiches Wissen, um Entwürfe, Vorschläge und Ausarbeitungen von Mitarbeitern beurteilen zu können.

Gute Fachkenntnisse sind unabdingbar

Eine Basis für Ihre fachliche Kompetenz haben Sie sich in Ihrer Ausbildung oder Ihrem Studium erarbeitet. In Ihrer bisherigen Berufstätigkeit haben Sie bestimmte Wissensbereiche weiter vertieft und sich zusätzliche Kenntnisse angeeignet. Wie wir schon erwähnten, ist Ihr fachliches Wissen allein nicht ausreichend, um Führungspositionen auszufüllen. Es ist jedoch unabdingbar, um überhaupt in Ihrem Arbeitsgebiet tätig zu sein. Auch wenn die anderen beiden Kompetenzbereiche, die soziale und die methodische Kompetenz, letztendlich entscheidend für Ihre Einstellung sein werden, so müssen Sie doch die geforderten Fachkenntnisse mitbringen.

Fachliche Kompetenz in unterschiedlichen Arbeitsfeldern

Beispiele

Wenn Sie sich für eine gehobene Position im *Konzerncontrolling* bewerben, wird man von Ihnen erwarten, dass Sie über ein abgeschlossenes Hochschulstudium mit den Schwerpunkten Rechnungswesen/Controlling verfügen, bilanzsicher sind, den aktuellen fachlichen Stand des modernen Controllings kennen, sehr gute Englischkenntnisse haben, mit Datenbankanwendungen vertraut sind und über SAP R/3-Kenntnisse verfügen.

Beispiel 2

Als Ingenieurin der Fachrichtung Maschinenbau besteht Ihre fachliche Kompetenz unter anderem aus Ihren Kenntnissen in Werkstoffkunde, Strömungslehre, Experimentalphysik, Mathematik und Statik. Hinzu kommt Ihr Wissen aus dem Bereich der Datenverarbeitung. Sie kennen sich beispielsweise mit Konstruktionsprogrammen wie CAD oder CAM aus und beherrschen Programmiersprachen wie Turbo Pascal und C++.

Beispiel 3

Als *Projektleiter in der Informationstechnologie* sollten Sie Fachkenntnisse im Konfigurationsmanagement, im Fehlermanagement und im Umgang mit Projektmanagementtools mitbringen. Die wichtigsten Technologiestandards in der Informationstechnologie wie GSM, DECT, WDCT, UMTS und Bluetooth müssen Sie kennen. Gutes Englisch und/oder Französisch wird von international ausgerichteten IT-Unternehmen ebenso gefordert.

Die Bedeutung von Branchenerfahrung

Wie Sie an unserem Beispielen sehen können, setzt sich Ihre fachliche Kompetenz aus mehreren Bestandteilen zusammen. Es wird auf jeden Fall eine spezifische Ausbildung oder ein bestimmtes Studium von Ihnen verlangt. Hinzu kommt das Wissen aus Ihrer bisherigen Berufspraxis, manchmal werden auch bestimmte Weiterbildungen gewünscht. Sprachkenntnisse und der sichere Umgang mit EDV-Programmen runden Ihre fachliche Kompetenz ab. Zum Bereich fachliche Kompetenz gehört ganz wesentlich Ihre Branchenerfahrung. Besonders wenn eine langjährige berufliche Tätigkeit Voraussetzung für den Karrieresprung ist, spielt das Wissen um die besonderen Anforderungen der jeweiligen Branche eine wichtige Rolle.

Fachwissen allein reicht jedoch nicht aus, Wissen muss auch angewandt werden können. Wir alle kennen den Computer-Spezialisten, der über unerschöpfliches Detailwissen verfügt und jede unserer Fragen mit stundenlangen Ausführungen quittiert. Er redet, redet und redet, und am Ende sind wir froh, wenn wir ihn wieder losgeworden sind. Leider haben wir unser PC-Problem dann immer noch nicht gelöst, denn wir haben kein Wort von seinen Ausführungen verstanden. Wenn keine Resultate in der Praxis zu sehen sind, bringt auch das umfassendste Wissen nichts.

Fachliche und methodische Kompetenz

Um Fachwissen zur Anwendung bringen zu können, ist das Wissen zur Umsetzung gefragt. Sie müssen über methodische Kompetenz verfügen, um Ihr Wissen für ein Unternehmen nutzbringend einsetzen zu können.

Methodische Kompetenz

Als methodische Kompetenz bezeichnen Personalverantwortliche die Fähigkeit zum Theorie-Praxis-Transfer. Es geht darum, wie das Fachwissen bei der Bewältigung beruflicher Aufgaben eingesetzt wird. Von Führungskräften wird darüber hinaus verlangt, dass sie nicht nur ihre eigenen Kenntnisse im Berufsalltag einsetzen können, sondern auch, dass sie das Wissenspotenzial ihrer Mitarbeiter nutzbringend ausschöpfen. Dazu gehört die Delegation von Teilaufgaben an Mitarbeiter, die Strukturierung komplexer Vorgänge und der Einsatz von Mitarbeitern gemäß ihrer Fähigkeiten.

Können Sie Ihr Fachwissen zielorientiert einsetzen?

Methodische Kompetenz in unterschiedlichen Arbeitsfeldern

Beispiele

Wenn Sie eine Position als *Projektleiter* anstreben, wird von Ihnen neben dem entsprechenden Fachwissen auch gefordert werden, dass Sie Projekte planen, koordinieren und realisieren können. Sie müssen interdisziplinäre, an verschiedenen Standorten arbeitende Teams anleiten können und die Zusammenarbeit mit den technischen Abteilungen, dem Produktmanagement, dem Vertrieb und der Support-Abteilung gestalten können.

Beispiel 2

Als *Account Managerin* können Sie Ergebnisse präsentieren, Kunden beraten, Angebote erstellen und Kooperationsverträge schließen. Bestehende Kooperationen werden von Ihnen betreut und strategisch weiterentwickelt. Daneben gehört die Strukturierung und Entwicklung neuer Absatzsegmente zu Ihren Aufgaben.

Im Vordergrund: zahlreiche methodische Techniken

Immer wenn es um die Anwendung Ihres Wissens geht, kommt Ihre methodische Kompetenz zum Tragen. Sie erkennen methodische Kompetenz oft an dem Zusatz »-techniken«: beispielsweise Gesprächstechniken, Führungstechniken, Verkaufstechniken, Präsentationstechniken, Kreativitätstechniken, Moderationstechniken oder Problemlösungstechniken. Ihre methodische Kompetenz spielt für die Unternehmen eine große Rolle, da der Berufsalltag von Führungskräften dadurch gekennzeichnet ist, dass geplant, analysiert, informiert, delegiert, organisiert und strukturiert werden muss.

Im Gegensatz zu Berufseinsteigern wird von Führungskräften verlangt, dass sie einen Fundus an methodischer Kompetenz mitbringen. Diese methodische Kompetenz haben Sie sich sowohl durch Ihre bisherige Berufstätigkeit erschlossen als auch in Seminaren und Trainings angeeignet. Erfolge in Ihrer bisherigen Berufstätigkeit lassen Personalverantwortliche auf das Vorhandensein methodischer Kompetenz schließen. Deshalb besteht der beste Nachweis für methodische Kompetenz aus Beispielen Ihrer bisherigen beruflichen Praxis, aus denen deutlich wird, wie Sie Probleme gelöst und Erfolge erzielt haben.

Qualitätsmanagement

Beispiel

Eine Bewerberin stellt sich im Bewerbungsverfahren so dar: »Ich war bei meinem derzeitigen Arbeitgeber für die Einführung eines Qualitätsmanagements verantwortlich. Hierzu habe ich abteilungsübergreifende Qualitätszirkel aufgebaut. In diesen Qualitätszirkeln wurden Verbesserungsvorschläge entwickelt, die ich anschließend in neue Qualitätsstandards umgesetzt habe. Zur Sicherung dieser Standards habe ich Kontrollmechanismen installiert.«

Personalverantwortliche schließen aus diesem Vortrag: Die Bewerberin verfügt über die Fähigkeiten, Aufgaben zu strukturieren, Problembereiche zu analysieren, die Umsetzung von neuen Ideen zu planen und zu verwirklichen. Die Bewerberin stellt damit heraus, dass sie ihr Wissen im Qualitätsmanagement auch in die berufliche Praxis umsetzen kann. Damit wird ihre methodische Kompetenz deutlich.

Damit Sie Ihre methodische Kompetenz auch in der Zusammenarbeit mit anderen gezielt und ohne Reibungsverluste einsetzen können, müssen Sie über Fähigkeiten im Umgang mit anderen Menschen verfügen. Sie müssen sozial kompetent sein.

Zusammenarbeit ohne Reibungsverlust

Soziale Kompetenz

Soziale Kompetenz bezieht sich auf Persönlichkeitsmerkmale. Gerade bei Führungskräften ist soziale Kompetenz ein wesentlicher Faktor der Qualifikation. Personalverantwortliche gehen davon aus, dass Ihre fachliche und methodische Kompetenz durch gezielte Weiterbildungsmaßnahmen ausgebaut werden kann. Lassen Sie allerdings den Eindruck entstehen, Sie hätten Defizite im Bereich der sozialen Kompetenz, sind Sie im Bewerberrennen disqualifiziert: Für Änderungen im Verhalten ist jahrelanges Training notwendig, und oft bleibt fraglich, ob derartig tiefgreifende Veränderungen überhaupt möglich sind.

Ein entscheidender Faktor im Berufsleben

Sie kennen die klassischen Forderungen nach sozialer Kompetenz, die in jeder Stellenanzeige auftauchen: Teamfähigkeit, Leistungsbereitschaft, Kontaktfähigkeit, Kommunikationsfähigkeit, Eigeninitiative, Kreativität, Überzeugungsfähigkeit, Durchsetzungskraft, Begeisterungsfähigkeit und Anpassungsfähigkeit. Soziale Kompetenz ist mithin ein entscheidender Faktor in heutigen Arbeitsabläufen.

Soziale Kompetenz bezeichnet im menschlichen Miteinander das Ausmaß, in dem der Mensch fähig ist, im privaten, beruflichen und gesamtgesellschaftlichen Kontext selbstständig, umsichtig und nutzbringend zu handeln. Daraus ergeben sich zusammengefasst die nachfolgenden Forderungen aus Unternehmenssicht. Der sozial kompetente Mitarbeiter sollte

- die Anforderungen erkennen können, die die soziale Situation an ihn stellt,
- seine Möglichkeiten und Grenzen in dieser speziellen Situation einschätzen können,
- eigene Ziele sowie Gruppenziele generieren können,
- situations- und zielgerecht handeln können,
- über einen Prozess reflektieren können.

Zielorientiertes Zusammenspiel

Bestimmt sind Ihnen Teilaspekte dieser Auflistung in Ihrem Arbeitsalltag schon oft begegnet. Bei der Lösung von Aufgaben mussten Sie entscheiden, ob Ihr Wissen zur Problemlösung ausreicht oder ob Sie einen Spezialisten hinzuziehen sollten. Als Führungskraft müssen Sie immer wieder Zielvorgaben entwickeln und dafür sorgen, dass die einzelnen Arbeitsergebnisse zu einem Gesamtergebnis zusammengefasst werden können. Bei Schwierigkeiten in Ihrer Abteilung oder in Ihrem Bereich müssen Sie die Ursachen herausfinden und dafür sorgen, dass Arbeitsabläufe in Zukunft reibungslos gestaltet werden. Sie werden mit Vorgaben von der Geschäftsleitung konfrontiert und müssen diese in Ihrem Arbeitsbereich umsetzen. Dabei müssen Sie den Informationsfluss aufrechterhalten und dafür sorgen, dass Ihre Mitarbeiter die Anweisungen nachvollziehen können. Bei großen Arbeitsbelastungen ist Ihre Fähigkeit gefragt, die Mitarbeiter bei der Stange zu halten und zu besonderem Einsatz anzuspornen.

Soziale Kompetenz ist bei vielen Arbeitsabläufen vonnöten

Personalverantwortliche übersetzen diese Anforderungen aus dem Arbeitsalltag von Führungskräften in die Schlagworte, die Ihnen bei Stellenausschreibungen immer wieder begegnen. Schlagworte zur sozialen Kompetenz von Führungskräften sind:

- Motivationsfähigkeit
- Kommunikationsfähigkeit
- Teamfähigkeit
- Durchsetzungsfähigkeit
- Einsatzbereitschaft
- Leistungswillen
- Kontaktfähigkeit
- Begeisterungsfähigkeit
- Lernfähigkeit
- Belastungsfähigkeit
- Kritikfähigkeit
- Zielstrebigkeit
- Fähigkeit zum selbstständigen Arbeiten
- Problemlösungsfähigkeit (analytisches Denken)
- Führungsfähigkeit

Diese Auflistung ist natürlich unvollständig. Das Problem von Schlagworten ist nur, dass sehr viele Bewerberinnen und Bewerber sie einfach nur auswendig lernen und bloß aufzählen. Die Behauptung: »Ich bin teamfähig und kommunikationsstark« ist ohne konkrete Belege aus der beruflichen Praxis nichtssagend und bringt Sie nicht weiter. Wie beim Fachwissen und der methodischen Kompetenz ist es für das Unternehmen interessant, ob Sie Ihre soziale Kompetenz bei der Lösung beruflicher Aufgaben einsetzen können.

Belegen Sie Ihre soziale Kompetenz

Soziale Kompetenz im Vertrieb

Ein Bewerber für eine Position als Außendienstleiter stellt sich wie folgt dar: »In meiner jetzigen Position habe ich erfolgreich die Markteinführung einer neuen Produktserie begleitet. Ich war als Regionalleiter verantwortlich für die Schulung der Außendienstmitarbeiter, die Neustrukturierung des Vertriebsgebietes und die Großkundenbetreuung.«

Diese aussagekräftige Darstellung der Vertriebstätigkeit lässt Personalverantwortliche wie selbstverständlich vermuten, dass der Bewerber für den Erfolg in seiner bisherigen Tätigkeit seine Kommunikationsfähigkeit, seine Zielstrebigkeit, seine Kontaktfähigkeit und seine Einsatzbereitschaft eingesetzt hat. Die geforderte soziale Kompetenz wird dem Bewerber zugesprochen werden.

Die Anforderungen im Bereich soziale Kompetenz hängen natürlich stark von der von Ihnen angestrebten Position und dem jeweiligen Berufsfeld ab. Es gibt kein allgemein gültiges Persönlichkeitsprofil, das für jede Stelle geeignet wäre. Dennoch gibt es bestimmte Eigenschaften, die wichtig sind, um anspruchsvollen Aufgaben gerecht zu werden. Unsere Abbildung 2 zeigt Ihnen, welche Erwartungen an die soziale Kompetenz von Führungskräften von Seiten der Unternehmen gestellt werden.

Eigene berufliche Qualifikation

Erarbeiten Sie sich einen Überblick über Ihre beruflichen Qualifikationen

Sie haben im Bewerbungsverfahren nur dann Erfolg, wenn Sie Ihre fachliche, methodische und soziale Kompetenz kennen und auf die von Ihnen angestrebten Tätigkeitsfelder abgestimmt darstellen können. Erarbeiten Sie sich mit unseren Übungen und Beispielen einen detaillierten Überblick über Ihre berufliche Qualifikation. Bei der Ausarbeitung Ihrer

Anforderungen der Unternehmen an Ihre soziale Kompetenz

eher unwichtig	teils-teils	wichtig
1 1,5	2 2,5	3

Kompetenz	Wert
Leistungsbereitschaft	3
Problemlösungsfähigkeit	3
Initiative	3
Kooperationsfähigkeit	3
Lernbereitschaft	3
Teamfähigkeit	2,9
Kreativität	2,8
mündliche Kommunikation	2,7
Durchsetzungsvermögen	2,7
Führungspotenzial	2,7
Anpassungsfähigkeit	2,5
Selbstsicherheit	2,5
Allgemeinbildung	2,4
schriftliche Kommunikation	2,4
Kontakt und Repräsentieren	2,2
Breite der Interessen	2,1
Risikobereitschaft	2,1
Selbstdarstellung	2
soziale Aktivitäten	2

Abbildung 2

Quelle: Institut der deutschen Wirtschaft, Köln

schriftlichen Unterlagen und bei der Vorbereitung von Vorstellungsgesprächen werden Sie auf die in diesem Abschnitt geleistete Vorarbeit zurückgreifen.

Es ist typisch für Führungskräfte, dass die detaillierte Darstellung der beruflichen Qualifikation Schwierigkeiten bereitet. Aus unserer Beratungspraxis wissen wir, dass den meisten Füh-

Ihre Kompetenz muss anderen deutlich werden

rungskräften die einzelnen beruflichen Aufgaben dermaßen »in Fleisch und Blut übergegangen« sind, dass sie nicht mehr als besondere Leistung angesehen werden. Bei einer Bewerbung müssen Sie jedoch Ihre Leistungen und Erfolge auf eine Weise herausstellen, dass Ihre Kompetenz auch für andere deutlich wird. Ermitteln Sie deshalb ausführlich Ihre fachliche, methodische und soziale Kompetenz, damit Sie Ihr Profil auf die Anforderungen der Unternehmen zuschneiden können.

Fachliche Kompetenz

Ihre Kenntnisse aus der Berufspraxis haben für Unternehmen – und deshalb auch für Ihre Bewerbung – den größten Stellenwert. Ihr Fachwissen aus einer Ausbildung oder einem Studium spielt eine nachrangige Rolle, wenn Sie über langjährige Berufserfahrung verfügen.

Fachkenntnisse aus langjähriger Berufserfahrung

Listen Sie auf, welches Wissen Sie einsetzen, um Ihre momentanen beruflichen Aufgaben zu bewältigen. Diese Vorarbeit wird später belohnt werden. Eine erfolgreiche Selbstdarstellung gelingt Ihnen nur dann, wenn Sie Personalverantwortlichen gegenüber Ihr fachliches Profil definieren können. Bereiten Sie schon jetzt den wichtigen Schritt zur inhaltlichen Ausgestaltung Ihrer Bewerbung vor.

Fachliche Kenntnisse aus der Berufspraxis

In zwei Beispielen stellen wir Ihnen jetzt exemplarisch dar, was das hinter einer Berufsbezeichnung stehende Fachwissen beinhalten kann. An diesen Beispielen können Sie sich orientieren, wenn Sie danach in unserer Übung Ihre eigenen Fachkenntnisse zusammenstellen.

Abteilungsleiterin Automatisierungstechnik

Beispiele

Fachkenntnis 1:   Messtechnik
Fachkenntnis 2:   Hochfrequenztechnik
Fachkenntnis 3:   EMV-Richtlinien
Fachkenntnis 4:   Dokumentation
Fachkenntnis 5:   Objektorientierte Programmierung
Fachkenntnis 6:   Technisches Englisch
Fachkenntnis 7:   Branchenkenntnisse im Automobilsektor
Fachkenntnis 8:   Fahrzeugdatenbus
Fachkenntnis 9:   Produktionsumrüstung
Fachkenntnis 10: Qualitätsmanagement
Fachkenntnis 11: Inbetriebnahme

IT Projektmanager

Fachkenntnis 1:   Java
Fachkenntnis 2:   HTML
Fachkenntnis 3:   Netzwerke
Fachkenntnis 4:   Höhere Programmiersprachen: Delta, Cobol   Beispiel 2
Fachkenntnis 5:   Windows NT
Fachkenntnis 6:   UNIX
Fachkenntnis 7:   E-Commerce
Fachkenntnis 8:   Datenbanken/SQL
Fachkenntnis 9:   Server-/Client-Applications
Fachkenntnis 10: Systemintegration
Fachkenntnis 11: Technische Konfiguration

Jetzt zu Ihnen: Erarbeiten Sie sich mit unserer Übung »Fachliche Kenntnisse aus Ihrer Berufspraxis« einen Fundus an darstellbaren Fachkenntnissen für Ihre Bewerbung.

Stellen Sie Ihre Fachkenntnisse zusammen

Fachliche Kenntnisse aus Ihrer Berufspraxis

Stellen Sie möglichst ausführlich die Kenntnisse dar, die Sie brauchen, um Ihre beruflichen Aufgaben zu erfüllen. Dazu gehören auch Sprachkenntnisse und Computerkenntnisse. Überlegen Sie, wann Sie Kollegen vertreten haben, Sonderprojekte bearbeitet haben oder sich neben dem Tagesgeschäft in einen neuen Bereich eingearbeitet haben.

Wenn Sie Probleme damit haben, Ihre Fachkenntnisse zu benennen, können Sie auf Stellenanzeigen zurückgreifen, in denen das für die Ausübung Ihrer Berufstätigkeit notwendige Wissen aufgelistet wird.

Ihre jetzige Berufstätigkeit

Fachkenntnis 1: .... *Fachkenntnis 6:* ....
Fachkenntnis 2: .... *Fachkenntnis 7:* ....
Fachkenntnis 3: .... *Fachkenntnis 8:* ....
Fachkenntnis 4: .... *Fachkenntnis 9:* ....
Fachkenntnis 5: .... *Fachkenntnis 10:* ....

Neben Ihrer momentanen Tätigkeit sollten Sie natürlich auch Ihre zurückliegenden beruflichen Tätigkeiten analysieren, um zu einer weitreichenden Sammlung Ihrer Fachkenntnisse zu kommen.

Ihre zurückliegende Berufstätigkeit

Fachkenntnis 1: .... *Fachkenntnis 6:* ....
Fachkenntnis 2: .... *Fachkenntnis 7:* ....
Fachkenntnis 3: .... *Fachkenntnis 8:* ....
Fachkenntnis 4: .... *Fachkenntnis 9:* ....
Fachkenntnis 5: .... *Fachkenntnis 10:* ....

Fachliche Kenntnisse aus Fort- und Weiterbildungen

Abgerundet wird die Erfassung Ihrer fachlichen Kenntnisse durch die Auswertung der von Ihnen besuchten Fort- und Weiterbildungen. Sie haben sicherlich Seminare besucht, an speziellen Trainingsveranstaltungen teilgenommen, sind auf Tagungen oder Kongressen gewesen oder haben sich in Workshops mit neuen Themen auseinander gesetzt. Wenn Sie eine Weiterbildung zum beruflichen Aufstieg oder eine Fortbildung über einen längeren Zeitraum absolviert haben, sollten Sie die Fachkenntnisse aus dieser Maßnahme so ausführlich darstellen wie die Erstausbildung. Führen Sie alle Fächer auf, die Bestandteil der Fortbildung waren.

Weiterbildung ist genauso wichtig wie die Erstausbildung

Fort- und Weiterbildungen eines Wirtschaftsingenieurs

Ein Wirtschaftsingenieur hatte zunächst als Vertriebsingenieur gearbeitet. In diesem Zeitraum hatte er die folgenden *Seminare* belegt:

Seminar 1:	Kundengespräche erfolgreich führen
Seminar 2:	Überzeugend präsentieren
Seminar 3:	Telefonakquisition

Nach einigen Berufsjahren nahm er an einer Weiterbildung zum Wirtschaftsingenieur teil und erwarb sich folgende *Fachkenntnisse*:

Fachkenntnis 1:	Rechnungswesen
Fachkenntnis 2:	Unternehmensorganisation
Fachkenntnis 3:	Arbeitswissenschaft
Fachkenntnis 4:	Betriebsstatistik
Fachkenntnis 5:	Plankostenrechnung
Fachkenntnis 6:	Grundlagen der Volkswirtschaft
Fachkenntnis 7:	Rechtswissenschaft

Er hatte folgende *EDV-Kenntnisse*:

Rechnerarchitekturen: PC-Netzwerke, UNIX-Workstation
Betriebssysteme: Windows, Windows NT, UNIX
Programmiersprachen: C++, Java
Anwendungsprogramme: Winword, AmiPro, Access, PowerPoint, Excel

Er verfügte über diese *Sprachkenntnisse*:

Englisch: Schulkenntnisse, zusätzlich Auslandssemester, Seminar technisches Englisch
Französisch: Schulkenntnisse

Erfassen Sie nun Ihre in Fort- und Weiterbildungen erlernten Kenntnisse. Führen Sie auf, welche Kenntnisse Sie sich parallel zu Ihrer Berufstätigkeit angeeignet haben.

Ihre fachlichen Kenntnisse aus Fort- und Weiterbildungen

Seminare, Trainings, Workshops, Kongresse, Tagungen:

1. ....
2. ....
3. ....
4. ....
5. ....

Weiterbildung zum beruflichen Aufstieg oder Fortbildung:

Titel: ....
Inhalte: ....

EDV-Kenntnisse:

Anwendungsprogramme: ....
Betriebssysteme: ....
Programmiersprachen: ....
Rechnerarchitekturen: ....

Sprachkenntnisse:

Sprache 1: ....
Sprache 2: ....

Methodische Kompetenz

Je weiter Sie auf der Karriereleiter nach oben steigen, desto wichtiger werden Ihre außerfachlichen Kompetenzen. Die Bedeutung der fachlichen Kompetenz haben wir Ihnen erläutert. Jetzt kommt es darauf an, Ihre methodische Kompetenz zu erkennen. Damit Sie später Personalverantwortliche überzeugen können, sollten Sie Ihre methodische Kompetenz anhand von berufsnahen Beispielen herausarbeiten. Analysieren Sie, wie Sie berufliche Aufgaben lösen und welche Arbeitstechniken Sie dabei einsetzen.

Arbeiten Sie Ihre Arbeitstechniken heraus

Aus unserer Beratungstätigkeit wissen wir, dass die meisten Führungskräfte die Anforderungen an die methodische Kompetenz erfüllen, da sie täglich berufliche Aufgaben bearbeiten. Unser Beispiel wird Ihnen zeigen, dass sich im Berufsalltag viele Belege für die methodische Kompetenz finden lassen. Anschließend werden Sie Ihre eigene methodische Kompetenz aus Ihren beruflichen Aufgaben herausfiltern.

Direktorin Marketing

Beispiel

Eine Direktorin im Marketing kann bei der Darstellung ihrer methodischen Kompetenz auf die von ihr im Laufe der Jahre bewältigten Aufgaben zurückgreifen. Sie verfügt über folgende methodische Kompetenzen, die sie bei der Bewältigung beruflicher Aufgaben unter Beweis gestellt hat:

Beleg 1: Abstimmung der Marketingmaßnahmen einzelner Länder
Beleg 2: Entwicklung europäischer Marketingstrategien
Beleg 3: Umsetzung von Marketingplänen
Beleg 4: Adaption von Best-Practise-Ansätzen
Beleg 5: Betreuung interner Abstimmungsprozesse
Beleg 6: Umsetzung globaler Marketingprojekte
Beleg 7: Koordination von Markt- und Wettbewerberanalysen
Beleg 8: Bewertung durchgeführter Marketingmaßnahmen
Beleg 9: Konzeption der Mediaplanung
Beleg 10: Unterstützung der Sales-Aktivitäten

Nun sind Sie wieder gefordert. Sie haben anhand unseres Beispieles gesehen, wie die methodische Kompetenz mit Beispielen aus dem Berufsalltag belegt werden kann. Suchen Sie nun Belege für Ihre methodische Kompetenz aus den bisher von Ihnen wahrgenommenen beruflichen Aufgaben heraus.

Belege für Ihre methodische Kompetenz

Übung

Gehen Sie Ihre beruflichen Aufgaben durch und überlegen Sie, welche Arbeitsmethodik zur Bewältigung gefragt war. Bei welchen Aufgaben haben Sie beispielsweise geplant, organisiert, bewertet, konzipiert, koordiniert oder analysiert? Denken Sie dabei nicht nur an Ihre täglichen Aufgaben, sondern auch an Projekte und Sonderaufgaben. Finden Sie zehn Belege für Ihre methodische Kompetenz.

Beleg 1: ....
Beleg 2: ....
Beleg 3: ....
Beleg 4: ....
Beleg 5: ....
Beleg 6: ....
Beleg 7: ....
Beleg 8: ....
Beleg 9: ....
Beleg 10: ....

Soziale Kompetenz

Nachdem Sie Ihr Fachwissen und Ihre methodische Kompetenz analysiert haben, geht es nun darum, Ihre soziale Kompetenz zu erfassen. Auch hier gilt wieder, dass Sie im Bewerbungsverfahren nur dann überzeugen, wenn Sie konkrete Belege für Ihre soziale Kompetenz liefern können. Es genügt nicht, die Fähigkeiten stichwortartig in den Raum zu stellen. Sie müssen Beispiele aus Ihrem Berufsalltag verwenden, um Ihre soziale Kompetenz deutlich zu machen.

Belegen Sie Ihre soziale Kompetenz

Teamfähigkeit

Statt zu behaupten »ich bin teamfähig«, sollten Sie lieber ein Beispiel wählen, aus dem Ihre Teamfähigkeit deutlich wird. Dies gelingt beispielsweise so: »In einer Arbeitsgruppe zur Prototypenentwicklung konnte ich zusammen mit dem Vertrieb, dem Controlling und der Produktion die technischen Vorgaben unter Berücksichtigung der Etatvorgaben umsetzen.«

Beispiele

Zielstrebigkeit

Beispiel 2

Die Selbstbeschreibung »ich bin zielstrebig« ist zu knapp, um Personalverantwortliche zu beeindrucken. Es ist besser, ein Beispiel aus der Berufspraxis anzugeben, aus dem die Zielstrebigkeit deutlich wird: »Nachdem der Absatz eines unserer Produkte zurückgegangen war, erarbeitete ich alle Maßnahmen für einen Produkt-Relaunch, da ich nach wie vor von dem Produkt überzeugt war. Die neue Positionierung auf dem Markt machte das Produkt zu einem unserer Topseller.«

Wenn Sie mit konkreten Beispielen aus Ihrer Berufspraxis argumentieren, gelingt Personalverantwortlichen die Übersetzung in Schlagworte aus dem Bereich soziale Kompetenz von selbst. An unseren Beispielen für Teamfähigkeit und Zielstrebigkeit haben wir Ihnen gezeigt, wie soziale Kompetenz unter Rückgriff auf die Berufspraxis dargestellt werden kann. In der folgenden Übung geht es nun um die Belege für Ihre soziale Kompetenz.

Ihre soziale Kompetenz

Suchen Sie sich aus unserer Liste mit Schlagworten zur sozialen Kompetenz (S. 49) mindestens vier Begriffe heraus. Finden Sie anschließend berufliche Aufgaben, für deren Lösung Sie diese persönlichen Fähigkeiten eingesetzt haben. Orientieren Sie sich an unseren Beispielen zur Teamfähigkeit und zur Zielstrebigkeit. Ordnen Sie den Schlagworten geeignete berufliche Tätigkeiten als Belege zu.

Schlagwort 1: ....
Berufliche Tätigkeit als Beleg: ....

Schlagwort 2: .....
Berufliche Tätigkeit als Beleg: .....

Schlagwort 3: .....
Berufliche Tätigkeit als Beleg: .....

Schlagwort 4: .....
Berufliche Tätigkeit als Beleg: .....

Viele Bewerber blockieren sich bei der Darstellung ihrer sozialen Kompetenz selbst, indem sie versuchen, für jede Forderung aus dem Bereich soziale Kompetenz einen eigenen Beleg zu liefern. Dies ist jedoch nicht notwendig, da Sie bei der Lösung einzelner beruflicher Aufgaben stets mehrere persönliche Fähigkeiten einsetzen.

Jede Aufgabe erfordert verschiedene persönliche Fähigkeiten

Product Manager

Wenn ein Bewerber als Product Manager tätig ist, hat er:

- neue Produkte konzipiert (Beleg für Kreativität, Beleg für selbstständiges Arbeiten)
- Marktchancen beurteilt (Beleg für unternehmerisches Denken, Beleg für Verantwortungsbewusstsein)
- sich mit Produktion, Vertrieb, Marketing und Service abgestimmt (Beleg für Teamfähigkeit, Beleg für Organisationsfähigkeit, Beleg für Kommunikationsfähigkeit)
- sein Konzept der Geschäftsleitung präsentiert (Beleg für Präsentationsfähigkeit, Beleg für Kommunikationsfähigkeit)
- Aufgaben der Markt- und Wettbewerberanalyse an Mitarbeiter delegiert (Beleg für Führungsfähigkeit, Beleg für Delegationsfähigkeit)

Beispiel

Die Argumentation mit konkreten Beispielen aus Ihrem Berufsalltag ist unerlässlich, um Personalverantwortlichen Ihre soziale Kompetenz deutlich zu machen. Sie bietet zudem die Chance, mehrere Anforderungen durch ein einziges Beispiel aus der beruflichen Praxis als erfüllt darzustellen. Zur Darstellung Ihrer sozialen Kompetenz sind besonders Projektaufgaben geeignet, da diese die größte Vielfalt an Belegen für persönliche Fähigkeiten beinhalten. Das Gleiche gilt für abteilungsübergreifendes Arbeiten.

Nennen Sie Projektaufgaben und abteilungsübergreifende Arbeiten

Erarbeiten Sie sich deshalb interessante Beispiele aus Ihrer bisherigen beruflichen Tätigkeit. Sie vermeiden dadurch den typischen Bewerberfehler, mit Schlagworten herumzuwerfen, zu abstrakt zu formulieren und die Besonderheiten des eigenen Profils zu unterschlagen. Wir werden Sie zu allen Bewerbungsschritten anleiten, mit konkreten Belegen und aussagekräftigen Beispielen zu argumentieren. Sie brauchen interessante Anknüpfungspunkte aus Ihrer Berufstätigkeit für die persönliche oder telefonische Kontaktaufnahme, Ihr Anschreiben und Ihre Selbstpräsentation im Vorstellungsgespräch.

Auswertung von Stellenausschreibungen

Der Abgleich des eigenen Profils mit dem vom Unternehmen ausgeschriebenen Stellenprofil ist ein zentraler Aspekt des Bewerbungsverfahrens. Damit Sie lernen, die Anforderungen der Unternehmen zu erkennen, und einen Abgleich mit Ihrem eigenen Profil durchführen können, machen wir Sie jetzt damit vertraut, Anforderungen aus Stellenausschreibungen herauszulesen. Dabei spielt es keine Rolle, ob diese Stellenausschreibungen als Anzeigen in Printmedien vorliegen, ob die Stellen firmenintern ausgeschrieben oder ob sie im Internet veröffentlicht werden. Die Anforderungen an die Analyse des Qualifikationsprofils bleiben gleich: Sie müssen die einzelnen For-

Lernen Sie, die Stellenanzeigen zu analysieren

derungen an die fachliche, soziale und methodische Kompetenz herauskristallisieren können.

Stellenausschreibung
Senior Business Consultant

»Zu Ihren Aufgabengebieten wird die Geschäftsprozess- und Organisationsanalyse gehören. Sie entwickeln Anwendungskonzeptionen für erfolgreiche E-Commerce-Strategien und deren Umsetzung. Sie sollten über mehrjährige Erfahrung als Consultant in einer Unternehmensberatung verfügen und sich durch IT-Know-how, Akquisitionsstärke, Kontaktfreudigkeit sowie Erfahrung im Projektmanagement auszeichnen. Sehr gute Englischkenntnisse sowie Präsentationsgeschick setzen wir voraus. Daneben erwarten wir ein hohes Maß an Lern- und Einsatzbereitschaft, Mobilität, Kommunikationsstärke und Teamgeist.«

Die Auswertung der Stellenausschreibung ergibt die folgenden Anforderungen an die einzelnen Kompetenzbereiche:

- fachliche Kompetenz: IT-Know-how, Branchenerfahrung Unternehmensberatung, Kenntnisse in der Geschäftsprozess- und Organisationsanalyse, Englischkenntnisse
- methodische Kompetenz: Anwendungskonzeptionen entwickeln, E-Commerce-Strategien umsetzen, Präsentationsgeschick, Akquisitionserfahrung (-stärke), Erfahrung im Projektmanagement
- soziale Kompetenz: Kontaktfreudigkeit, Lernbereitschaft, Einsatzbereitschaft, Mobilität, Kommunikationsstärke, Teamgeist

Wenn Sie Stellenausschreibungen analysieren können, erarbeiten Sie sich einen Vorsprung vor Ihren Mitbewerbern. Personalverantwortliche beklagen häufig, dass Bewerberinnen und Bewerber nicht auf die Anforderungen von Stellenausschreibungen eingehen. Der Versand von Standardanschreiben oder die Kontaktaufnahme mit nichtssagenden Floskeln ist kein Weg, der zum Erfolg führt. Nur wenn Sie wissen, was die

Erkennen Sie die Anforderungen

Unternehmensseite von Ihnen erwartet, können Sie im Bewerbungsverfahren gezielt darauf eingehen. Üben Sie deshalb, die Anforderungen der Unternehmen aus ihren Stellenanzeigen herauszulesen.

Stellenausschreibungen auswerten

Übung

Werten Sie nun die folgenden Stellenausschreibungen so aus, wie wir es Ihnen in unserem Beispiel Senior Business Consultant gezeigt haben. Finden Sie die einzelnen Anforderungen an die fachliche, soziale und methodische Kompetenz der Bewerberinnen und Bewerber heraus.

Anzeige 1

Stellenausschreibung

Manager/in Logistik und Warenkoordination

»Sie bereiten weltweite Ausschreibungen vor, verhandeln Angebote und wirken bei der Vergabeentscheidung mit. Preisverhandlungen und die Vertragsgestaltung gehören ebenfalls zu Ihrem Aufgabengebiet. Darüber hinaus wirken Sie aktiv an der Gestaltung und Optimierung von Prozessen und der Umsetzung von Projektvergaben mit. Sie verfügen über eine technische Ausbildung beziehungsweise ein Ingenieurstudium und haben bereits mehrjährige Berufserfahrung in der Zuliefererbranche gesammelt. Über gute Englischkenntnisse verfügen Sie und besitzen idealerweise Kenntnisse in einer weiteren Fremdsprache. Der Umgang mit dem MS-Office-Paket ist Ihnen vertraut. Ergänzend sollten Sie Erfahrungen in SAP R/3 mitbringen. Sie sind mobil und zeichnen sich durch hohe Einsatzbereitschaft aus. Ihre Persönlichkeit wird durch Teamfähigkeit, Durchsetzungsvermögen und Kreativität abgerundet.«

Fachliche Kompetenz: ....

Methodische Kompetenz: .... Auswertung

Soziale Kompetenz: ....

Stellenausschreibung

Account Manager/in   Anzeige 2

»Ihre Aufgabe liegt in der Entwicklung und Koordination von Marketing- und Sales-Aktionen. Die Konzeption strategischer Lösungen mit Kunden und Geschäftspartnern wird ein zentraler Bestandteil Ihrer Arbeit sein. Sie sollten über umfassende kaufmännische Kenntnisse und Projekterfahrung verfügen. Ihr Auftritt ist professionell und durch ausgeprägte Kundenorientierung gekennzeichnet. Im Rahmen gezielter Vertriebsaktivitäten können Sie auf Ihr Verhandlungsgeschick zurückgreifen. Kenntnisse in den Bereichen Internet-Technologie, Middleware und Application-Server sollten Sie mitbringen. Sie haben bereits Erfahrungen im Vertrieb von Softwareprodukten gesammelt. Zudem beherrschen Sie mindestens eine Fremdsprache verhandlungssicher und zeichnen sich durch Einsatzfreude und Teamfähigkeit aus.«

Fachliche Kompetenz: ....

Methodische Kompetenz: .... Auswertung

Soziale Kompetenz: ....

Anzeige 3

Stellenausschreibung

Abteilungsleiter/in Konstruktion

»Die mechanische Konstruktion ist eine wichtige Basis unserer Kernkompetenz. Sie pflegen intensive Kontakte zu den Bereichen Vertrieb, Mechanische Fertigung sowie Materialwirtschaft und Einkauf, aber auch zum Kunden. Wichtig sind für uns sieben bis zehn Jahre Berufserfahrung in der Konstruktion von komplexen Maschinen und Anlagen und einige Jahre Führungserfahrung. Ihre persönlichen Stärken sollten im Projektmanagement liegen, in der Wertanalyse und Normung, aber auch in der Beratung, Erarbeitung von Angeboten und in der Zusammenarbeit mit Kunden. Kenntnisse der Feinbearbeitung und im Bereich Schleifen sind von Vorteil. Strategische und konzeptionelle Erfahrung sowie betriebswirtschaftliche Grundkenntnisse helfen Ihnen, die Aufgaben optimal zu lösen.«

Auswertung

Fachliche Kompetenz: ....
....
Methodische Kompetenz: ....
....
Soziale Kompetenz: ....
....

Auf einen Blick

Anforderungen der Unternehmen an Führungskräfte

- Setzen Sie sich mit den Anforderungen der Unternehmer an Führungskräfte auseinander.
- Nur wenn Sie wissen, was von Ihnen erwartet wird, können Sie mit Ihrer Bewerbung belegen, dass Sie diese Erwartungen erfüllen.
- Ihre berufliche Qualifikation setzt sich aus fachlicher, sozialer und methodischer Kompetenz zusammen.
- Fachliche Kompetenz beinhaltet das zu einem bestimmten Arbeitsfeld gehörende Wissen.
- Methodische Kompetenz bezeichnet die Fähigkeit, Ihr Fachwissen zur Bewältigung beruflicher Aufgaben einzusetzen. Sie müssen in der Lage sein, einen Theorie-Praxis-Transfer zu leisten.
- Soziale Kompetenz bezieht sich auf Persönlichkeitsmerkmale. Es geht darum, wie Sie mit anderen Menschen zusammen Aufgabenstellungen bewältigen.
- Ermitteln Sie Ihre fachliche, methodische und soziale Kompetenz.
- Greifen Sie bei der Darstellung Ihrer Kompetenzen auf Beispiele aus Ihrem beruflichen Erfahrungsschatz zurück.
- Machen Sie sich damit vertraut, Anforderungen aus Stellenausschreibungen herauszulesen.
- Kristallisieren Sie aus Stellenausschreibungen die einzelnen Forderungen an Ihre fachliche, soziale und methodische Kompetenz heraus.

4
Auswahlverfahren im Bewerbungsprozess

Die Anforderungen an Führungskräfte sind hoch. Die Unternehmen setzen verschiedene Auswahlverfahren ein, um die fachliche, soziale und methodische Kompetenz der Bewerberinnen und Bewerber zu erfassen. In allen Auswahlverfahren erwarten Sie besondere Anforderungen, mit denen Sie sich vor dem Einstieg in die aktive Bewerbungsphase auseinander setzen sollten.

Falsche Personalauswahl ist teuer für ein Unternehmen. Die üblichen Instrumente der Personalauswahlverfahren – die Analyse der schriftlichen Bewerbungsunterlagen und das Vorstellungsgespräch – sind deshalb in den letzten Jahrzehnten um zahlreiche andere Verfahren ergänzt worden.

Neue Personalauswahlverfahren

Neue Auswahlverfahren boomen zunächst in den großen Konzernen und werden dann in »Light-Versionen«, also verkürzt, von anderen Unternehmen übernommen. Dann, wenn sie schon etwas angestaubt sind, halten sie in der Personalauswahl des öffentlichen Dienstes Einzug. Dies gilt für die grafologische Analyse, für den Einsatz von Tests oder auch für das Assessment-Center.

Die Differenz zwischen den ursprünglich erhobenen Ansprüchen der wissenschaftlichen Eignungsdiagnostiker und dem Einsatz in der Praxis der Personalauswahl ist oft erheblich. Je weiter entfernt von wissenschaftlichen Anforderungen Instrumente der Personalauswahl eingesetzt werden, desto subjektiver und beeinflussbarer sind die Verfahren.

Dies hat für Sie als Bewerber positive Folgen: Tests, Bewerbungsgespräche und Assessment-Center sind durch Vorbereitung und Training im Ergebnis deutlich zu beeinflussen. Deshalb stellen wir Ihnen die wichtigsten Verfahren der Personalauswahl im Überblick vor und geben Ihnen Hinweise, wie Sie in diesen Verfahren Ihre Chancen besser nutzen können.

Mit guter Vorbereitung erhöhen Sie Ihre Chancen

Häufigkeit von Personalauswahlverfahren

- Analyse der Bewerbungsunterlagen .... 97 %
  - Vollständigkeit, Anschreiben, Lebenslauf, Foto,
  - Zeugnisse, andere Leistungsnachweise
- Interviews und Vorstellungsgespräche
  - strukturiertes Interview mit der Personalabteilung .... 58 %
  - unstrukturiertes Interview mit der Personalabteilung .... 47 %
  - strukturiertes Interview mit der Fachabteilung .... 37 %
  - unstrukturiertes Interview mit der Fachabteilung .... 48 %
- Assessment-Center .... 15 %
- Gruppengespräche und Diskussionen .... 12 %
- Tests
  - Persönlichkeitstest .... 8 %
  - Leistungstest .... 3 %
  - Intelligenztest .... 2 %
- grafologische Begutachtung .... 7 %
- zusätzliche Referenzen .... 64 %

Übersicht 2

Quelle: Heinz Schuler, Dörte Frier, Monika Kauffmann, *Personalauswahl im europäischen Vergleich*, Göttingen 2000

Ein Blick auf die Übersicht 2 zeigt: Die Analyse der Bewerbungsunterlagen, Vorstellungsgespräche mit Personal- und Fachabteilung und Assessment-Center beziehungsweise die aus dem Assessment-Center ausgegliederte Gruppendiskussion sind die für die Auswahl von Führungskräften am häufigsten eingesetzten Verfahren. Der hohe Stellenwert von zusätzlichen Referenzen fällt ebenfalls auf.

Die gängigsten Auswahlverfahren

Aus unserer Praxis als Bewerbungsberater können wir das Ergebnis der Untersuchung nur bestätigen: Der typische Ablauf von Bewerbungen beginnt mit der Aufbereitung und dem Versand der schriftlichen Bewerbungsunterlagen. Dann kommt die Einladung zum ersten Vorstellungsgespräch. Nach dem ersten folgt entweder ein zweites Vorstellungsgespräch mit endgültigem Ergebnis oder ein abschließendes Assessment-Center.

Schriftliche Unterlagen

Für die Analyse der schriftlichen Bewerbungsunterlagen haben sich im Personalbereich bestimmte Standards herausgebildet. Da die Prüfung von Bewerbungsunterlagen Zeit kostet, ist es für Personalverantwortliche wichtig, die Zahl der zu prüfenden Bewerbungen möglichst schnell zu reduzieren, das heißt: auszusortieren. Personalverantwortliche unterscheiden bei der Sichtung deshalb zwischen formalen und inhaltlichen Fehlern.

Häufige formale Fehler

Formale Fehler beziehen sich auf die Aufbereitung Ihrer Bewerbungsmappe und auf die Art und Weise der Darstellung Ihrer Kenntnisse und Fähigkeiten. Als Fehler sind hier zu nennen: unvollständige Bewerbungsunterlagen, fehlerhafte Unternehmensanschrift, fehlende persönliche Anrede, fehlende Strukturierung des Anschreibens, verschachtelte Sätze oder eine Häufung von Rechtschreib- und Kommafehlern. In Teil III, »Ihre schriftlichen Bewerbungsunterlagen«, finden Sie daher umfassende und detaillierte Hinweise, wie Sie formale Fehler im Anschreiben und im Lebenslauf vermeiden.

Nach Umfragen bei Personalverantwortlichen scheitern viele Bewerber bereits an formalen Fehlern, das heißt: Die Unterlagen werden inhaltlich überhaupt nicht mehr geprüft. Dies liegt daran, dass formale Fehler sofort ins Auge springen. Das Aussortieren von Bewerbungen kann dadurch schneller erfolgen. Eine genaue inhaltliche Prüfung von Bewerbungsunterlagen wird nur den Unterlagen zuteil, die die erste Hürde, die formale Prüfung, genommen haben.

Inhaltliche Fehler beziehen sich auf die berufliche Qualifikation der Bewerber. Geprüft wird, ob die Bewerber die Anforderungen der ausgeschriebenen Position bewältigen können. An dieser Stelle nimmt man einen Abgleich des ausgeschriebenen Stellenprofils mit dem aus den schriftlichen Bewerbungsunterlagen deutlich werdenden Bewerberprofil vor. Hier handeln Sie sich Minuspunkte ein, wenn Sie nichtssagende Standardformulierungen benutzen oder die in der Stellenanzeige genannten Anforderungen einfach abschreiben.

Standardformulierungen gelten als inhaltliche Fehler

Führungskräfte müssen in ihren schriftlichen Unterlagen anhand von Beispielen belegen, dass sie die in ihrem Berufsfeld wesentlichen Anforderungen bewältigen können. Zusätzlich sollten Sie Ihre Branchenkenntnis verdeutlichen; umgeben Sie sich in Ihrer schriftlichen Selbstdarstellung mit dem richtigen »Stallgeruch«. Unter Personalverantwortlichen gibt es das Bonmot: »Die Bewerbungsunterlagen sind das beste Stück Arbeit, das der Bewerber jemals für das Unternehmen leistet.« Berücksichtigen Sie dies bei der Erstellung Ihrer Bewerbungsunterlagen.

Verdeutlichen Sie Ihre Branchenkenntnis

Interviews und Vorstellungsgespräche

Sie haben in der Übersicht gesehen, dass bei Vorstellungsgesprächen zwischen Gesprächen mit der Fachabteilung und der

Personalabteilung unterschieden wird. Fach- und Personalabteilung stellen unterschiedliche Ansprüche an die Bewerber. Führungskräfte haben oft Schwierigkeiten, diesen unterschiedlichen Ansprüchen gerecht zu werden. Sie fühlen sich im Gespräch mit Leitern von Fachabteilungen oft wohler, da sie von »Kollege zu Kollege« reden können. Dabei vergessen sie, dass die fachliche Kompetenz nur ein Aspekt ihrer beruflichen Qualifikation ist. Die Anforderungen an die Persönlichkeit des Bewerbers und seine Arbeitsmethodik spielen im Bewerbungsverfahren eine ebenso große Rolle.

Die Ansprüche der Fach- und der Personalabteilung

Die Überprüfung dieser beiden Bestandteile der beruflichen Qualifikation obliegt üblicherweise den Personalverantwortlichen. Die Gespräche mit Personalverantwortlichen fallen Führungskräften meist schwerer. Da die Zielrichtung der gestellten Fragen zur sozialen und methodischen Kompetenz für unvorbereitete Bewerber nicht transparent ist, stellt das Gespräch mit Personalverantwortlichen oft einen großen Stressfaktor für die Kandidaten dar. Völlig überfordert reagieren Bewerber, wenn Personal- und Fachabteilung im Vorstellungsgespräch durch jeweils einen Verantwortlichen vertreten sind. Sie haben mit Ihrer Bewerbung aber nur dann Erfolg, wenn Sie den unterschiedlichen Gesprächszielen aller Beteiligten gerecht werden.

Stellen Sie sich auf unterschiedliche Gesprächsziele ein

Wir machen Sie in Teil IV, »Das Vorstellungsgespräch«, mit den speziellen Wünschen Ihrer Gesprächspartner auf der Unternehmensseite vertraut. Sie erfahren, wie Sie Fachvorgesetzte für sich einnehmen und Personalverantwortliche von sich überzeugen können. Die von Personalverantwortlichen eingesetzten Gesprächstechniken stellen wir Ihnen ebenso vor wie geeignete Antworttechniken.

Nicht nur die Unterscheidung zwischen Fach- und Personalabteilung, auch die zwischen strukturierten und unstrukturierten Gesprächen ist wichtig. Um die Ergebnisse der Gespräche mit den Kandidaten besser vergleichen zu können, verwenden Personalverantwortliche häufig standardisierte Fragebögen. Es werden Ihnen Fragen zur Leistungsmotivation, zur Führungserfahrung, zum Unternehmen, zur beruflichen Entwicklung, zur Persönlichkeit und zur privaten Lebensgestaltung gestellt. Wir machen Sie in Teil IV deshalb auch mit den Hintergründen der einzelnen Themenblöcke vertraut und verdeutlichen Ihnen, warum diese Fragen gestellt werden und wie Sie reagieren können.

Strukturierte und unstrukturierte Gespräche

Fachvorgesetzte gehen im Vorstellungsgespräch eher unstrukturiert vor. Das Gespräch wird meist offen gehalten, und Sie haben deshalb mehr Einfluss auf den Verlauf des Gespräches. Hier können Sie punkten, wenn Sie die Produkt- oder Dienstleistungspalette des Unternehmens kennen, wenn Sie auf Ihre Erfahrungen verweisen, die Sie bei einem Mitbewerber in der Branche gesammelt haben oder wenn Sie durchblicken lassen, dass Sie aktuelle Anforderungen der zukünftigen Berufstätigkeit kennen. Achten Sie bei unstrukturierten Gesprächen darauf, dass Sie auch ohne gezielte Nachfrage Ihr Profil deutlich machen.

Weitere Unterstützung zum Verhalten in Vorstellungsgesprächen finden Sie außerdem in unserem Abschnitt »Beispielfragen und -antworten«. Darin stellen wir Ihnen die häufigsten Fragen aus Vorstellungsgesprächen vor. Mit unseren negativen Beispielantworten zeigen wir Ihnen, wie unvorbereitete Bewerber antworten. Damit Sie es besser machen, legen wir Ihnen anhand von gelungenen Beispielantworten dar, wie Sie souverän antworten können. In Übungen entwickeln Sie auf dieser Basis Ihren eigenen Antwortstil. Zusammen mit der von Ihnen ausgearbeiteten Selbstpräsentation können Sie dann sowohl strukturierte als auch unstrukturierte Gespräch bewältigen.

Was wird in Vorstellungsgesprächen gefragt?

Tests

Wegen der mangelnden Aussagekraft im Hinblick auf die weitere berufliche Entwicklung werden im Bewerbungsverfahren

Intelligenz- und Persönlichkeitstests

nur gelegentlich Ankreuztests eingesetzt. Die Werte in unserer Übersicht 2 zeigen es: Intelligenztests werden bei der Auswahl von Führungskräften nur von 2 Prozent der Unternehmen eingesetzt, Leistungstests von 3 Prozent und Persönlichkeitstests von 8 Prozent. Wenn Sie jedoch mit einem Test konfrontiert werden, müssen Sie mitspielen. Verweigern Sie Ihre Teilnahme, wird das Bewerbungsverfahren für Sie an dieser Stelle beendet sein.

Sie können sich allerdings – zu Recht – die Frage stellen, ob Sie bei einem Unternehmen anfangen möchten, das zur Bewertung von zukünftigen Mitarbeitern Tests einsetzt. Es ist zu erwarten, dass Sie auch bei Maßnahmen in der Personalentwicklung wieder auf die Testgläubigkeit der Personalabteilung treffen werden. Überlegen Sie sich, ob Sie bei einem solchen Arbeitgeber wirklich einsteigen wollen.

Da Sie mit Intelligenz- und Leistungstests voraussichtlich nicht konfrontiert werden, sollten Sie Ihre Energie lieber in die Vorbereitung der anderen Auswahlverfahren stecken. Wer sich dennoch mit Intelligenz- und Leistungstests vertraut machen möchte, kann sich anhand der einschlägigen »Testknackerliteratur« informieren. Jede Buchhandlung hält genügend Bücher zu diesem Themenbereich vorrätig.

Bei Tests müssen Sie mitspielen

Zur Vorbereitung auf Persönlichkeitstests stellen wir Ihnen in Übersicht 3 zehn von 560 Fragen aus dem mehrstufigen Persönlichkeitsinventar vor. Dieser Test war jahrelang der am häufigsten eingesetzte Persönlichkeitstest, sowohl von Unternehmen als auch vom öffentlichen Dienst. Es ist von daher zu befürchten, dass einige Personalabteilungen noch Exemplare dieses Tests vorrätig halten und auch einsetzen. Ein mit uns bekannter Personalverantwortlicher drückte es so aus: »Wenn wir schon so teure Tests eingekauft haben, müssen wir sie auch benutzen.«

Persönlichkeitstest

1. Ich glaube, ich bin ein verdammter Mensch.
   ○ *stimmt*　　○ *zweifelhaft*　　○ *stimmt nicht*

2. Manchmal höre ich Stimmen.
   ○ *stimmt*　　○ *zweifelhaft*　　○ *stimmt nicht*

3. Manchmal kommen mir seltsame Gerüche.
   ○ *stimmt*　　○ *zweifelhaft*　　○ *stimmt nicht*

4. Ich bin ein besonderer Sendbote Gottes.
   ○ *stimmt*　　○ *zweifelhaft*　　○ *stimmt nicht*

5. Einmal oder mehrmals im Monat habe ich Durchfall.
   ○ *stimmt*　　○ *zweifelhaft*　　○ *stimmt nicht*

6. Ich muss öfter als andere Wasser lassen.
   ○ *stimmt*　　○ *zweifelhaft*　　○ *stimmt nicht*

7. Mein Sexualleben ist zufrieden stellend.
   ○ *stimmt*　　○ *zweifelhaft*　　○ *stimmt nicht*

8. Ich fühle mich sehr stark von Personen meines eigenen Geschlechts angezogen.
   ○ *stimmt*　　○ *zweifelhaft*　　○ *stimmt nicht*

9. Ich träume viel von sexuellen Dingen.
   ○ *stimmt*　　○ *zweifelhaft*　　○ *stimmt nicht*

Übersicht 3

> 10. Mit meinen Geschlechtsorganen ist etwas nicht in Ordnung.
>
> ○ stimmt   ○ zweifelhaft   ○ stimmt nicht

Quelle: MMPI (Minnesota Multiphasic Personality Inventory)

Ein Test aus der klinischen Psychologie

Wenn Sie uns die Frage stellen, was die erfragten Informationen zur Definition Ihres beruflichen Profils beitragen, müssen wir Ihnen ehrlicherweise antworten: nichts. Wie die meisten Persönlichkeitstests kommt auch der MMPI aus der klinischen Psychologie. Er misst die folgenden Persönlichkeitsstörungen:

1. Depression (Antriebs- und Interessenlosigkeit)
2. Hypochondrie (überstarke Konzentration auf den eigenen Körper)
3. Hysterie (mangelnde Belastbarkeit; Ausprägung, auf seelischen Druck körperlich zu reagieren)
4. Schizophrenie (Persönlichkeitsspaltung)
5. Paranoia (Verfolgungswahn)
6. Psychasthenie (Entscheidungs- und Konzentrationsschwäche)
7. Psychopathie (Geringschätzung sozialer Sitten)
8. Hypomanie (Aktionismus, Launenhaftigkeit)
9. soziale Introversion (Kontaktarmut)
10. Maskulinität (hier: Abweichung vom typischen Geschlechtsverhalten)

Eine Voraussage Ihres beruflichen Erfolges ist damit nicht möglich. Persönlichkeitstests sind ursprünglich entwickelt worden, um Störungen in der Persönlichkeit zu erfassen, die eine psychiatrische Behandlung notwendig machen. Sie dienen nicht dazu, Aussagen über »Normalsterbliche« zu treffen. Aussagen zur unterschiedlichen Ausprägung von Charaktereigenschaften von Führungskräften lassen sich mit Persönlichkeitstests nicht erreichen. Und konkretes Verhalten im Berufsalltag lässt sich erst recht nicht durch Ankreuztests erfassen. Dies ist ein starkes Argument für die Abkehr von Ankreuztests und die Hinwendung zum Assessment-Center.

Die Abkehr von Persönlichkeitstests

Assessment-Center

Bei der Auswahl von Führungskräften werden sehr häufig Assessment-Center durchgeführt. Assessment-Center sind Gruppenauswahlverfahren, das heißt, mehrere Kandidaten führen verschiedene Übungen vor mehreren Beobachtern der Unternehmensseite durch. Eine Gruppe von sechs bis zwölf Kandidaten, die von vier bis sechs Beobachtern bewertet wird, ist typisch.

Gelegentlich sind Führungskräfte völlig überrascht, weil sie eine Einladung zum Assessment-Center nicht als solche erkannt haben. Denn die Bezeichnungen von Assessment-Centern variieren beträchtlich: So werden Assessment-Center von einigen Unternehmen auch als Potenzialanalyse, Kennenlerntage, Gruppengespräche oder auch als Gesprächsrunde etikettiert.

Assessment-Center als solche erkennen

Ein Hinweis darauf, ob ein Assessment-Center durchgeführt wird, ist der angegebene Zeitrahmen. Werden Sie gebeten, sich mehr als zwei Stunden für das gegenseitige Kennenlernen beim Unternehmen freizuhalten, haben Sie ein erstes Indiz dafür, dass Sie an einem Assessment-Center teilnehmen werden. Wenn Sie ganz sicher sein wollen, sollten Sie zum Telefonhörer greifen und in der Personalabteilung anrufen. Die Unternehmen schätzen gut informierte Bewerber. Man wird Ihnen zwar nicht die einzelnen Übungen verraten, Ihnen aber den grundsätzlichen Ablauf erläutern.

Wer muss nun mit einem Assessment-Center rechnen? Assessment-Center werden hauptsächlich eingesetzt bei Bewerbern, die sich auf Führungspositionen bewerben, die Tätigkeiten mit Kundenkontakt ausüben möchten und die abteilungsübergreifende Projektarbeit durchführen sollen. In unserer Übersicht 2 konnten Sie sehen, dass etwa 27 Prozent der Unternehmen bei der Auswahl von Führungskräften auf Gruppenauswahlverfahren zurückgreifen (15 Prozent Assessment-Center und 12 Prozent Gruppengespräche und Diskussionen). Je größer das Unternehmen ist, bei dem Sie sich bewerben, desto eher müssen Sie mit einem Assessment-Center rechnen.

Ein beliebtes Auswahlinstrument in größeren Firmen

Für die Zukunft ist davon auszugehen, dass Assessment-Center als Instrument der Personalauswahl stetig wichtiger werden. In der Personalentwicklung großer Unternehmen sind sie heute schon ein fester Bestandteil. Die Veränderungen in der Arbeitswelt, weg von der Produktions- und hin zur Dienstleistungsgesellschaft, komplexe Aufgabenstellungen in Projektteams und die immer stärkere Kundenorientierung in allen Berufsfeldern führen dazu, dass die Anforderungen an die persönlichen Fähigkeiten der Bewerber zunehmen.

Im Assessment-Center selbst geht es um das konkret sichtbare Verhalten bei der Lösung von vorgegebenen Aufgabenstellungen. So könnte man einer Gruppe von Führungskräften beispielsweise die Aufgabe stellen, eine Marketing-Dachkampagne für ein neues Unternehmen der Telekommunikation zu entwickeln. Die Unternehmensvertreter werden bei dieser Übung ihr Augenmerk darauf richten, wer sich mit seinen Ideen in der Gruppe durchsetzt, wer die Argumente der anderen Teilnehmer in eine Gesamtlösung integriert und wer festgefahrene Diskussionen wieder zum Laufen bringt.

Im Vordergrund: das konkret sichtbare Verhalten

Dies heißt im Klartext: Assessment-Center dienen der Überprüfung der sozialen und methodischen Kompetenz. Für Sie als Bewerber geht es darum, in den einzelnen Übungen mit Ihrem

Verhalten deutlich zu machen, dass Sie kommunikationsfähig, belastbar, teamfähig, durchsetzungsfähig sind und selbstständig arbeiten können. Die Unternehmen wissen, dass Papier geduldig ist. Deshalb wollen sie im Assessment-Center die Angaben in Ihrer Bewerbungsmappe zu Ihrer sozialen und methodischen Kompetenz überprüfen. Mit einer guten Vorbereitung lassen sich Assessment-Center jedoch erfolgreich bewältigen. Falls Sie sich gezielt auf ein Assessment-Center vorbereiten möchten, empfehlen wir Ihnen unseren Ratgeber *Assessment-Center-Training für Führungskräfte*.

Geprüft wird Ihre soziale und methodische Kompetenz

Referenzen

Referenzen haben für viele Unternehmen bei der Auswahl von Führungskräften einen hohen Stellenwert. Für Arbeitgeber ist es interessant, Auskünfte über die Leistungen des zukünftigen Mitarbeiters in einem persönlichen Gespräch, beispielsweise mit seinem ehemaligen oder jetzigen Vorgesetzten, zu erfragen. Deshalb ist der schnelle Griff zum Telefon zur Überprüfung der Angaben zu Arbeitsleistungen und zum Verhältnis zu Mitarbeitern und Kollegen für Personalverantwortliche durchaus beliebt.

Referenzen können zur Überprüfung Ihrer Angaben herangezogen werden

Referenzen machen dann Sinn, wenn Sie der Meinung sind, dass Ihre Leistungen in schriftlicher Form nur schwer zu dokumentieren sind. Seien Sie aber vorsichtig: Mit der Formulierung »Als Referenz zu meiner Person und zu meinen Fähigkeiten und Kenntnissen nenne ich Ihnen ...« erlauben Sie Ihrem zukünftigen Arbeitgeber, Informationen über Sie von Dritten einzuholen.

Wenn Sie Referenzen angeben, verzichten Sie auf die schützenden Regelungen, die für das Ausstellen von Arbeitszeugnissen gelten. Arbeitszeugnisse müssen nach der gängigen Rechtsprechung vom Wohlwollen des Arbeitgebers getragen sein und dürfen den Arbeitnehmer beim beruflichen Fortkommen nicht unzulässig behindern. Bei einer Referenz sind Sie vom Wohlwollen Ihres Referenzgebers abhängig. Überlegen Sie deshalb gut, wen Sie als Referenzgeber angeben und bereiten Sie diese Person darauf vor.

Bereiten Sie Ihren Referenzgeber auf seine Aufgabe vor

Geben Sie als Referenz eine Auskunftsperson mit beruflicher Position und Durchwahlnummer an und achten Sie darauf, dass die in Frage kommende Person mit Ihren Kenntnissen und Fähigkeiten und den von Ihnen erfolgreich bewältigten Sonderaufgaben und Projekten vertraut ist. Sprechen Sie mit Ihrer Referenzperson, bevor Sie sie potenziellen Arbeitgebern gegenüber angeben. Erinnern Sie Ihren Referenzgeber an die von Ihnen übernommenen Verantwortungsbereiche, besondere Projekttätigkeiten oder andere Ergebnisse aus Ihren Tätigkeiten. Schicken Sie Ihrem Referenzgeber den gleichen Lebenslauf zu, den Sie auch an das jeweilige Unternehmen senden.

Grafologische Gutachten

Die Aussagekraft des Schriftbildes

Grafologie ist, laut Brockhaus, die Handschriftendeutung, welche aus Schriftbewegung und intuitiv zu erfassenden Ganzheitsmerkmalen auf Eigenarten des Schrifturhebers schließen lässt. So zeigen »die rechtsläufig verformten i-Punkte die zeitweise boshaft-hinterhältige, auch streitlustige Verfassung. Unzufriedenheit zeigt sich in Linkszügen, die Isolation in den großen Abständen zwischen den Worten, der fallende j-Strich offenbart die Mutlosigkeit und Gedrücktheit«. Sie fragen sich, ob diese Analysen zutreffend sein können? Wir uns auch. Dennoch handelt es sich bei dem Beispiel um ernst gemeinte Aussagen in einem Buch zur Grafologie.

Unsere Übersicht 2 zeigt, dass nur 7 Prozent der Führungskräfte mit grafologischen Gutachten rechnen müssen. Den Einsatz eines grafologischen Gutachtens erkennen Sie daran, dass Sie aufgefordert werden, Ihren Bewerbungsunterlagen eine Schriftprobe beizufügen. Trotz fehlender wissenschaftlicher Grundlagen (in den USA wird das grafologische Gutachten als nicht aussagekräftig abgelehnt) hat das Verfahren bei der Besetzung deutscher Führungspositionen nach wie vor seine Anhänger.

So gab die Personalberatung Dr. Heimeier, Dr. Tobien & Partner aus Stuttgart im Magazin *UNI Perspektiven für Beruf und Arbeitsmarkt* an: »Wir haben festgestellt, dass grafologische Gutachten hauptsächlich in mittelständischen Unternehmen mit Geschäftsführern im Alter von über 50 Jahren noch Beachtung finden, um deren Unsicherheit zu nehmen. Personalverantwortliche unter 50 Jahren legen, nach unseren Erfahrungen, kaum noch Wert auf grafologische Gutachten – es sei denn aus Tradition.« **Grafologische Gutachten – aus Tradition**

Wir vermuten den Grund für das Festhalten am grafologischen Gutachten in dem hohen Erfolgsdruck, dem besonders externe Personalberatungen ausgesetzt sind. Die Wünsche der Fachabteilungen und direkten Vorgesetzten sind häufig andere als die der Personalberater. Um sich leidigen Diskussionen über die Eignung eines Kandidaten zu entziehen, wird dann einfach auf die grafologische Analyse zurückgegriffen. Damit können von Personalberatern bevorzugte Kandidaten mit dem Verweis auf ein »wissenschaftliches Gutachten« durchgeboxt werden. Unbeliebte Kandidaten können mit dem Hinweis auf vermutete psychische Defizite aus dem Rennen geworfen werden, ohne sich persönlich mit ihnen beschäftigen zu müssen. **Ein fragwürdiges Verfahren**

Grafologische Gutachten werden ohne persönlichen Kontakt mit dem Bewerber angefertigt. Die Basis für den Grafologen ist die erstellte Schriftprobe. Die Personalberatungen erhalten nach der Auswertung des Grafologen ein Kurzgutachten mit Aussagen über die Persönlichkeitsstruktur des Bewerbers, die sie aus seinen Schriftzügen »herausgelesen« haben.

Wenn Sie Ihren Bewerbungsunterlagen eine Schriftprobe beilegen sollen, schreiben Sie auf einem DIN A4-Blatt etwas

Text aus einem Buch ab. Ihre Schriftprobe sollte inhaltlich im Bildungsbürgertum angesiedelt sein. Abschriften aus dem Werk Goethes sind beispielsweise gut geeignet.

Die Forderung, der Bewerbungsmappe einen handgeschriebenen Lebenslauf beizulegen, hat nichts mit grafologischen Auswertungen zu tun. Sie dient vielmehr als zusätzliche Hürde im Bewerbungsverfahren. Denn gerade Führungskräfte bewerben sich gelegentlich ohne die Absicht, ihre momentane Position aufzugeben. Sie wollen von Zeit zu Zeit ihren Marktwert testen.

Der handschriftliche Lebenslauf als zusätzliche Hürde

Bei den Personalabteilungen sind diese Bewerbungen ohne Wechselabsicht gefürchtet, da sie Arbeit verursachen, die zu keinem Ergebnis führt. Die Aufforderung, den schriftlichen Bewerbungsunterlagen einen handgeschriebenen Lebenslauf beizufügen, zwingt Bewerber zu einer Mehrarbeit. Diese Mehrarbeit soll diejenigen Bewerber abschrecken, die im Grunde nicht wechseln wollen.

Im Blick

Auf einen Blick
Auswahlverfahren im Bewerbungsprozess

- Machen Sie sich mit den Auswahlverfahren vertraut, mit denen Sie konfrontiert werden.
- Im Verlauf des Bewerbungsverfahrens erwarten Sie auf jeden Fall die Analyse Ihrer Bewerbungsunterlagen und Interviews oder Vorstellungsgespräche. Assessment-Center, Tests, Referenzen und grafologische Gutachten werden nur für einen Teil der Bewerber relevant.
- Schriftliche Unterlagen werden auf formale Fehler und die inhaltliche Ausgestaltung hin überprüft.
- Im Vorstellungsgespräch will man herausfinden, ob Sie zur ausgeschriebenen Stelle und zum Unternehmen passen. Hier ist die Unterscheidung zwischen Interviews mit der Personalabteilung und Interviews mit der Fachabteilung wichtig.

- Ankreuztests werden wegen der mangelnden Aussagekraft nur noch selten bei der Auswahl von Führungskräften eingesetzt.
- In Assessment-Centern wird Ihr Verhalten in konkreten Situationen beobachtet und bewertet. Sie sind daher das bevorzugte Auswahlverfahren zur Überprüfung der sozialen und methodischen Kompetenz.
- Mit der Angabe von Referenzen erlauben Sie zukünftigen Arbeitgebern, Informationen über Sie bei Dritten einzuholen.
- In grafologischen Gutachten wird Ihre Handschrift ausgewertet. Die Ergebnisse sind – wissenschaftlich gesehen – zweifelhaft.

5
Die Selbstpräsentation: das Herzstück Ihrer Bewerbung

Ihre Selbstpräsentation ist das Fundament für sämtliche Bewerbungsaktivitäten. Sie müssen Ihre Selbstpräsentation so ausgestalten, dass deutlich wird, dass Sie die beziehungsweise der Richtige für die neue Position sind. Lernen Sie, sich in einem Kurzvortrag so darzustellen, dass Ihre fachliche, soziale und methodische Kompetenz für Unternehmen erkennbar wird. Belegen Sie Ihre berufliche Qualifikation durch Erfolge aus Ihrer bisherigen Berufstätigkeit und machen Sie sich damit zu einem interessanten Bewerber.

Richten Sie Ihr Berufsprofil auf die Anforderungen des Arbeitgebers aus

Damit Sie sich den nächsten Karriereschritt erarbeiten können, müssen Sie Ihre bisherige erfolgreiche Tätigkeit so darstellen können, dass ein Nutzen für das neue Unternehmen deutlich wird. Als Führungskraft müssen Sie aktiv werden. Sie brauchen ein interessantes Profil, mit dem Sie auf Unternehmen zugehen können. Das Problem besteht in der Regel darin, dass Führungskräfte wegen ihrer langjährigen Berufstätigkeit über umfangreiche Erfahrungen und Kenntnisse verfügen und sich deshalb schwer damit tun, ihr Profil auf die speziellen Anforderungen einer neuen Position und die Besonderheiten eines neuen Unternehmens auszurichten.

Personalabteilungen werden zu häufig mit inhaltsleeren Bewerbungen konfrontiert, aus denen nicht deutlich wird, über welche berufliche Qualifikation der Bewerber verfügt und warum er für das Unternehmen interessant sein könnte. Das Herzstück unserer Beratungstätigkeit ist deshalb die personenbezogene Entwicklung des beruflichen Stärkenprofils von Bewerbern. Dieses Stärkenprofil nennen wir Selbstpräsentation. Mit einer gut ausgearbeiteten Selbstpräsentation schaffen Sie sich die Grundlage für

- die überzeugende Darstellung Ihrer fachlichen, sozialen und methodischen Kompetenz,
- Telefongespräche mit Personalabteilungen,
- die Kontaktaufnahme zu Personalberatungen,
- persönliche Kontakte zu Mitarbeitern anderer Firmen,
- Anschreiben,
- Initiativbewerbungen und
- Ihre Antworten auf die wichtigsten Fragen in Vorstellungsgesprächen »Was macht Sie für die ausgeschriebene Position geeignet?« und »Warum sollten wir gerade Sie einstellen?«.

Wozu dient Ihnen die Selbstpräsentation?

Um ein Unternehmen davon zu überzeugen, dass Sie der oder die Richtige für die vakante Position sind, müssen Sie Ihre fachliche, soziale und methodische Kompetenz in einer Weise darstellen, dass Sie sich positiv von anderen Bewerberinnen und Bewerbern abheben.

Bedenken Sie: Nicht derjenige, der die Anforderungen des zu vergebenden Arbeitsplatzes am besten erfüllt, wird eingestellt, sondern derjenige, der sich im Bewerbungsverfahren am überzeugendsten darstellt. Die Entwicklung einer glaubwürdigen Selbstpräsentation ist deshalb das Fundament für Ihre sämtlichen Bewerbungsaktivitäten.

Mit den Informationen und den Übungen aus diesem Kapitel werden wir Sie in die Lage versetzen, Ihre eigene Selbstpräsentation zu entwickeln. Wir beginnen damit, Ihnen beizubringen, sich mündlich so darzustellen, dass keine Zweifel bestehen, dass Sie die Wunschbesetzung für den Arbeitsplatz sind. Ihr Vortrag zum Thema »Warum ich in Ihrem Unternehmen als XYZ arbeiten will!« wird eine Länge von etwa drei Minuten haben. Mit diesem Zeitrahmen vermeiden Sie die

Trainieren Sie, sich mündlich überzeugend darzustellen

Gefahr langatmiger Ausführungen und präsentieren sich als Bewerber, der in der Lage ist, die Darstellung seiner beruflichen Entwicklung auf den Punkt zu bringen.

Schema für die Selbstpräsentation

Eine Selbstpräsentation beginnt in der Gegenwart

Bauen Sie Ihre Selbstpräsentation so auf, dass der Bezug zur angestrebten Position deutlich wird. Das bedeutet für Sie, dass Sie zuerst Ihre jetzige Tätigkeit darstellen sollten, da diese die Basis für Ihren Stellenwechsel ist. Die Aufgaben, Projekte und Verantwortungsbereiche, die Sie momentan wahrnehmen, sind für das neue Unternehmen besonders wichtig. Fangen Sie daher Ihre Selbstpräsentation nicht bei Ihrer Ausbildung, Ihrem Studium oder womöglich Ihrer Schulzeit an. Arbeiten Sie sich von Ihren jetzigen Aufgaben schrittweise zurück.

Orientieren Sie sich bei der Erstellung Ihrer Selbstpräsentation an dem von uns in der Beratungspraxis entwickelten Schema:

1. Stellen Sie die Aufgaben, die Sie in Ihrer momentanen Position bearbeiten, an den Anfang Ihrer Selbstpräsentation.
2. Heben Sie die Tätigkeiten hervor, die einen Bezug zur neuen Stelle haben.
3. Erläutern Sie Ihre berufliche Entwicklung. Machen sie klar, welche Stationen in Ihrem Leben Sie für Ihre jetzige Position qualifiziert haben.

Stellen Sie ausführlich Ihre jetzigen Tätigkeiten dar

Die derzeitigen Aufgaben: Sie sollten Ihre Selbstpräsentation mit der Darstellung Ihrer momentanen Tätigkeit beginnen. Die bloße Nennung Ihrer beruflichen Position ist zu wenig. Stellen Sie ausführlich Ihre Tätigkeiten in der beruflichen Position dar.

Die derzeitigen Aufgaben

Ein Informations-Technologie-Berater kann beispielsweise so in seine Selbstpräsentation einsteigen: »Ich bin momentan als IT-Berater tätig. Zu meinen Aufgaben gehört die Konfiguration von Netzwerken, die Softwareschulung und das Programmieren von arbeitsplatzbezogenen Tools.«

Beispiel

Der Bezug zur neuen Stelle: Die Tätigkeiten, die die größte Nähe zur neuen Stelle aufweisen, sollten Sie ausführlicher darstellen. Dies können von Ihnen wahrgenommene Sonderaufgaben, detaillierte Branchenkenntnisse oder die Leitung von Projekten sein. Sie sollten aber auch nicht die erfolgreiche Bewältigung von Routineaufgaben vergessen. Den Bezug zur neuen Stelle können Sie auch durch die Darstellung von Fort- und Weiterbildungsmaßnahmen herstellen. Wenn Sie neue Kenntnisse und Fähigkeiten, die für die neue Stelle wichtig sind, erworben haben, sollten Sie diese auch hervorheben.

Bezug zur neuen Stelle

Bewirbt sich der IT-Berater um eine Position als IT-Projektmanager, stellt er den Bezug von der derzeitigen zur neuen Stelle so her: »Ich möchte als IT-Projektmanager bei Ihnen tätig werden, da ich meine Erfahrungen in der Leitung von Projektteams einsetzen möchte. Im E-Commerce-Bereich habe ich bereits Aufbauarbeit geleistet. Die Arbeit mit Intra- und Internet-Technologien ist mir vertraut.«

Beispiel

Die berufliche Entwicklung: Gehen Sie von Ihrer momentanen Position aus auf der Zeitlinie rückwärts und nennen Sie die beruflichen Stationen, die vor Ihrer heutigen Tätigkeit liegen. Erläutern Sie, wie Sie sich bei Ihrem jetzigen Arbeitgeber entwickelt haben, für welche anderen Unternehmen Sie bereits gearbeitet haben, mit welcher Einstiegsposition Sie Ihre berufliche Entwicklung begonnen haben und welche Ausbildung oder welches Studium Sie absolviert haben.

Die berufliche Entwicklung

Seine berufliche Entwicklung macht der IT-Berater so deutlich: »Vor meiner derzeitigen Position als IT-Berater war ich als Softwareentwickler tätig. Der Schwerpunkt lag damals auf der objektorientierten Programmierung von Bedienungsoberflächen. Mein Studium der Informatik war die Basis für meinen Berufseinstieg. Die aktuellen Entwicklungen im Hard- und Softwarebereich habe ich stets verfolgt. Neben dem Besuch von Fachmessen habe ich Seminare in der Internetprogrammierung belegt.«

Anhand dieser Beispiele sollten Sie nun trainieren, Ihre eigene Selbstpräsentation aufzubauen. Dazu eignet sich die nachfolgende Übung bestens.

Der Aufbau der Selbstpräsentation

Lernen Sie, Ihre Selbstdarstellung richtig aufzubauen. Entwickeln Sie Ihre Selbstpräsentation anhand unseres Schemas:

1. Momentan arbeite ich als (Berufsbezeichnung). Zu meinen Aufgaben gehört (Tätigkeit 1), (Tätigkeit 2) und (Tätigkeit 3).
2. Ich habe bereits die folgenden Aufgaben erfolgreich bearbeitet: (Zur neuen Stelle passende Tätigkeiten hervorheben und ausführlich darstellen.) Eine Weiterbildung zum . . . . habe ich berufsbegleitend durchgeführt.

> 3. Vor meiner jetzigen Tätigkeit war ich als ....
> .... bei der Firma XYZ beschäftigt.
> (Oder:) Vor meinem Aufstieg zum ....
> habe ich in meiner Firma die Aufgaben eines ....
> .... übernommen.
> Meine berufliche Entwicklung begann ich als ....
> .... Basis dafür war meine Ausbildung
> zum .... /
> mein Studium der ....

Lösen Sie sich von der konventionellen Selbstdarstellung, die in der schulischen Vergangenheit beginnt und bei Ihren Freizeitaktivitäten aufhört. Präsentieren Sie sich neuen Arbeitgebern, indem Sie die für die neue Position wichtigsten Kenntnisse und Fähigkeiten herausstellen. Machen Sie den roten Faden in Ihrer beruflichen Entwicklung deutlich.

Ein roter Faden muss in Ihrer Entwicklung erkennbar sein

Die Werbung in eigener Sache fällt Bewerberinnen und Bewerbern naturgemäß schwer. Dies liegt daran, dass die Abstufungen zwischen Überheblichkeit und übertriebener Selbstdarstellung auf der einen Seite und Unterwürfigkeit und Graue-Maus-Image auf der anderen Seite sehr fein sind. Es ist schwierig, den richtigen Ton für die schriftliche Darstellung der eigenen Person zu finden. Deshalb zeigen wir Ihnen zuerst die häufigsten Fehler, die in Selbstpräsentationen gemacht werden. Anschließend erfahren Sie, wie Sie es besser machen können.

Fehler in der Selbstpräsentation

Aus unseren Kontakten zu Personalverantwortlichen und aus unserer eigenen Beratungstätigkeit wissen wir, dass bei der Selbstdarstellung immer die gleichen Fehler auftauchen.

Damit Sie sehen, welche Fehler Sie unbedingt vermeiden sollten, erst einmal ein Beispiel für eine misslungene Selbstpräsentation. Die Zahlen in unserem Beispiel aus der Praxis weisen auf die Art des Fehlers hin, die wir Ihnen im Anschluss daran erläutern werden.

Schlechte Selbstpräsentation

Zu einer Einzelberatung brachte ein Bewerber die folgende Stellenausschreibung mit, die er im Internet gefunden hatte.

Wir suchen eine/n

Leiter/in Vertrieb

In unserem Unternehmen finden Sie den idealen Partner für Ihren Tatendrang. Sie passen gut zu uns, wenn Sie ein technisches oder betriebswirtschaftliches Studium (oder eine vergleichbare Ausbildung) abgeschlossen haben und schon mehrere Jahre erfolgreich im Vertrieb in der TK-, IT- oder EDV-Branche tätig waren. Einsatzwille, Flexibilität und Kundenorientierung zeichnen Sie aus. Sehr gute Englischkenntnisse sind durch unsere internationalen Kooperationen Voraussetzung. Ihre zukünftigen Aufgaben:

- Akquisition neuer Vertriebskooperationen
- Analyse der Anforderungen dieser Vertriebskooperationen
- Abschluss von Kooperationsverträgen
- selbstständige Strukturierung und Entwicklung des Verkaufspotenzials
- Berichterstellung für die Geschäftsführung
- strategische Weiterentwicklung bestehender Kooperationen
- Eingliederung von Kooperationen in unsere Vertriebsorganisation

Wir baten den Bewerber, seine bisherigen beruflichen Erfahrungen zusammenzufassen und in einem Kurzvortrag zu begründen, warum er sich auf die neue Position als Vertriebsleiter bewerben wollte. Seine unvorbereitete Selbstpräsentation lautete so:

Negativbeispiel

Bei meiner jetzigen Firma komme ich nicht weiter, daher glaube ich, dass ich das Unternehmen wechseln muss. ❸ Das Verkaufen liegt mir im Blut. ❹ Wenn man mir nur genügend Freiräume lässt, kann ich sehr erfolgreich arbeiten. ❶

Leistungsbereitschaft und Flexibilität hat man sowieso, wenn man im Vertrieb arbeitet. ❹ Mich interessieren EDV-Lösungen sehr. ❶ Ich suche zum nächstmöglichen Zeitpunkt ein interessantes und herausforderndes neues Tätigkeitsgebiet und möchte mehr Verantwortung übernehmen. ❷

Meine jetzigen Vorgesetzten blockieren immer wieder Ideen von mir, das sollte in der neuen Firma nicht vorkommen. ❸
Selbstverständlich bin ich sehr kundenorientiert. ❹ Ich bin internationalen Einsätzen nicht abgeneigt. ❺ Ich bin mir sicher, dass ich der Richtige für die ausgeschriebene Stelle bin ❻, wenn ich auch bisher noch keine Berichte für die Geschäftsführung erstellt habe. ❼

Negativbeispiel

Sie werden gemerkt haben, dass die Ausführungen nicht sehr überzeugend klingen. Deshalb möchten wir Ihnen anhand dieses Beispiels die typischen Fehler von Selbstpräsentationen aufzeigen.

Ihre Selbstpräsentation sollte überzeugen

Fehler ❶: fachliche Anforderungen werden nicht erkannt und belegt
Fehler ❷: Profillosigkeit
Fehler ❸: kontraproduktive Ehrlichkeit
Fehler ❹: Leerfloskeln für soziale und methodische Kompetenz
Fehler ❺: Nicht- und Negativ-Formulierungen

Fehler ❻: übertriebene positive Selbstbewertung
Fehler ❼: Selbstanklage

Fehler ❶: *fachliche Anforderungen werden nicht erkannt und belegt:* Wer in seiner Selbstpräsentation nicht auf die gefragte fachliche Kompetenz eingeht, hat wenig Chancen zu überzeugen. Der Bewerber unseres Beispiels ging in seiner Selbstpräsentation nicht auf die geforderte Branchenerfahrung ein. Er stellte weder seine Englischkenntnisse heraus noch belegte er seine Erfahrungen in der Vertriebskooperation.

Nennen Sie konkrete Beispiele

Seine Aussage »mich interessieren EDV-Lösungen sehr« ist zu allgemein formuliert. Dadurch werden seine Erfahrungen im Vertrieb von EDV-Lösungen nicht deutlich. Die Forderung nach »genügend Freiräumen« ist gefährlich, da Personalverantwortliche aus ihr schließen werden, dass die Anpassungsfähigkeit und die Bereitschaft zur Einordung in firmeninterne Abläufe nur mangelhaft ausgeprägt ist.

Die fachlichen Anforderungen werden vom Bewerber nicht aufgegriffen. Die fachliche Kompetenz wird nicht herausgestellt, stattdessen werden Forderungen gestellt und nur allgemein gehaltenes Interesse an einer neuen Stelle geäußert.

Fehler ❷: *Profillosigkeit:* Personalverantwortliche suchen Bewerber, die aus der Masse ihrer Mitbewerber herausragen. Ziellos operierende Bewerber, die sich wie in unserem Negativbeispiel weniger für die Aufgaben in der neuen Position interessieren, sondern nur angeben, dass sie »in der jetzigen Firma nicht weiterkommen«, lassen Personalverantwortliche aufhorchen. Es drängt sich förmlich die Frage auf, warum der Bewerber an seinem derzeitigen Arbeitsplatz nicht als förderungswürdig angesehen wird.

Heben Sie sich aus der Masse der Bewerber hervor

Die Suche nach einem »interessanten und herausfordernden Tätigkeitsgebiet« sollte für jeden Bewerber selbstverständlich sein. In einer Selbstpräsentation ist diese Wendung eine reine

Nullaussage. Der vom Bewerber angegebene Zusatz »suche zum nächstmöglichen Zeitpunkt« lässt Personalverantwortliche vermuten, dass der Bewerber bereits freigestellt oder gekündigt ist.

Der Bewerber geht zu wenig auf die zu vergebende Position ein. Es entsteht deshalb ein Bild eines durchschnittlichen und passiven Bewerbers.

Fehler ❸: *kontraproduktive Ehrlichkeit:* Im Bewerbungsverfahren ist die Ehrlichkeit der Bewerber immer dann kontraproduktiv, wenn sie – ohne dazu verpflichtet zu sein – Dinge aussprechen, mit denen sie sich selbst in ein ungünstiges Licht setzen.

Die Formulierung »meine jetzigen Vorgesetzten blockieren immer wieder Ideen von mir« lässt den Bewerber als Kandidaten erscheinen, der immer dann, wenn es Probleme am Arbeitsplatz gibt, auf »die anderen« als Schuldige verweist. Selbst wenn Bewerber tatsächlich unter einer Blockadehaltung ihrer Vorgesetzten leiden, sollten sie dies nicht in einer Bewerbung thematisieren. Die Darstellung von Problemen am jetzigen Arbeitsplatz schlägt immer auf den Bewerber zurück.

Stellen Sie nur positive Erfahrungen dar

Für Unternehmen sind die Leistungen, die der Bewerber für sie erbringen kann, entscheidend. Werden dagegen Probleme am derzeitigen Arbeitsplatz angesprochen, verschiebt sich die Aufmerksamkeit der Personalverantwortlichen weg vom zukünftigen Nutzen hin zu den Problemen, die der Bewerber verursachen könnte.

Von Führungskräften wird erwartet, dass sie aktiv und zielgerichtet auf neue Aufgaben zugehen können. Die Begründung, dass der Bewerber »das Unternehmen wechseln muss«, ist keine tragfähige Basis für einen Karrieresprung. Diese Angabe lässt eher auf einen Karriereknick schließen, wobei offen bleibt, ob die Gründe dafür eher beim derzeitigen Arbeitgeber oder beim Bewerber zu suchen sind.

Zeigen Sie sich aktiv und zielorientiert

Auf die Ausgestaltung Ihres jetzigen Arbeitsplatzes hat das neue Unternehmen keine Einflussmöglichkeit. Eine Bewerbung ist deshalb nicht der richtige Platz, um Probleme am Arbeitsplatz anzusprechen. Ihre Ehrlichkeit bei der Beschreibung problematischer Zustände ist im Bewerbungsverfahren kontraproduktiv.

Fehler ❹: *Leerfloskeln für soziale und methodische Kompetenz:* Die bloße Aufzählung von Begriffen aus dem Bereich soziale und methodische Kompetenz ist ein typischer Bewerberfehler. Denn ohne Beispiele und Belege sind die verwendeten Begriffe zur Charakterisierung der verlangten persönlichen Eigenschaften wie »kundenorientiert«, »Leistungsbereitschaft« und »Flexibilität«, nicht aussagekräftig. Seine Herangehensweise an Aufgaben im Vertrieb wird nicht klar, wenn der Bewerber behauptet »das Verkaufen liegt mir im Blut«.

Persönliche Eigenschaften aussagekräftig darstellen

Stellen Sie sich in Ihrer Bewerbung nicht als Phrasendrescher dar, sondern machen Sie an geeigneten Beispielen deutlich, dass Sie über die geforderte soziale und methodische Kompetenz verfügen.

Fehler ❺: *Nicht- und Negativ-Formulierungen:* Formulierungen wie »ich bin internationalen Einsätzen nicht abgeneigt« verwirren den Zuhörer nur unnötig. Er muss für sich übersetzen, was Sie eigentlich sagen wollen. Zuerst hört er nur die negative Aussage »ich bin abgeneigt«, die er dann in eine positive Formulierung umwandeln müsste. Dies geschieht aber oft nicht.

Missverständnisse

Wenn eine Bewerberin im Vorstellungsgespräch die Nicht-Formulierung »Ich ziehe mich bei Konflikten nicht zurück« benutzt, muss eine Personalverantwortliche diese Aussage aus kommunikationspsychologischer Sicht in zwei Schritten nachvollziehen, um sie für sich verständlich zu machen.

Erstens: Die Bewerberin zieht sich bei Konflikten zurück.
Zweitens: Nein, das tut sie nicht.

Selbst wenn die Personalverantwortliche es schafft, den zweiten Verständnisschritt zu tun, bleibt die eigentlich von der Bewerberin gemeinte Aussage »Ich bin in der Lage mich Konflikten zu stellen und unangenehme Situationen aufzulösen« unausgesprochen. Es kann aber auch vorkommen, dass der zweite Schritt unter den Tisch fällt, dann steht ausschließlich die negative Selbstbeschreibung im Raum.

Hier noch ein Beispiel in Kurzform: Ungeeignete Nicht-Formulierung eines Bewerbers: »Ich werde nicht schnell aufbrausend.« Die zwei Übersetzungsschritte des Personalverantwortlichen:

Beispiel 2

Erstens: Der Bewerber wird schnell aufbrausend.
Zweitens: Nein, das wird er nicht.

Die tatsächlich gemeinte Aussage des Bewerbers »Ich bleibe auch unter Druck gelassen« wird nicht deutlich.

Vermeiden Sie es, sich in Ihrer Selbstpräsentation mit Aussagen zu beschreiben, die negativ verstanden werden können. Formulieren Sie immer eindeutig und positiv. Um Sie für diesen Aspekt zu sensibilisieren, schlagen wir Ihnen zum Training die nachfolgende Übung vor.

Eindeutig und positiv formulieren

Suchen Sie für die folgenden Nicht-Formulierungen Aussagen, die eindeutig und positiv sind.

»Ich fasse Mitarbeiter nicht zu hart an.«

Ihre positive Umformulierung: ....
....

Übung

»Große Arbeitsbelastungen sind kein Problem für mich.«

Ihre positive Umformulierung: ....
....

»Die Zusammenarbeit mit anderen Abteilungen stellt mich nicht vor Probleme.«

Ihre positive Umformulierung: ....
....

»Mit meinen Vorgesetzten habe ich keinen Streit gehabt.«

Ihre positive Umformulierung: ....
.

»Unter Zeitdruck verliere ich nicht die Nerven.«

Ihre positive Umformulierung: ....
....

»Ich habe keine Schwierigkeiten damit, mit Kunden richtig umzugehen.«

Ihre positive Umformulierung: ....
.

Beschreiben Sie sich positiv und eindeutig

Bei Ihrer Selbstdarstellung sollten Sie versuchen, ganz auf Nicht-Formulierungen zu verzichten. Beschreiben Sie sich immer positiv und damit eindeutig. Unser Bewerber sollte in seiner Selbstpräsentation auf die Formulierung »Ich bin internationalen Einsätzen nicht abgeneigt« verzichten und stattdessen passender formulieren: »Eine umfangreiche Reisetätigkeit gehört auch zu meiner jetzigen Position. Ich übernehme gerne auch internationale Einsätze für Sie.«

Fehler ❻: *übertrieben positive Selbstbewertung:* Vorsicht mit zu positiven Bewertungen: Wenn Sie Ihre berufliche Qualifikation zu sehr loben, zwingen Sie andere damit automatisch in die Gegenposition. Dann wollen sie Ihnen nur noch zeigen, dass Sie sich irren.

Die Formulierung in unserem Negativbeispiel: »Ich bin mir sicher, dass ich der Richtige für die ausgeschriebene Stelle bin« oder ähnlich lautende Selbstbewertungen wie »Ich bin der Beste für diese Stelle!«, »Sie können aufhören zu suchen, nehmen Sie mich!« oder »Ich bin mir ganz sicher, dass ich für diese Position optimal geeignet bin!« dürfen Sie in Ihrer Selbstpräsentation auf keinen Fall verwenden. Personalverantwortliche finden es überhaupt nicht witzig, wenn Sie ihnen die Kandidatenbewertung abnehmen wollen. Sie fühlen sich dann durch jede übertrieben positive Selbstbewertung herausgefordert, besonders gründlich nach den Einwänden zu suchen, die gegen Sie sprechen.

Übertreibungen sind fehl am Platz

Fehler ❼: *Selbstanklage:* Niemand wird für eine Tätigkeit eingestellt, weil er etwas nicht oder besonders schlecht kann. Vor Gericht wie im Bewerbungsverfahren gilt: Es besteht keine Selbstanklagepflicht. Der Bewerber in unserem Negativbeispiel macht es sich unnötig schwer, wenn er am Ende seiner Selbstpräsentation offen eingesteht »ich habe bisher noch keine Berichte für die Geschäftsführung erstellt«. Die Kunst der Selbstdarstellung besteht nicht darin aufzuzählen, wo man bei sich selbst Schwächen sieht, sondern darin zu zeigen, was man für die neue Stelle an Kenntnissen und Fähigkeiten mitbringt.

Stärken statt Schwächen aufzählen

Mit den typischen Fehlern bei der Werbung in eigener Sache haben wir Sie vertraut gemacht, jetzt zeigen wir Ihnen, mit welchen Überzeugungstechniken Sie sich optimal präsentieren.

Überzeugungsregeln für Ihre Selbstpräsentation

Tipps für eine überzeugende Selbstpräsentation

Bevor wir Ihnen Regeln und Tipps für eine erfolgreiche und aussagekräftige Selbstpräsentation vorstellen, möchten wir Ihnen die Bearbeitung des vorherigen Negativbeispiels mit unseren Überzeugungsregeln vorstellen. Hier weisen die Zahlen auf die eingesetzte Überzeugungstechnik hin, die wir Ihnen wiederum im Anschluss erläutern werden.

Gelungene Selbstpräsentation

Positivbeispiel

»Seit sechs Jahren arbeite ich erfolgreich im Vertrieb von Software-Lösungen. ❶ Die Akquisition neuer Vertriebspartner und die Betreuung von Kooperationen mit Hardware-Produzenten ist seit drei Jahren Bestandteil meiner Berufstätigkeit. ❸, ❹

Positivbeispiel

Momentan arbeite ich als Regionalleiter für die Hard & Soft GmbH im Vertriebsaußendienst. Zu meinen Aufgaben gehört die Strukturierung des Vertriebsgebietes, die Akquisition neuer Vertriebspartner und die Erstellung von EDV-Konzepten beim Kunden. ❸, ❻

Nach einem abgeschlossenen Studium der Informatik an der Fachhochschule Gießen stieg ich in meiner jetzigen Firma ein. Als Außendienstmitarbeiter aquirierte und beriet ich Kunden. ❹ In einem Sonderprojekt habe ich Synergien geschaffen zwischen den von unserem Unternehmen durchgeführten Anwenderschulungen und dem Vertrieb von Hard- und Software-Lösungen. ❷, ❺, ❻

Da unser Unternehmen in den letzten Jahren stark expandiert ist, habe ich mich in abteilungsübergreifenden Projektgruppen immer wieder mit Kooperationslösungen und der Neustrukturierung unserer Angebotspalette auseinander gesetzt. ❶, ❷, ❹ Bei der Gründung einer Auslandsniederlassung war ich beteiligt. ❷, ❺ Ich spreche sehr gut Englisch und verfüge über sehr gute Präsentationskenntnisse.« ❶

Damit auch Sie sich eine überzeugende Selbstpräsentation für die Bewerbung auf Ihren neuen Arbeitsplatz erarbeiten können, stellen wir Ihnen jetzt die Überzeugungsregeln vor, mit denen Sie Ihr Ziel erreichen.

Regel ❶: fachliche Anforderungen erkennen
Regel ❷: Aktivität zeigen
Regel ❸: individuelles Profil darstellen
Regel ❹: Beispiele für soziale und methodische Kompetenz geben
Regel ❺: beschreiben statt bewerten
Regel ❻: der Joker: Schlüsselbegriffe aus dem Tagesgeschäft benutzen

Regeln, die Sie unbedingt beachten sollten

Regel ❶: *fachliche Anforderungen erkennen:* Der Bewerber aus dem Positivbeispiel gibt zu erkennen, dass er sich mit den fachlichen Anforderungen, die an ihn gestellt werden, auseinander gesetzt hat. Er geht auf die geforderte Branchenerfahrung im EDV-Vertrieb ein. Die Mitarbeit bei der Strukturierung des Verkaufspotenzials wird ebenso deutlich wie seine Erfahrung mit Vertriebskooperationen. Seine Sprachkenntnisse stellt er ebenfalls heraus.

Regel ❷: *Aktivität zeigen:* Bewerber stellen sich aktiv dar, wenn sie zeigen, wo sie sich über das übliche Maß hinaus engagiert haben, um sich für neue Aufgaben zu qualifizieren.

Der Bewerber weist auf seine Mitarbeit in abteilungsübergreifenden Projektgruppen hin und stellt die Übernahme eines Sonderprojektes heraus. Aktivität in Form von besonderer Leistungsbereitschaft lässt dieser Bewerber auch dadurch erkennen, dass er seine Mitarbeit bei der Gründung einer Auslandsniederlassung anspricht. An den Beispielen wird deutlich, dass er in seiner beruflichen Entwicklung nicht stagniert und weiter vorankommen will.

Zeigen Sie, dass Sie vorankommen wollen

Regel ❸: *individuelles Profil darstellen:* Von Profillosigkeit sprechen die Personalverantwortlichen immer dann, wenn es Bewerbern nicht gelingt, aus der Masse ihrer Mitbewerber positiv herauszuragen. Aus unserer Beratungserfahrung wissen wir, dass dies meist ein Problem der Darstellung der eigenen Kenntnisse und Fähigkeiten ist. Fast jeder Bewerber hat etwas Besonderes zu bieten, das ihn von den anderen unterscheidet.

So stellt der Bewerber im Positivbeispiel heraus, dass er im Vertrieb von Softwarelösungen Kooperationen mit Hardwareproduzenten betreut hat. Er hebt auch seine Erfahrungen in der Strukturierung von Vertriebsgebieten und das Zuschneiden von EDV-Konzepten auf die Kundenbedürfnisse hervor. Es wird klar, dass der Bewerber die Interessen seines Unternehmens mit denen von Kooperationspartnern und Kunden abstimmen kann, sodass alle Beteiligten einen optimalen Nutzen aus der Zusammenarbeit ziehen können.

Heben Sie das hervor, was Sie von anderen unterscheidet

Regel ❹: *Beispiele für soziale und methodische Kompetenz geben:* Der Bewerber zeigt an konkreten Beispielen, dass er über Kooperationsfähigkeit, Teamfähigkeit, Kommunikationsfähigkeit und Kundenorientierung verfügt und Abschlusssicherheit besitzt. Dies erschließt sich Personalverantwortlichen aus den von ihm eingesetzten Formulierungen: »Die Akquisition neuer Vertriebspartner und die Betreuung von Kooperationen ist Bestandteil meiner Berufstätigkeit«, »Ich habe Kunden aquiriert und beraten«, »Ich habe mich in abteilungsübergreifenden Projektgruppen immer wieder mit Kooperationslösungen und der Neustrukturierung unserer Angebotspalette auseinander gesetzt«.

Geben Sie konkrete Beispiele für Ihre Kompetenzen

Der Bewerber vermeidet durch die Verwendung konkreter Beispiele aus seinem Berufsalltag den Fehler, Leerfloskeln aufzuzählen, unter denen sich Personalverantwortliche alles und nichts vorstellen können.

Regel ❺: *beschreiben statt bewerten:* Die Fehler »kontraproduktive Ehrlichkeit« und »Selbstanklage« bei der Darstellung Ihrer Kenntnisse und Fähigkeiten können Sie durch die Verwendung der Überzeugungsregel »beschreiben statt bewerten« vermeiden. Diese Überzeugungsregel hat außergewöhnlich große Wirkung, wenn sie richtig eingesetzt wird.

Mit ehrlichen Aussagen wie »Mein Vorgesetzter hat bei wichtigen Entscheidungen nie hinter mir gestanden«, »In meiner Abteilung wurde die meiste Zeit mit Surfen im Internet verbracht« oder »In unserer Firma gehörte Mobbing zum Arbeitsalltag« kommen Sie bei der Erarbeitung Ihrer Selbstpräsentation und damit auf dem Weg zu einer neuen Position nicht weiter.

Der Trick, der Sie vorwärts bringt, lautet »beschreiben statt bewerten«. Neutrale Beschreibungen haben wir im Positivbeispiel benutzt. Dort heißt es: »In einem Sonderprojekt habe ich Synergien zwischen der Anwenderschulung und dem Vertrieb geschaffen.« Eine weitere beschreibende Darstellung enthält der Satz: »Bei der Gründung einer Auslandsniederlassung war ich beteiligt.«

Beschreiben Sie Ihre Tätigkeiten wertfrei

Mit solchen sachlichen Formulierungen heben sich überzeugende Bewerber von Dauerkritikern und Miesmachern wohltuend ab. Der Verzicht auf die Thematisierung von Schwierigkeiten, Reibungen und Problemen verhindert, dass der positive Eindruck von Ihnen getrübt wird. Denn vergessen Sie nicht: Geäußerte Kritik fällt im Bewerbungsverfahren immer auf Sie selbst zurück. Man wird immer auch bei Ihnen den Anteil am Problem suchen. Üben Sie deshalb, Ihre Erlebnisse und Erfahrungen aus Ihrem Berufsalltag wertfrei zu beschreiben.

Beschreiben statt bewerten

Übung

Nehmen Sie Ihre Erfolgsbilanz zur Hand und beschreiben Sie, welche Aufgaben Sie übernommen haben, welche Projekte Sie geleitet haben und über welche Erfahrungen Sie verfügen.

Üben Sie, die wesentlichen Tätigkeiten Ihrer beruflichen Stationen schlagwortartig und ohne Eigenbewertung aufzuzählen. Verwenden Sie dabei Formulierungen wie:

- »Ich habe.................................... gemacht.«
- »Ich habe.................................. organisiert.«
- »Ich war verantwortlich für .... «
- »Durch meine Erfolge in .... konnte ich mich für den Aufstieg zum .... qualifizieren.«
- »Ich habe die Aufgaben eines. ...... wahrgenommen.«
- »Ich habe an .... teilgenommen.«
- »Die Beschäftigung mit .... und .... ermöglichte es mir, auch umfassendere Aufgaben im Bereich............. zu übernehmen.«
- »Ich habe am Projekt............... mitgearbeitet.«
- »Ich habe als .... die Bereiche .... und .... kennen gelernt.«
- »In meiner Tätigkeit als .... habe ich............................... bearbeitet.«
- »Ich verfüge über Kenntnisse in .... und .... «
- »Bei meinem derzeitigen Arbeitgeber bin ich für ..... und .... zuständig.«
- »Vor meiner heutigen Tätigkeit habe ich als .... gearbeitet und die Aufgaben .... und .... übernommen.«

Jede Form der Bewertung der eigenen Leistung fordert erst einmal zum Widerspruch auf. Ihr Gesamtprofil wird in den Hintergrund gerückt, wenn Personalverantwortliche mehr damit beschäftigt sind zu überprüfen, ob Sie wirklich so gut sind, wie Sie behaupten. Gewöhnen Sie sich daran, beschreibende Formulierungen ohne eigene Bewertungen einzusetzen, wenn Sie Ihre Erfahrungen aus der Berufspraxis darstellen.

Regel ❻: *der Joker: Schlüsselbegriffe aus dem Tagesgeschäft benutzen:* Personalabteilungen bevorzugen verständlicherweise Bewerber, die aus ihrem bisherigen Arbeitsalltag schon kennen, was in der vakanten Position verlangt wird. Bewerber, die hier punkten wollen, müssen »Schlüsselbegriffe aus dem Tagesgeschäft« benutzen. Es geht darum, die berufs- und branchenspezifischen Schlagworte zu finden und herauszustellen, die Ihre beruflichen Aufgaben kennzeichnen. Der Bewerber aus dem Positivbeispiel verwendet beispielsweise die Schlagworte »Strukturierung des Vertriebsgebietes«, »Akquisition«, »Synergien«, »Anwenderschulungen« und »abteilungsübergreifende Projektgruppe«.

Schlagworte, die Ihre Praxisnähe belegen

Wir alle reagieren auf bestimmte Schlüsselbegriffe und Schlagworte. Um nicht an Informationen zu ersticken, brauchen wir Strukturen, die helfen, Informationen einzuordnen. Dies gilt natürlich auch für Personalverantwortliche. Falsche Stellenbesetzungen sind teuer und werden später den Personalabteilungen angelastet. Um Problemen vorzubeugen, achten die Personalabteilungen daher immer darauf, dass sie Bewerber einstellen, die herausstellen, dass sie die Anforderungen des neuen Arbeitsplatzes erfüllen, weil die neue Tätigkeit »nur« eine Fortsetzung der alten ist. Deshalb sind Schlüsselbegriffe aus dem Tagesgeschäft bei der Ausgestaltung der Selbstpräsentation der Joker, mit dem Sie sich Vorteile gegenüber Mitbewerbern sichern können.

Vermitteln Sie Ihr Know-how

Sie finden die für Ihr Berufsfeld wichtigen Schlüsselbegriffe und Schlagworte in Stellenanzeigen, in Fachzeitschriften und in Stellenausschreibungen im Internet.

Schlüsselbegriffe herausfinden

Beispiel

Ein Account Manager möchte aufsteigen. In Stellenanzeigen findet er für die Darstellung seiner bisherigen Tätigkeiten diese Schlüsselbegriffe und Schlagworte:

- Neukundengewinnung
- Kundenbetreuung
- Verkaufspräsentation
- Beratung
- Marktanalyse
- Angebotserstellung
- Wettbewerbervergleiche
- Analyse der Kundenwünsche
- Workshop-Durchführung
- Mitarbeitertraining
- Produktschulung
- Verkaufsförderung
- Marktbeobachtung
- Umsetzung von Marketingmaßnahmen
- Zielgruppendefinition
- Kundenpflege
- Erarbeitung von Vertriebsstrategien
- Großkundenbetreuung
- Werbemitteleinsatz
- Entwicklung von Planungs- und Steuerungssystemen
- Erschließung neuer Vertriebskanäle
- Unterstützung des Direktvertriebes
- Messedurchführung
- Kongressplanung
- Realisierung von Vertriebszielen
- Kunden- und Gebietsstrukturierung
- Gestaltung der Preis- und Konditionenpolitik
- Erstellung vom Umsatzprognosen
- Verkaufsprogramm entwickeln
- Markteinführung

Bauen Sie Schlagworte in Ihre Selbstpräsentation ein

Im nächsten Schritt geht es darum, diese Schlüsselbegriffe und Schlagworte in die Selbstpräsentation einzusetzen. Die stichwortartige Beschreibung von beruflichen Erfahrungen vermittelt Personalverantwortlichen innerhalb kurzer Zeit wichtige Informationen über das Bewerberprofil. Der Account Manager hat 30 Begriffe, mit denen er sich darstellen kann. Aus diesen Begriffen muss er für seine Selbstpräsentation die zur neuen Position passenden Schlagworte auswählen und in Satzform bringen. Unser Beispiel zeigt Ihnen, wie dies gelingen kann.

Selbstbeschreibungen mit Schlüsselbegriffen

Beispiele

- »Ich bin momentan verantwortlich für die Neuakquisition, die Kundenbetreuung und die Kunden- und Gebietsstrukturierung.«
- »Neben meiner Tätigkeit im Außendienst habe ich Umsatzprognosen erstellt, Verkaufsprogramme entwickelt und Maßnahmen der Verkaufsförderung umgesetzt.«
- »Die Markteinführung von Produkten und die Vorstellung der Produkte auf Messen und Fachkongressen habe ich in Projektgruppen mit begleitet.«

Die prägnante Kurzdarstellung Ihres Profils in zwei bis drei Sätzen ist der beste Weg, um Aufmerksamkeit bei Personalverantwortlichen und anderen Entscheidungsträgern in Unternehmen zu erzielen. Nutzen Sie die Möglichkeit, mit geeigneten Schlagworten und Schlüsselbegriffen Interesse an Ihrem Profil zu erwecken. In unserer Übung »Schlüsselbegriffe und Schlagworte für Ihr Profil« werden Sie sich einen Fundus an Etikettierungen erarbeiten. Auf diese Weise können Sie im Bewerbungsverfahren mit hoher Informationsdichte für sich werben.

Schlüsselbegriffe und Schlagworte für Ihr Profil

Übung

Suchen Sie die für Ihr Tätigkeitsfeld geeigneten Schlüsselbegriffe und Schlagworte heraus. Beschränken Sie sich dabei nicht, schreiben Sie alle Begriffe auf, die Ihre Tätigkeiten charakterisieren. Ihre Schlüsselbegriffe und Schlagworte:

1. .... 2. ....
3. .... 4. ....
5. .... 6. ....
7. .... 8. ....

Die Selbstpräsentation: das Herzstück Ihrer Bewerbung

9. .... 10. ....
11. .... 12. ....
13. .... 14. ....
15. .... 16. ....
17. .... 18. ....
19. .... 20. ....
21. .... 22. ....
23. .... 24. ....
25. .... 26. ....
27. .... 28. ....
29. .... 30. ....

Formulieren Sie nun drei Sätze mit jeweils zwei bis drei Schlagworten. So erarbeiten Sie sich die Fähigkeit, mit großer Informationsdichte zu kommunizieren.

1. »Ich bin verantwortlich für (Schlagwort), (Schlagwort) und (Schlagwort).«
2. »Zu meinen Aufgaben gehört (Schlagwort), (Schlagwort) und (Schlagwort).«
3. »Ich habe (Schlagwort), (Schlagwort) und (Schlagwort) betreut.«

Optimieren Sie Ihre Selbstdarstellung

Sie wissen nun, welche Fehler Sie bei der Selbstpräsentation vermeiden sollten und wie Sie es mit dem Einsatz von Überzeugungsregeln besser machen können. Jetzt fehlt nur noch Ihre Feinarbeit, um die Ausführungen zu optimieren.

Selbstpräsentation optimieren und einsetzen

Das typische Problem von Führungskräften, eine zutreffende Beschreibung ihrer aktuellen Tätigkeiten zu liefern, haben Sie mit der Ausarbeitung Ihrer Selbstpräsentation gelöst. Sie können Ihre beruflichen Erfahrungen jetzt komprimiert vermitteln und gleichzeitig ein aussagekräftiges Profil liefern.

Optimieren Sie nun die von Ihnen entwickelte Selbstpräsentation. Überprüfen Sie, ob Ihre Selbstpräsentation fehlerfrei ist und ob Sie unsere Überzeugungsregeln eingesetzt haben.

Überprüfen Sie Ihre Selbstpräsentation

Selbstpräsentation optimieren

Nehmen Sie sich bei Ihrer Selbstpräsentation mit einer Videokamera auf. Werten Sie Ihre Selbstpräsentation kritisch aus. Finden Sie heraus, an welchen Stellen Sie neu formulieren müssen. Stellen Sie fest, welchen Informationen Sie mehr Platz geben müssen und welche Aussagen Sie knapper gestalten sollten. Werten Sie Ihre Selbstpräsentation anhand dieser Fragen aus:

- Wird für den neuen Arbeitgeber meine Qualifikation deutlich?
- Überzeugt mich meine Selbstpräsentation selbst?
- Bin ich an einigen Stellen zu sehr ins Detail gegangen?
- Wird der rote Faden meiner beruflichen Entwicklung klar?
- Stelle ich mich aktiv genug dar?
- Habe ich auf Selbstbewertungen verzichtet?
- Habe ich die Schwerpunkte meiner Tätigkeit genügend herauskristallisiert?
- Habe ich genügend Schlagworte und Schlüsselbegriffe eingesetzt?
- Sind meine Ausführungen auch für Fachfremde (Personalverantwortliche) verständlich?

Wenn Sie sich mithilfe unserer Überzeugungsregeln eine fehlerlose Selbstpräsentation erarbeitet haben, verfügen Sie über klare Argumente, die in allen Stufen des Bewerbungsverfahrens für Sie sprechen. Bei den Themen Kontaktaufnahme, Initiativbewerbung, schriftliche Bewerbungsunterlagen und Vorstellungsgespräch werden wir wieder an Ihre Selbstpräsentation anknüpfen. Die Selbstpräsentation, die Sie sich in diesem Kapitel erarbeitet haben, wird Sie das gesamte Buch hindurch begleiten.

Ihre Selbstpräsentation wird Ihnen vielfach helfen

Ihre Selbstpräsentation wird Ihnen dabei helfen, Anschreiben inhaltlich auszufüllen, in persönlichen Kontakten Interesse für Ihr Profil zu erwecken, sich am Telefon aussagekräftig zu beschreiben und in Vorstellungsgesprächen zu verdeutlichen, über welche Qualifikationen Sie verfügen und warum diese für neue Arbeitgeber interessant sind. Nehmen Sie sich aus diesem Grund genug Zeit für die Ausarbeitung Ihrer aussagekräftigen Selbstpräsentation.

Auf einen Blick
Die Selbstpräsentation: das Herzstück Ihrer Bewerbung

Im Blick

- Die Selbstpräsentation ist ein mündliches oder schriftliches Kurzgutachten über Ihre berufliche Qualifikation. Sie dient der komprimierten Darstellung Ihrer bisherigen Leistungen und Ihrer beruflichen Entwicklung.
- Ihre Selbstpräsentation ist das Fundament für sämtliche Bewerbungsaktivitäten.
- Bauen Sie Ihre Selbstpräsentation so auf, dass der Bezug zur ausgeschriebenen Stelle deutlich wird. Nutzen Sie für Ihre Selbstpräsentation unser Schema:
  1. Stellen Sie die Aufgaben Ihrer derzeitigen Position an den Anfang.

2. Heben Sie die Tätigkeiten hervor, die einen Bezug zur neuen Stelle haben.
   3. Erläutern Sie Ihre berufliche Entwicklung.
- Aus Sicht der Personalabteilungen scheitern Führungskräfte bei der Selbstpräsentation an diesen Fehlern:
   1. fachliche Anforderungen werden nicht erkannt und belegt
   2. Profillosigkeit
   3. kontraproduktive Ehrlichkeit
   4. Leerfloskeln für soziale und methodische Kompetenz
   5. Nicht- und Negativ-Formulierungen
   6. übertriebene positive Selbstbewertung
   7. Selbstanklage
- Gelungene Selbstpräsentationen von Führungskräften orientieren sich an diesen Überzeugungsregeln:
   1. fachliche Anforderungen erkennen
   2. Aktivität zeigen
   3. individuelles Profil darstellen
   4. Beispiele für soziale und methodische Kompetenz geben
   5. beschreiben statt bewerten
   6. der Joker: Schlüsselbegriffe aus dem Tagesgeschäft benutzen
- Schlüsselbegriffe und Schlagworte helfen Ihnen dabei, mit großer Informationsdichte zu kommunizieren.
- Finden Sie die Schlüsselbegriffe und Schlagworte heraus, die Ihr Profil verdeutlichen.

II
Suche und erste Kontaktaufnahme

6
Den Wunscharbeitgeber finden

Auf der Suche nach einem neuen Arbeitgeber können Sie verschiedene Wege gehen. Sie können auf Stellenausschreibungen reagieren oder sich den verdeckten Stellenmarkt erschließen. Vorteile erarbeiten Sie sich im Bewerbungsverfahren immer dann, wenn Sie persönlich in Erscheinung treten. Knüpfen Sie gezielt Kontakte, auf die Sie bei Bewerbungen zurückgreifen können.

Wenn Sie Ihre Entwicklung gezielt vorantreiben wollen, können Sie nicht darauf warten, dass Ihnen eine geeignete Stellenausschreibung ins Haus flattert. Sie müssen sich selbst auf die Suche machen und Kontakte knüpfen. Dafür gibt es unterschiedliche Wege, die Sie zum Ziel führen. Einige Wege sind leichter zu gehen, bei anderen müssen Sie mehr Arbeit leisten. Bevor wir Ihnen erläutern, wie Sie das Telefon einsetzen können, um auf Stellenausschreibungen zu reagieren oder von Ihnen geknüpfte Kontakte für eine Bewerbung zu aktivieren, stellen wir Ihnen die Möglichkeiten vor, wie Sie die für Sie interessanten Unternehmen finden können.

Werden Sie selbst aktiv

Ihre Suche nach potenziellen neuen Arbeitgebern

Bei der Suche nach geeigneten neuen Arbeitgebern spielt der klassische Weg immer noch eine wichtige Rolle. Stellenausschreibungen in Printmedien behalten auch in Zeiten zunehmender Internetnutzung ihren Stellenwert. Als Führungskraft sollten Sie jedoch auch Stellenausschreibungen im Internet in Ihre Bewerbungsstrategie einbinden.

Printmedien

Beschränken Sie sich bei der Suche nach einem neuen Arbeitgeber nicht auf Ihre Tageszeitung. Kaufen Sie die Samstagsausgaben von verschiedenen Zeitungen. Arbeiten Sie den Stellenmarkt in den Zeitungen durch. Achten Sie darauf, alle Anzeigen zu erfassen, die interessant sein könnten. Nicht nur in großformatigen Stellenausschreibungen bekannter Unternehmen wird Ihre Wunschposition angeboten, manchmal versteckt sie sich auch in einer weniger auffälligen Anzeige. Schneiden Sie die für Sie interessanten Anzeigen aus, vermerken Sie dabei das Erscheinungsdatum und den Namen der Zeitung.

Suchen Sie sehr sorgfältig

Nutzen Sie bei der Suche nach einer neuen Stelle auch Fachmagazine. Monatlich oder quartalsweise erscheinende Fachmagazine gibt es mittlerweile für fast alle Branchen. Üblicherweise enthalten sie einen eigenen Stellenteil. Unternehmen greifen bei der Bewerbersuche gerne auf Fachmagazine zurück, weil die Bewerberansprache gezielt erfolgen kann. Je spezieller die nachgefragten Kenntnisse sind, desto eher wird eine Anzeige in Fachmagazinen geschaltet.

Ziehen Sie auch Fachmagazine hinzu

Internet

Eine immer wichtigere Rolle bei der Stellensuche spielt das Internet. Viele Unternehmen machen ihren Bedarf an neuen Mitarbeitern meist parallel zu Stellenanzeigen, zum Teil aber auch ausschließlich im Internet bekannt.

Der Siegeszug des Internets ist unaufhaltsam. Mittlerweile gehört die Internetnutzung zum Arbeitsalltag in den meisten

Branchen und Berufsfeldern. Aus diesem Grund hat sich das Internet auch auf dem Stellenmarkt etabliert. Immer mehr Unternehmen machen ihren aktuellen Einstellungsbedarf über das Internet bekannt. Sie finden im Internet Stellenangebote

- direkt auf den Homepages der Unternehmen,
- in Jobbörsen,
- in den Online-Stellenmärkten von Zeitungen.

Nutzen Sie die Stellenmärkte des Internets

Homepages der Firmen: Klicken Sie sich direkt auf die Homepage des Unternehmens oder nutzen Sie eine Suchmaschine, wenn Sie die Internetadresse nicht kennen. Auf der Startseite finden Sie zumeist einen Verweis auf Stellenangebote. Unter den Stellenangeboten werden Sie sehr konkret formulierte Ausschreibungen finden, aber auch sehr allgemein gehaltene. Wenn Sie vor Ihrer Bewerbung weitergehenden Informationsbedarf haben, sollten Sie sich mithilfe eines Telefonanrufes Klarheit über die besonderen Anforderungen der zu vergebenden Stelle verschaffen.

Jobbörsen: Alle großen Internet-Jobbörsen halten Angebote für Fach- und Führungskräfte bereit. Geben Sie in der Freitextsuche Ihr Arbeitsgebiet und einen hierarchischen Zusatz ein, beispielsweise »Abteilungsleiterin Personal«, »Kaufmännischer Geschäftsführer« oder »Vertriebsleiterin Software«. Es gibt auch spezielle Jobbörsen, zum Beispiel für Informatiker, Naturwissenschaftler, Pädagogen oder Mediziner, die Sie bei Bedarf ebenfalls nutzen können. Interessant sind auch die sogenannten »Job-Robots«; hierbei handelt es sich um Suchmaschinen, die mehrere Jobbörsen, oder auch mehrere Firmenhomepages, gleichzeitig nach Ihren Wünschen durchsuchen. Eine Übersicht mit mehr als 100 aktuellen Jobbörsen und Job-Robots haben wir für Sie auf unserer Homepage *www.karriereakademie.de* zusammengestellt. Hier eine Auswahl von nützlichen Jobbörsen:

Schauen Sie in allgemeine und spezielle Jobbörsen

Allgemeine Jobbörsen

www.monster.de
www.jobscout.de
www.stellen-online.de
www.jobstairs.de
(vorwiegend Großunternehmen)

www.stellenanzeigen.de
www.stepstone.de
www.arbeitsagentur.de

Job-Robots

www.karriere.de/jobturbo
www.cesar.de
www.yovadis.de

www.jobrapido.de
www.jobscanner.de

Spezielle Jobbörsen

www.aerztestellen.de (Medizin)
www.jobcenter-medizin.de
    (Gesundheitswesen)
www.klinikstellen.de
    (Gesundheitswesen)
www.medizinischer-
    stellenmarkt.de
    (Gesundheitswesen)
www.jobs.medica.de (Medizin
    & Medizintechnik)
www.karriere-jura.de (Recht)
www.hochschulstellen.de
    (Hochschulen und
    Universitäten)
www.greenjobs.de
    (Umweltfachkräfte)
www.joborama.de (Sport &
    Wellness)
www.welljob.de (Wellness)

www.horizontjobs.net
    (Werbung & Marketing)
www.werbeagentur.de
    (Werbung & Marketing)
www.karriereundjob.de
    (Medien)
www.verlagsjobs.de (Medien,
    Buchhandel, Verlage)
www.kulturmanagement.net
    (Kultur)
www.ingenieur24.de
    (Ingenieure, Informatiker,
    Naturwissenschaftler)
www.ingenieurweb.de
    (Ingenieure,
    Naturwissenschaftler)
www.bau.net/inserate
    (Bauingenieure,
    Architekten)

www.biokarriere.net (Biotechnologie, Pharma)
www.chemiekarriere.net (Chemie)
www.jobvector.de (Biotechnologie)
www.dkm.de (Kirche, Caritas)
www.bankjob.de (Banken)
www.assekuranz-stellenmarkt.de (Versicherungen)
www.geojobs.de (Geologie)
www.automotive-job.net (Automobilindustrie)

Spezielle Jobbörsen

www.monster.co.uk (Großbritannien)
www.cadresonline.com (Frankreich)
www.job-net.it (Italien)
www.jobbankinfo.org (USA)
www.carreerone.com.au (Australien)

Online-Stellenmärkte der Zeitungen: Die in den Wochenendausgaben der Tageszeitungen geschalteten Stellenanzeigen finden Sie ebenfalls im Internet. Allerdings sind die Anzeigen dort länger geschaltet als in der parallel erschienenen Printausgabe. Sie können also ein größeres Angebot nutzen. Sie können sich ohne weiteres auf Anzeigen in Online-Stellenmärkten bewerben, die bis zu vier Wochen alt sind. Sind die Internet-Stellenanzeigen älter als vier Wochen, empfiehlt sich zunächst ein Anruf beim Unternehmen, ob es sich noch lohnt, die Bewerbungsunterlagen abzusenden.

Achten Sie auf die Aktualität der Anzeigen

Personalberatungen/Headhunter

Der Kontakt zu Personalberatungen kann für Sie interessant sein, wenn Sie sich mittelfristig verändern wollen. Unternehmen greifen bei der Besetzung von Stellen für Führungskräfte immer

Vorteile einer Bewerbung bei Personalberatungen

häufiger auf zwischengeschaltete Personalberatungen zurück. Sie erkennen dies auch daran, dass viele Stellenausschreibungen in Zeitungen von Personalberatungen im Auftrag eines Unternehmens geschaltet werden. Einige Personalberatungen sind grundsätzlich an Kandidaten mit überdurchschnittlichem Potenzial interessiert, die sie bei Bedarf an Unternehmen vermitteln können.

Generell gelten für die Bewerbung bei einer Personalberatung die gleichen Regeln wie bei der Bewerbung bei Ihrem Wunschunternehmen. Ihr Vorteil: Sie gewinnen mit dem Kontakt zu Personalberatungen die Möglichkeit, interessante Stellen angeboten zu bekommen, ohne dass Sie dauernd auf der Suche sein müssen.

Damit sich Personalberatungen jedoch überhaupt für Sie interessieren, müssen Sie sich mit einem aussagekräftigen Profil vorstellen. Vor dem Kontakt müssen Sie Ihre Selbstpräsentation ausarbeiten und am Telefon Interesse an Ihrem Profil wecken können. Aus dem Kapitel »Die Selbstpräsentation: das Herzstück Ihrer Bewerbung« wissen Sie, wie Sie Ihr Stärkenprofil in einem Kurzvortrag vermitteln können. Wie Sie die Selbstpräsentation am Telefon einsetzen, erläutern wir Ihnen im anschließenden Abschnitt »Telefonische Kontaktaufnahme«.

Wecken Sie Interesse

Das Telefon ist auch der beste Weg, um herauszufinden, ob die von Ihnen ins Auge gefassten Personalberatungen überhaupt Datenbanken mit Kandidatenprofilen anlegen. Sie können beispielsweise auf eine von einer Personalberatung geschaltete Stellenanzeige hin, die für Sie aber nicht passend ist, anrufen. Nennen Sie Ihre Branche und die von Ihnen angestrebte Position und stellen Sie kurz Ihr Profil dar. Fragen Sie, ob Bewerber mit Ihrem Profil grundsätzlich von der angerufenen Personalberatung vermittelt werden. Wenn Interesse geäußert wird, bieten Sie an, Ihre Bewerbungsmappe zuzuschicken. Erkundigen Sie sich, ob eine vollständige Bewerbungmappe oder eine Kurzbewerbung erwünscht ist. Ihre Be-

Holen Sie telefonisch Informationen ein

werbung sollte auf jeden Fall einen Sperrvermerk enthalten. Dieser Sperrvermerk verhindert die Weiterleitung Ihrer Bewerbungsunterlagen an Ihren jetzigen Arbeitgeber.

Der Anruf beim Headhunter

Eine telefonische Kontaktaufnahme mit einer Personalberatung könnte so ablaufen:

Personalberater: »Personalberatung International, guten Tag, Sie sprechen mit Stefan Baumgartner.«

Bewerber: »Guten Tag, mein Name ist Peter Kraft, ich habe in der *FAZ* vom vergangenen Wochenende Ihre Stellenausschreibung für einen Marketing-Direktor gelesen. Können Sie mir auch bei einem mittelfristigen Veränderungswunsch im technischen Bereich behilflich sein?«

Personalberater: »Welche Position bekleiden Sie momentan?«

Bewerber: »Ich bin momentan Fertigungsleiter im Maschinenbau und möchte mittelfristig den Sprung zum Niederlassungsleiter schaffen. Die Planung und Projekterstellung sowie die Beschaffung von Maschinen und Einrichtungen gehört jetzt schon zu meinen Aufgaben.«

Personalberater: »Momentan haben wir keinen Bedarf an einer derartigen Qualifikation, ich kann Ihnen aber anbieten, Sie in unsere Kartei aufzunehmen.«

Bewerber: »Soll ich Ihnen meine vollständige Bewerbungsmappe zusenden?«

Personalberater: »Schicken Sie mir bitte eine Kurzbewerbung. Die weiteren Unterlagen werde ich dann anfordern, wenn ich den Auftrag erhalte, einen neuen Mitarbeiter mit Ihrem Profil zu suchen.«

Bewerber: »Welche Informationen sind für Sie wesentlich?«

Personalberater: »Beschreiben Sie bitte umfassend Ihre momentanen Aufgaben.«

Bewerber: »Das mache ich. Sie erhalten von mir in den nächsten Tagen meine Kurzbewerbung. Vielen Dank für das Gespräch, Herr Baumgartner.«

Personalberater: »Auf Wiederhören, Herr Kraft.«

Bleiben Sie weiterhin aktiv

Wir empfehlen Ihnen, auch nach einem Kontakt zu Personalberatungen immer noch selbst aktiv zu bleiben. Einige Führungskräfte glauben, dass sie mit dem Versand ihrer Unterlagen an eine Personalberatung alles Notwendige getan haben, um ihre Karriere voranzutreiben. Die Enttäuschung, wenn sich der Headhunter dann nicht meldet, ist in diesem Fall umso größer. Fahren Sie mehrgleisig. Nutzen Sie auch die Möglichkeiten, die sich Ihnen durch persönlich geknüpfte Kontakte zu Mitarbeitern Ihres Wunschunternehmens bieten.

Persönliche Kontakte zu Unternehmensvertretern knüpfen

Wer seine fachlichen Kenntnisse und persönlichen Fähigkeiten souverän vermitteln kann, hat viele Möglichkeiten, neue Kontakte zu knüpfen, die er für den nächsten Karriereschritt nutzen kann. Oder anders formuliert: Treue ist oft ein Mangel an Gelegenheiten.

Knüpfen Sie Kontakte, die Sie weiterbringen

Erarbeiten Sie sich außerhalb Ihres betrieblichen Umfeldes Kontakte zu Angehörigen anderer Unternehmen. Knüpfen Sie persönliche Kontakte, die Sie bei Ihrer beruflichen Entwicklung weiterbringen. Die Orte für solche Kontakte können Fachmessen, Kongresse, Tagungen, Weiterbildungsveranstaltungen, Vorträge oder Ähnliches sein. Erkundigen Sie sich in Fachmagazinen Ihrer oder der anvisierten Branche, welche Veranstaltungen für Sie von Interesse sein könnten.

Wenn Sie die Möglichkeit nutzen möchten, Ansprechpartner in Unternehmen zu finden, die Sie in Ihre Bewerbungsstrategie einbinden können, sollten Sie nach der Devise handeln: »Ich bin an der Aufgabe und nicht nur am Geld interessiert.«

Das wichtigste Merkmal dieser Devise ist: Sprechen Sie das Wort »Bewerbung« beim ersten Kontakt nicht aus. Viele Unternehmensvertreter schalten ab, wenn Sie das Gespräch damit beginnen, dass Sie einen Stellenwechsel planen. Ein derartiger Gesprächseinstieg lässt Ihre Gesprächspartner vermuten, dass Sie entweder Ihren jetzigen Arbeitsplatz in nächster Zeit verlieren werden oder dass Sie irgendeine neue Stelle suchen. Damit können Sie sich keine Sympathie erarbeiten.

Der erste Kontakt ist wichtig

Wenn Sie Kontakte zu Unternehmensvertretern aufbauen wollen, müssen Sie das Interesse am Unternehmen und an den für Ihre Branche und Position typischen Aufgaben in den Vordergrund stellen. Sie sammeln bei Angehörigen anderer Unternehmen Punkte, wenn Sie im Gespräch zu erkennen geben, dass Sie die Produkte und Dienstleistungen des Unternehmens kennen.

Geben Sie sich den Stallgeruch der Branche, indem Sie aktuelle Trends aufgreifen und Zukunftsaussichten thematisieren. Sollte sich ein derartiges »Fachgespräch« positiv entwickeln, können Sie nach einiger Zeit ruhig zu erkennen geben, dass Sie mittelfristig an einer neuen Position interessiert sind.

Kreative Kontaktaufnahme

Eine Kontaktaufnahme während einer Messe könnte so aussehen: »Guten Tag, Herr Schmidt, mein Name ist Renate Kützer, als Multimedia-Projektleiterin bin ich sehr an Ihren Internet-Tools interessiert. Ihr Unternehmen hat in diesem Bereich in den letzten Jahren ja wirklich tolle Arbeit geleistet. Auf welche Rechnerarchitekturen sind denn Ihre Produkte zugeschnitten?«

Beispiele

Auch während einer Weiterbildungsveranstaltung kann man Karrierekontakte knüpfen: »Die Möglichkeiten der Zulieferer-Integration hat unser Referent gut ausgeführt, finden Sie nicht? In unserem Haus sind wir schon seit längerem an diesem Thema dran. Ich bereite gerade die Integration der Zulieferer in unser Qualitätsmanagement vor. Sind Ihre Erwartungen an die Veranstaltung erfüllt worden?«

Beispiel 2

Den Wunscharbeitgeber finden

Pflegen Sie Ihren Kontakt

Wenn Sie einen Draht zu Ihrem Gesprächspartner gefunden haben und sich ein kurzes Gespräch ergeben hat, sollten Sie sich die Möglichkeit sichern, auch in Zukunft Kontakt zu ihm aufnehmen zu können. Händigen Sie Ihre Visitenkarte aus und fragen Sie nach der Karte Ihres Gesprächspartners. Beispielsweise so: »Ich würde mich freuen, wieder einmal mit Ihnen ins Gespräch zu kommen. Haben Sie vielleicht eine Visitenkarte für mich?«

So bleiben Sie am Ball

Nach einiger Zeit können Sie sich telefonisch melden. Erinnern Sie an den persönlichen Kontakt auf einer Veranstaltung und betonen Sie kurz Ihr Interesse an neuen beruflichen Aufgaben. Zeigt Ihr Gesprächspartner dann prinzipielles Interesse und verweist auf zukünftige Neubesetzungen, beispielsweise wegen Expansion oder Umstrukturierung, können Sie weitermachen. Schicken Sie nach einer angemessenen Frist – damit Sie nicht als impulsiver Vielbewerber erscheinen – Ihre Bewerbungsunterlagen an Ihren Ansprechpartner aus der Fachabteilung.

Bereiten Sie den Versand Ihrer Bewerbungsunterlagen erneut mit einem kurzen Telefongespräch vor. Bitten Sie Ihre Kontaktperson im Unternehmen darum, Ihre Bewerbungsunterlagen an die Personalabteilung weiterzuleiten. Argumentieren Sie damit, dass Ihnen die neue Position zu wichtig ist, um den üblichen Bewerbungsweg zu gehen und dass Sie sich deshalb über einen persönlichen Kontakt bewerben möchten.

Lassen Sie sich von Ihrem Gesprächspartner eine Visitenkarte geben

Als Erfolgsregel für die Bewerbung über eine Kontaktperson gilt: Je höher der Ansprechpartner aus der Fachabteilung in der Firmenhierarchie steht, desto größer sind Ihre Chancen auf ein Vorstellungsgespräch. Versuchen Sie, die Stellung Ihrer Gesprächspartner in der Firmenhierarchie möglichst schnell zu erfahren. Bitten Sie schon bei den ersten zwanglosen Kontakten um eine Visitenkarte.

Aus unserer Beratungstätigkeit wissen wir, dass die Bewerbung über eine Kontaktperson gerade für Führungskräfte häufig von Erfolg gekrönt ist. Daher können wir Ihnen nur raten: Bauen Sie sich Ihr eigenes Netzwerk auf. Der Nutzen für Sie ist doppelt: Zum einen sind Sie immer über laufende Entwicklungen Ihrer Branche im Bild, und zum anderen können Sie Karrierekontakte aufbauen und pflegen. Ihren Stellenwechsel bereiten Sie auf diese Weise stressfrei vor.

Auf einen Blick
Den Wunscharbeitgeber finden

Im Blick

- Der Weg der Stellensuche über Anzeigen in Printmedien ist immer noch von Bedeutung.
- Recherchieren Sie zusätzlich im Internet. Sie können auf die Homepages der Unternehmen zugreifen, Jobbörsen nutzen oder den Online-Stellenmarkt von Zeitungen sichten.
- Warten Sie als Führungskraft nicht darauf, dass Ihnen eine geeignete Stellenausschreibung begegnet, werden Sie auch von sich aus aktiv.
- Stellen Sie Kontakte zu Personalberatungen her.
- Knüpfen Sie persönliche Kontakte mit Unternehmensvertretern auf Messen, Tagungen, Kongressen oder Weiterbildungsveranstaltungen. Werten Sie diese persönlichen Kontakte und nutzen Sie sie für Ihre Bewerbungsstrategie.

7
Telefonische Kontaktaufnahme

Nehmen Sie einen ersten Kontakt mit Ihrem Wunscharbeitgeber über das Telefon auf. Bei einem gut vorbereiteten Gespräch müssen Sie keine Angst haben, sich zu blamieren. Nutzen Sie die Möglichkeit, sich vor dem Versenden Ihrer Unterlagen zusätzliche Informationen geben zu lassen. Verschaffen Sie sich mit unseren Informationen zur effektiven telefonischen Kontaktaufnahme einen Startvorteil im Bewerbungsverfahren.

»Sprechen Sie zur Klärung erster Fragen bitte mit Herrn Berger (Tel. 0 69/5 54 32 12)«. Hinweise wie diese finden sich in den meisten Stellenausschreibungen für Führungskräfte. Wir wissen aber aus unserer Beratungspraxis, dass nur wenige Bewerber bereit sind, zum Telefonhörer zu greifen. Zumeist ist es die Angst davor, sich schlecht darzustellen und sich damit aus dem Bewerbungsprozess hinauszukatapultieren, die vor dem Griff zum Telefon zurückschrecken lässt.

> **Umfassende Informationen über die neue Stelle sind von großer Wichtigkeit**

Bei Führungskräften ist die telefonische Kontaktaufnahme vor der eigentlichen Bewerbung aber notwendig, denn meistens ist ein vorheriger Abgleich der Anforderungen in der ausgeschriebenen Position mit den beruflichen Erfahrungen der Bewerberinnen und Bewerber vonnöten. Da sich Führungskräfte zumeist aus bestehenden Arbeitsverhältnissen heraus bewerben, sollte es auch in ihrem eigenen Interesse sein, sich vor einer Bewerbung so umfassend wie möglich über die neue Stelle zu informieren. Erfolgt kein Engagement von Seiten des Bewerbers, so vermuten manche Personalverantwortliche, dass der Bewerber nicht voll und ganz hinter der Bewerbung steht und in erster Linie seinen Marktwert testen möchte.

Bewerbungen haben wesentlich mehr Erfolg, wenn Sie die Möglichkeit zum telefonischen Kontakt nutzen und damit Eigeninitiative zeigen. Darüber hinaus lassen sich im Gespräch erfragte Zusatzinformationen in die Bewerbungsunterlagen einarbeiten.

Schon nach einem kurzen Telefongespräch mit einem potenziellen Arbeitgeber können Sie einschätzen, ob sich das Anforderungsprofil des Unternehmens und Ihr Bewerberprofil grundsätzlich zur Deckung bringen lassen. So vermeiden Sie außerdem, sich in Bewerbungsaktivitäten zu verzetteln. Mit einem einzigen Anruf können Sie feststellen, ob Ihre Bewerbung sinnvoll ist. Sie erfahren darüber hinaus mehr über die Anforderungen der vakanten Position und finden Schlüsselbegriffe heraus, auf die das Unternehmen »anspringt«. Wenn Sie diese Informationen in Ihre schriftlichen Bewerbungsunterlagen einfließen lassen, heben Sie sich wohltuend von passiven Massenbewerbern ab.

Ein Anruf kann Ihnen viel Mühe sparen

Bedenken Sie aber, dass es niemals eine zweite Chance für den ersten Eindruck gibt. Das bedeutet, dass Sie den besonderen Anforderungen der Selbstdarstellung am Telefon gerecht werden müssen. Unvorbereitetes Handeln nach dem Motto »Mal gucken, was passiert, wenn ich bei diesem Unternehmen anrufe« befördert Sie schnell ins Aus.

Die Bewerbung am Telefon unterliegt besonderen Anforderungen, die nicht ohne weiteres ersichtlich sind. Sie sollten deshalb die Grundregeln des überzeugenden Telefonierens kennen und trainieren. Telefontraining für das Bewerbungsverfahren gehört in unserer Beratungspraxis mit zu den klassischen Übungseinheiten.

So bereiten Sie den Anruf vor

Bevor Sie also zum Telefonhörer greifen und bei dem suchenden Unternehmen anrufen, müssen Sie

- die optimalen Rahmenbedingungen schaffen,
- Ihre Gesprächsziele präzise definieren,
- sich mit den Anforderungen der Stellenausschreibung auseinander setzen und
- sich mit Ihrer Selbstdarstellung präsentieren können.

Optimale Rahmenbedingungen schaffen

Vor einem Telefongespräch müssen Sie zunächst die optimalen Rahmenbedingungen herstellen. Überlegen Sie sich, welche Störfaktoren aus Ihrer Umgebung das Telefonat beeinträchtigen könnten.

Schalten Sie Störfaktoren aus

Telefonieren Sie auf keinen Fall von Ihrem momentanen Arbeitsplatz aus. Setzen Sie sich nicht dadurch unter unnötigen Druck, dass Ihre Absichten zu früh bekannt werden. Auch Ihr potenzieller neuer Arbeitgeber wird es nicht schätzen, wenn Sie während der Arbeitszeit Bewerbungsaktivitäten entfalten.

Schaffen Sie eine Atmosphäre, in der Sie sich konzentrieren können

Wenn Sie von zu Hause aus anrufen, sollten Sie dafür sorgen, dass Sie konzentriert telefonieren können. Schalten Sie die Wohnungsklingel ab. Informieren Sie Ihre Mitbewohner darüber, dass Sie ein wichtiges Telefongespräch führen möchten. Wenn Ihre Telefonanlage über die Funktion »Anklopfen« verfügt, so schalten Sie sie aus. Das Tonsignal, mit dem ein parallel eingehender Anruf gemeldet wird, entnervt sonst Sie und Ihren Gesprächspartner.

Im Unterschied zum Vorstellungsgespräch haben beide Gesprächspartner beim Telefonkontakt nur einen akustischen und keinen visuellen Eindruck. Das bedeutet, dass über Klang und Ausdruck der Stimme Aufregung, Unsicherheit und Ängstlichkeit genauso wie Sicherheit und Selbstbewusstsein vermittelt werden. Rufen Sie nur an, wenn Sie sich gut in Form und sicher fühlen. Telefonieren Sie im Stehen: Sie sind dann länger konzentriert, und der Spannungsbogen reißt nicht so schnell ab.

Setzen Sie das Telefon gezielt ein

Für das Gespräch sollten Sie immer Stift und Papier bereithalten. Positionieren Sie die Stellenanzeige so, dass Sie sie im Blick behalten. Notieren Sie sich Datum und Uhrzeit Ihres Telefonates und, falls bekannt, den Namen Ihres Ansprechpartners in der Firma.
Wenn Sie die Rahmenbedingungen geklärt haben, müssen Sie sich noch mit der inhaltlichen Seite des Gespräches auseinander setzen.

Notieren Sie alles Wesentliche

Gesprächsziele und eigene Fragen

Aus unserer Beratungspraxis wissen wir, dass Bewerberinnen und Bewerber sich oft über die Ziele, die sie mit einem Anruf bei einem Unternehmen erreichen wollen, nicht im Klaren sind. Viele glauben, dass sie am Telefon gleich in ein Vorstellungsgespräch verwickelt werden. Damit bauen sie aber einen viel zu großen Druck auf, als dessen Konsequenz sie dann lieber auf den Anruf verzichten.

Werden Sie sich über Ihr Gesprächsziel klar

Im Vordergrund Ihres Anrufes sollte die Vorbereitung der schriftlichen Bewerbung stehen. Denn im Gespräch erfragte Zusatzinformationen können im Anschreiben und im Lebenslauf aufgegriffen werden. Je individueller Sie auf die Anforderungen des Unternehmens eingehen, desto größer sind Ihre Chancen, zu einem Vorstellungsgespräch eingeladen zu werden. Legen Sie deshalb vor dem Gespräch fest, bei welchen Punkten Sie noch Klärungsbedarf haben:

- Möchten Sie mehr Informationen über die ausgeschriebene Stelle haben, weil die Stellenanzeige sehr allgemein formuliert ist?
- Möchten Sie herausfinden, auf welche Kenntnisse und Fähigkeiten das Unternehmen besonderen Wert legt?
- Möchten Sie erfahren, in welchem Verhältnis einzelne Tätigkeiten innerhalb der Stelle zueinander stehen (Innendienst zu Außendienst, Projekttätigkeiten zu Routineaufgaben, Dienstreisen zu Aufenthalt in der Firma)?
- Möchten Sie im Anschreiben auf ein Telefongespräch verweisen können?
- Möchten Sie wissen, ob noch andere als in der Stellenanzeige genannte Positionen zu besetzen sind?
- Möchten Sie den optimalen Bewerbungszeitpunkt erfragen?
- Möchten Sie Informationen über die Firma anfordern (Produktkataloge, Unternehmensbroschüren, Geschäftsberichte)?

Bereiten Sie gezielte Fragen vor

Wenn Sie sich über Ihre Gesprächsziele klar geworden sind, sollten Sie sich die dazu passenden Fragen aufschreiben, damit Sie die von Ihnen gewünschten Informationen auch erhalten. Auf diese Weise können Sie Ihren Informationsbedarf im Telefongespräch vermitteln und zeigen, dass Sie sich auf das Gespräch angemessen vorbereitet haben.

Es gibt keine Geheimnisse oder Zaubertricks, mit denen man die Unternehmensvertreter im Telefongespräch dazu bringt, auf der Stelle einen Arbeitsvertrag durch die Telefonleitung zu schicken. Das Gegenteil ist der Fall. Unternehmensvertreter fühlen sich nicht ernst genommen, wenn Bewerber ihnen die Zeit mit nichtssagenden Frage-und-Antwort-Spielchen stehlen wollen.

Definieren Sie deshalb realistische Gesprächsziele. Sie beeindrucken Ihre Gesprächspartner dann, wenn Sie Fragen stellen, deren Beantwortung am Telefon auch aus Sicht des Unternehmens einen Sinn macht.

Definieren Sie realistische Gesprächsziele

An Stellenausschreibungen anknüpfen

Mit der Auswertung von Stellenausschreibungen haben wir Sie im Kapitel »Anforderungen der Unternehmen an Führungskräfte« vertraut gemacht. Sie wissen, dass sich die Anforderungen der Unternehmen an Sie aus einer Mischung von fachlicher, methodischer und sozialer Kompetenz zusammensetzen.

Bei Ihrer telefonischen Kontaktaufnahme müssen Sie beachten, dass Sie Ihre fachliche, methodische und soziale Kompetenz weniger ausführlich darstellen können als im Anschreiben und Lebenslauf. In Ihrem Telefongespräch müssen Sie sich beschränken. Sie können Ihrem Gesprächspartner am anderen Ende der Leitung nur eine begrenzte Menge von Informationen über sich vermitteln.

Beim Anruf aufgrund einer Stellenausschreibung haben Sie jedoch die Chance, Anknüpfungspunkte für Ihr Gespräch aus der Ausschreibung herauszulesen. Selbstverständlich reicht es nicht aus, wenn Sie die Stellenausschreibung lediglich zitieren und behaupten, dass Sie die Anforderungen erfüllen. Das Interesse Ihrer Gesprächspartner wecken Sie erst in dem Moment, in dem Sie konkrete Beispiele geben, aus denen deutlich wird, dass Sie einzelne Anforderungen passgenau erfüllen.

Liefern Sie konkrete Anknüpfungspunkte

Regionalleiter Vertrieb gesucht

Ein Bewerber für die Position Regionalleiter Vertrieb eines Telekommunikationsunternehmens hat aus der Stellenanzeige diese Anforderungen herausgeschrieben:

1. Erfahrung in der Telekommunikationsbranche
2. Erfahrung in der Großkundenbetreuung
3. selbstständige Initiierung von Kundenprojekten
4. sichere Präsentationstechniken
5. Argumentationsstärke

Für die Anforderungen hat er in seinem Werdegang diese Belege gefunden:

Anforderung 1: Erfahrung in der Telekommunikationsbranche
Beleg 1: Vertriebsinnendienst bei einem Internet-Serviceprovider
Beleg 2: Vertrieb von Telefonanlagen an Firmenkunden im Außendienst

Anforderung 2: Erfahrung in der Großkundenbetreuung
Beleg 1: Großkundenbetreuung beim Telefonanlagenverkauf
Beleg 2: Produktpräsentationen auf Fachmessen

Anforderung 3: selbstständige Initiierung von Kundenprojekten
Beleg 1: Projekt »Bonusheft« für Internetproviderkunden
Beleg 2: Kundenbindung durch Einladungen zu Sport-Events

Anforderung 4: sichere Präsentationstechniken
Beleg 1: Produktpräsentationen im Außendienst
Beleg 2: Produktpräsentationen auf Messen

Anforderung 5: Argumentationsstärke
Beleg 1: durchgesetzt auf dem hart umkämpften Markt der Telefonanlagen
Beleg 2: Steigerung der Kundenzahlen des Internetproviders

Für ein Telefongespräch muss er nun diejenigen Belege heraussuchen, die sein Profil am besten herausarbeiten. Geeignete Belege für ein Telefongespräch mit einem Telekommunikationsunternehmen sind:

- Großkundenbetreuung beim Telefonanlagenverkauf
- Projekt »Bonusheft« für Internetproviderkunden

- Berufserfahrung im Vertriebsinnendienst und -außendienst
- Vertriebserfolge

Damit Sie nicht erst im Telefongespräch mit einem Unternehmen überlegen müssen, wie Sie sich interessant darstellen, sollten Sie sich vorbereiten. Machen Sie die Übung »Belege für die Anforderungen der Stellenanzeige finden«, damit Sie am Telefon Ihre Gesprächspartner davon überzeugen, dass Ihr Qualifikationsprofil mit dem Stellenprofil übereinstimmt.

Finden Sie Belege für die Anforderungen der Stellenanzeige

Belege für die Anforderungen der Stellenausschreibung finden

Nehmen Sie eine für Sie interessante Stellenanzeige zur Hand. Unterstreichen Sie in der Stellenanzeige alle Anforderungen und suchen Sie für jede Anforderung mehrere passende Beispiele aus Ihrer Erfolgsbilanz. Am besten geeignet sind die Belege, die die größte Nähe zu den Tätigkeiten der ausgeschriebenen Stelle aufweisen. Listen Sie hier die Anforderungen aus der für Sie interessanten Stellenanzeige auf:

Anforderung 1: ....
Anforderung 2: ....
Anforderung 3: ....
Anforderung 4: ....
Anforderung 5: ....

Nun suchen Sie in Ihrer Erfolgsbilanz Belege für diese Anforderungen.

Anforderung 1: ....
Beleg 1: ....
Beleg 2: ....

Anforderung 2: ....
Beleg 1: ....
Beleg 2: ....

Anforderung 3: ....
Beleg 1: ....
Beleg 2: ....

Anforderung 4: ....
Beleg 1: ....
Beleg 2: ....

Anforderung 5: ....
Beleg 1: ....
Beleg 2: ....

Die richtige Selbstdarstellung am Telefon

Wir wissen, dass es vielen Bewerberinnen und Bewerber schwer fällt, am Telefon den Ton zu finden, der Personalverantwortliche hellhörig werden lässt. Bedenken Sie, dass das Hauptziel Ihres Telefonanrufes sein sollte, das Interesse an Ihnen zu wecken. Dann können Sie im zweiten Schritt mit der Zusendung Ihrer Bewerbungsunterlagen punkten, weil Sie sich erste Aufmerksamkeit und Sympathie gesichert haben.

Es geht am Telefon nicht darum, einen kompletten Bewerber- und Stellenabgleich zu liefern. Man wird Ihnen nach einem erfolgreich verlaufenen Telefongespräch keinen Arbeitsvertrag zuschicken. Verspielen Sie sich jedoch nicht die Chancen ei-

So wecken Sie bei Ihrem Gesprächspartner Interesse

ner wohlwollenden Prüfung Ihrer Bewerbungsunterlagen. Es kommt für Sie im Telefongespräch darauf an, mit wenigen Sätzen Ihrem Gesprächspartner klarzumachen, dass Sie bisher erfolgreich gearbeitet haben. Stellen Sie dar, wie Sie Ihre Kenntnisse und Fähigkeiten eingesetzt haben, um berufliche Aufgaben zu lösen. Beschreiben Sie sich als aktiv und zupackend.

Machen Sie in wenigen Sätzen Ihr Profil deutlich

Unser nachfolgendes Negativbeispiel soll Ihnen die Kardinalfehler einer telefonischen Selbstdarstellung aufzeigen. Damit Sie es besser machen können, stellen wir Ihnen danach Regeln für die Selbstdarstellung am Telefon vor. In einem gelungenen Beispiel sehen Sie dann, wie sich unsere Regeln umsetzen lassen.

Die unvorbereitete Produktmanagerin

Eine in einem Zulieferbetrieb für einen Elektronikkonzern tätige Produktmanagerin beabsichtigt den Karrieresprung in das Produktmanagement eines internationalen Konzerns. Dabei stellt sie sich und ihre Fähigkeiten schlecht dar, wenn sie sich am Telefon so präsentiert:

Beispiel

Personalverantwortlicher: »International AG, Karl Wendlinger.«
Produktmanagerin: »Guten Tag, mein Name ist Claudia Carlsson, ich möchte mich beruflich verändern.«
Personalverantwortlicher: »Guten Tag, Frau Carlsson, wie kann ich Ihnen da weiterhelfen?«
Produktmanagerin: »In der Zeitung stand doch, Sie suchen eine Produktmanagerin.«
Personalverantwortlicher: »Welche Fragen kann ich Ihnen zu der Stelle beantworten?«
Produktmanagerin: »Glauben Sie, dass ich bei der Vergabe der Stelle Chancen habe?«
Personalverantwortlicher: »Das weiß ich im Moment nicht, was haben Sie denn bisher gemacht?«
Produktmanagerin: »Ich arbeite als Produktmanagerin. Aber bisher nur in einem kleinen Betrieb. Bin ich damit auch für eine internationale Tätigkeit geeignet?«

Negativbeispiel

Personalverantwortlicher: »Das kann ich Ihnen im Moment wirklich nicht beantworten. Schicken Sie mir doch einfach Ihre Bewerbungsmappe.«
Produktmanagerin: »Ja, das mache ich, vielen Dank.«
Personalverantwortlicher: »Auf Wiederhören, Frau Carlsson.«

Bereiten Sie das Telefongespräch gezielt vor

Die Produktmanagerin hat die Chance verpasst, Interesse auf Seiten des Personalverantwortlichen zu wecken. Sie hat am Gesprächsanfang nicht gesagt, um welche Stellenausschreibung es geht. Sie ist mit keinem Wort auf die Inhalte der zu besetzenden Position eingegangen. Sie hat keine Verbindung zwischen ihrer Berufspraxis und der neuen Stelle hergestellt. Ihre berufliche Entwicklung ist nicht zu erkennen und es wird nicht klar, was sie für die neue Position qualifiziert.

Räumen Sie die typischen Bewerberfehler bei Telefongesprächen mit Unternehmensvertretern durch gezielte Vorbereitung aus. Sie nehmen Personalverantwortliche am Telefon für sich ein, wenn Sie sich an unserem Schema für Telefongespräche orientieren.

Schema für Telefongespräche

1. Sprechen Sie die Personalverantwortlichen mit Namen an. Den Namen finden Sie üblicherweise in der Stellenanzeige. Sonst fragen Sie in der Telefonzentrale des Unternehmens nach, wer die Stellenausschreibung bearbeitet.
2. Nennen Sie die ausgeschriebene Position, für die Sie sich interessieren, und die Fundstelle der Anzeige.
3. Geben Sie ein oder zwei Beispiele dafür, dass Sie mit den Stellenanforderungen in Berührung gekommen sind, beispielsweise durch Ihre bisherigen Tätigkeitsschwerpunkte, Branchenerfahrung, Sonderaufgaben, Projekte.
4. Stellen Sie ein oder zwei geeignete Fragen, die zeigen, dass Sie sich mit Ihrem Profil und dem Tätigkeitsfeld auseinander gesetzt haben.
5. Bedanken Sie sich für die gegebenen Informationen.

6. Weisen Sie gegebenenfalls darauf hin, dass Sie in Ihrem Wunsch, sich zu bewerben, bestärkt worden sind und Ihre Bewerbungsmappe unverzüglich zu Händen Ihres Gesprächspartners schicken werden.

Die Umsetzung unserer Regeln für Telefongespräche mit Unternehmensvertretern finden Sie für das eben dargestellte Beispiel der Produktmanagerin in unserem nachfolgenden Positivbeispiel.

Die vorbereitete Produktmanagerin

Personalverantwortlicher: »International AG, Karl Wendlinger.«

Produktmanagerin: »Guten Tag, Herr Wendlinger, mein Name ist Claudia Carlsson. Es geht um die Stelle als Produktmanagerin für Bestückungsmaschinen, die am letzten Samstag in den *VDI-Nachrichten* erschienen ist. Können Sie mir einige Fragen zu der Stelle beantworten?«

Personalverantwortlicher: »Ja, was interessiert Sie?«

Produktmanagerin: »Ich verantworte bei meiner jetzigen Firma das Entwicklungsbudget für Bestückungsmaschinen und koordiniere die internen Fachbereiche. Ist die ausgeschriebene Position mit Führungsverantwortung verbunden?«

Positivbeispiel

Personalverantwortlicher: »Ja, wir erwarten von Bewerbern, dass sie auch bisher schon Mitarbeiter geführt haben.«

Produktmanagerin: »Neben meiner Budgetverantwortung trage ich auch Personalverantwortung für zehn Mitarbeiter. Ich möchte in Zukunft eine stärkere Beteiligung an der Realisierung von Markteinführungskonzepten erreichen.«

Personalverantwortlicher: »Diese Möglichkeit haben Sie bei uns. Die Position ist eine Schnittstellenfunktion. Sie können dort umfassend tätig sein.«

Produktmanagerin: »Vielen Dank für die Informationen. Darf ich meine Bewerbung direkt an Sie schicken, Herr Wendlinger?«

Personalverantwortlicher: »Machen Sie das bitte und verweisen Sie kurz auf unser Gespräch. Könnten Sie mir noch einmal Ihren Namen sagen?«

Produktmanagerin: »Ich heiße Claudia Carlsson. Ich buchstabiere: C-a-r-l-s-s-o-n.«
Personalverantwortlicher: »Danke, auf Wiederhören, Frau Carlsson.«
Produktmanagerin: »Auf Wiederhören, Herr Wendlinger. Ich schicke Ihnen in den nächsten Tagen meine Bewerbungsmappe zu.«

Sympathie gewinnen und überzeugen

Sie sehen an unserem Positivbeispiel, dass Personalverantwortliche durchaus ein Ohr für Bewerber haben, vorausgesetzt sie sind in der Lage, auf die ausgeschriebene Position einzugehen. Dies gelingt auch Ihnen, wenn Sie kurz auf berufliche Erfahrungen verweisen. Stellen Sie heraus, was Sie für die ausgeschriebene Position mitbringen und wo Sie bereits Erfolge erzielt haben. Dadurch gewinnen Sie die Sympathie Ihrer Gesprächspartner auf Unternehmensseite. Dieser Sympathiebonus wirkt nach und wird positiv auf die Prüfung Ihrer Bewerbungsunterlagen ausstrahlen. Unsere Übung »Überzeugen am Telefon« wird Sie darauf vorbereiten, Telefongespräche erfolgreich zu führen.

Überzeugen am Telefon

- Werten Sie eine für Sie interessante Stellenanzeige aus. Suchen Sie Beispiele aus Ihrer Erfolgsbilanz heraus, mit denen Sie die Anforderungen der neuen Stelle belegen können.
- Spielen Sie das Telefongespräch mit einem Freund oder Bekannten mehrmals durch.
- Beachten Sie unser Schema für Telefongespräche. Setzen Sie den Namen des in der Anzeige genannten Personalverantwortlichen im Gespräch ein. Geben Sie Belege für die Anforderungen aus der Stellenanzeige. Stellen

> Sie eine oder mehrere Fragen. Beenden Sie das Gespräch mit dem Hinweis, dass Sie Ihre Bewerbungsunterlagen zuschicken werden.

Auf einen Blick
Telefonische Kontaktaufnahme

Im Blick

- Setzen Sie das Telefon als Kontaktmedium ein.
- Bewerbungen auf Stellenanzeigen haben mehr Erfolg, wenn Sie vor dem Absenden Ihrer Bewerbungsunterlagen einen Telefonkontakt zum neuen Unternehmen herstellen.
- Stellen Sie vor dem Telefongespräch optimale Rahmenbedingungen her. Schalten Sie Störfaktoren aus. Halten Sie Stift und Papier bereit.
- Definieren Sie Ihre Gesprächsziele vor dem Gespräch. Haben Sie Fragen zur Stellenanzeige? Möchten Sie im Anschreiben auf ein Telefongespräch verweisen könnnen? Wollen Sie schriftliche Informationen anfordern? Haben Sie Fragen zum Arbeitsumfeld?
- Knüpfen Sie im Gespräch an Informationen aus Stellenausschreibungen an. Überlegen Sie sich vor dem Gespräch geeignete Belege aus Ihrer Berufspraxis.
- Sie erwecken am Telefon Interesse, wenn Sie sich an unserem Schema für erfolgreiche Telefonkontakte orientieren.

8
Initiativbewerbungen

Für Personalabteilungen sind Initiativbewerbungen wie eine erste Arbeitsprobe. Es liegt keine Stellenausschreibung vor, deshalb muss es Ihnen aus eigener Kraft gelingen, mit Ihrer fachlichen, sozialen und methodischen Kompetenz das Interesse zu erwecken. Sie werden mit Ihrer Initiativbewerbung den Anforderungen der Personalabteilungen nur dann entsprechen, wenn Sie sich vor Ihrer Bewerbung auf Informationssuche begeben und diese Informationen in Ihr Anschreiben und Ihren Lebenslauf einfließen lassen.

Bei Initiativbewerbungen gelten besondere Regeln

Die Zusendung der schriftlichen Bewerbungsunterlagen, ohne dass eine Stellenanzeige vorliegt, die so genannte Initiativbewerbung, ist eine Möglichkeit für Führungskräfte, sich bei für sie interessanten Arbeitgebern bekannt zu machen. Wie im gesamten Bewerbungsverfahren gelten hier ebenfalls besondere Regeln.

Initiative mit Erfolg

Initiativbewerbungen sind für Fach- und Führungskräfte ein wichtiges Instrument, um sich Wunschpositionen zu erschließen. Der so genannte verdeckte Stellenmarkt hält viele interessante Positionen bereit. Sie müssen nicht auf eine Stellenanzeige warten, in der Ihre Wunschposition ausgeschrieben wird, sie können auch von sich aus aktiv werden.

Wichtig dabei ist, dass Ihre Initiativbewerbung nicht den Eindruck einer Blindbewerbung hinterlässt. Von einer Blindbewerbung spricht man, wenn Bewerber den Unternehmen ihre Bewerbungsmappe schicken, ohne sich vorher mit den Wünschen der Unternehmen auseinander zu setzen und das eigene Profil darauf abzustimmen. Typische Negativmerkmale von Blindbewerbungen sind der immer gleiche Standardtext im Anschreiben und der standardisierte Lebenslauf. Blindbewerbungen werden gerne mithilfe von Adresssammlungen am PC mit der Funktion Serienbrief erstellt. Initiativbewerbungen unterscheiden sich durch die geleistete Vorarbeit der Bewerber deutlich von Blindbewerbungen. Auch für Initiativbewerbungen gilt zwar, dass es keine konkreten Stellenanzeigen in Zeitungen, Fachmagazinen oder im Internet gibt. Bevor der Bewerber seine Bewerbungsmappe an die für ihn interessanten Unternehmen schickt, zeigt er jedoch »Initiative«, beispielsweise durch ein erstes Telefonat oder ein Kontaktgespräch bei einem persönlichen Treffen auf Messen oder Kongressen.

Setzen Sie sich mit den Wünschen des Unternehmens auseinander

Für Personalabteilungen sind Initiativbewerbungen eine Art erste Arbeitsprobe. Da kein ausgeschriebenes Stellenprofil vorliegt, müssen Bewerber mit ihren Kenntnissen und Fähigkeiten von sich aus Interesse wecken. Überzeugende Initiativbewerbungen lassen das Qualifikationsprofil deutlich werden und vermitteln, dass der Bewerber in seiner Entwicklung noch lange nicht zum Stillstand gekommen ist, sondern noch viel erreichen will.

In Ihrer Initiativbewerbung sollte zu erkennen sein, dass Sie sich bereits vor Ihrer Bewerbung über das Unternehmen informiert haben. Nach Möglichkeit haben Sie bereits einen persönlichen oder telefonischen Kontakt zum Unternehmen hergestellt. Initiativbewerbungen abzuschicken, ohne einen vorherigen Kontakt zum Unternehmen herzustellen, halten wir aus unserer Erfahrung heraus für pure Zeitverschwendung. Die

Nehmen Sie vorher persönlich oder telefonisch Kontakt auf

schnellen und positiven Rückmeldungen, die man im Gegensatz dazu durch gut vorbereitete Initiativbewerbungen erreichen kann, können auch Sie sich erarbeiten.

Vorarbeit leisten

Schneiden Sie die Bewerbung auf das jeweilige Unternehmen zu

Bereiten Sie Initiativbewerbungen gut vor und schneiden Sie sie auf die jeweiligen Unternehmen zu. Mit einer schlecht vorbereiteten Initiativbewerbung können Sie sich offene Türen für immer zuschlagen. Denn es ist bekannt, dass manche Unternehmen Verzeichnisse anlegen, in denen einmal abgelehnte Bewerberinnen und Bewerber erfasst werden. Bekommen Sie aufgrund einer nicht aussagekräftigen Bewerbung in der Bewerberdatenbank des Unternehmens den Vermerk »uninteressanter Bewerber«, so werden Sie bei späteren Bewerbungen automatisch aussortiert. Bereiten Sie deshalb Ihre Initiativbewerbungen unbedingt gezielt vor.

Finden Sie den richtigen Ansprechpartner

Im Vorfeld Ihrer Initiativbewerbung sollten Sie immer einen Ansprechpartner im Wunschunternehmen finden, dem Sie Ihre Bewerbung zuleiten können. Wenn Sie Ihre Bewerbung ganz allgemein »An die Personalabteilung« senden und Ihr Anschreiben mit der Standardanrede »Sehr geehrte Damen und Herren« beginnen lassen, wird man Ihrem schriftlich geäußerten Bewerbungswunsch nur eine eingeschränkte Aufmerksamkeit entgegenbringen.

Vergessen Sie nicht: Initiativbewerbungen bedeuten zusätzliche Arbeit für Personalabteilungen. Wenn Sie Personalabteilungen neben den üblichen Maßnahmen der Personalsuche, wie Stellenausschreibungen in Zeitungen oder im Internet, dazu bewegen wollen, Mehrarbeit zu leisten, müssen Sie schon ganz am Anfang Ihrer Bewerbung Interesse erwecken.

Nur wenn Ihre Bewerbung an eine konkrete Einzelperson im Unternehmen gesandt wird, können Sie sicher sein, dass sie auch auf deren Schreibtisch landet und geprüft wird. Wenn Sie Ihre Bewerbung mit einer allgemein gehaltenen Anrede versenden, kann es passieren, dass sich niemand für Sie zuständig fühlt. Ihre Bewerbung bleibt dann womöglich ungelesen. Ansprechpartner für Ihre Initiativbewerbung können Sie auf folgenden Wegen finden:

So finden Sie den richtigen Adressaten Ihrer Initiativbewerbung

- Werten Sie Firmenpräsentationen im Internet aus.
- Bauen Sie sich ein Beziehungsnetz auf. Knüpfen Sie Kontakte auf Messen, Tagungen oder Weiterbildungsveranstaltungen.
- Sammeln Sie die Visitenkarten von Kollegen aus der gleichen Branche.
- Nutzen Sie Ihre Kontakte aus ehrenamtlichen Tätigkeiten.
- Gehen Sie Ihre beruflichen Kontakte durch (Lieferanten, Kunden, Einkäufer, Verkäufer, Unternehmensberater).
- Sichten Sie die Stellenanzeigen von für Sie interessanten Unternehmen in Zeitungen. Dort werden immer wieder Durchwahlnummern von Personalverantwortlichen genannt.

Wenn Sie die zuletzt genannte Möglichkeit nutzen wollen, zeigt Ihnen unser Beispiel, wie Sie vorgehen können. Rufen Sie die in Stellenanzeigen genannten Kontaktpersonen an, unabhängig davon, ob die ausgeschriebene Stelle zu Ihrem Qualifikationsprofil passt. Fragen Sie nach, wer für Bewerbungen mit Ihrem beruflichen Hintergrund zuständig ist.

Anruf vor der Initiativbewerbung

Walter Hoffmann, ein Abteilungsleiter Logistik, möchte mittelfristig den Karrieresprung auf die Position Bereichsleiter schaffen. Er hat eine Stellenanzeige eines internationalen Logistikunternehmens gefunden, in der eine Position als Marketingassistent ausgeschrieben ist. Das Logistikunternehmen wäre für ihn als neuer Arbeitgeber interessant. In der Stellen-

anzeige ist die Telefonnummer der Personalreferentin Ursula Decker aufgeführt. Herr Hoffmann möchte sich initiativ bewerben und einen geeigneten Ansprechpartner für seine Bewerbung herausfinden. Sein Anruf könnte so ablaufen:

Bewerber: Guten Tag, Frau Decker, mein Name ist Walter Hoffmann. Wer bearbeitet bei Ihnen in der Personalabteilung Bewerbungen für den Logistikbereich?
Personalreferentin: Einen kleinen Augenblick bitte, da muss ich kurz überlegen. ... Für Bewerbungen im Bereich Logistik ist unser Herr Adam zuständig. Soll ich Sie gleich verbinden?
Bewerber: Es wäre mir lieb, wenn Sie mir die Durchwahl von Herrn Adam geben könnten.
Personalreferentin: Sie erreichen ihn unter der Durchwahl -53.
Bewerber: Vielen Dank, auf Wiederhören.

Selbstpräsentation am Telefon

Es liegt nun an Ihnen, im Telefongespräch bei dem Personalverantwortlichen, der für Ihren Bereich zuständig ist, Interesse zu erwecken. Es geht bei einem Vorabgespräch für eine Initiativbewerbung nicht darum, ein Vorstellungsgespräch oder einen kompletten Bewerber-/Stellenabgleich zu absolvieren. Sie müssen die Personalverantwortlichen neugierig auf Ihre Bewerbung machen, damit Ihre weiteren Bewerbungsaktivitäten auf Interesse stoßen.

Heben Sie hervor, was Sie dem Unternehmen bringen können

Positiv reagieren Personalverantwortliche, wenn sich Führungskräfte im Telefongespräch als Aktivposten für das Unternehmen darstellen. Es muss klar werden, dass Sie der zukünftige Problemlöser für das Unternehmen sind. Daneben müssen Sie herausstellen, dass Sie aktiv an Ihrer Karriere arbeiten und leistungsorientiert sind. Wer nicht auf die Aufgaben der neuen Position eingeht, sondern im Gegenteil Probleme am alten Arbeitsplatz thematisiert, nimmt keinen neuen Arbeitgeber für sich ein. Probleme mit Vorgesetzten, der Konkurs der

Firma, Unterforderung am Arbeitsplatz, mobbende Kollegen, allgemeine Unzufriedenheit oder verbaute Aufstiegschancen haben daher keinen Platz in Ihrem Gespräch.

Sie überzeugen, wenn Sie in wenigen Sätzen deutlich machen, dass Sie bisher erfolgreich gearbeitet haben und dies an einer neuen Stelle fortführen möchten. Beschreiben Sie sich als aktiv und zupackend, heben Sie hervor, welche beruflichen Aufgaben Sie bisher gelöst haben, betonen Sie, was Sie an Kenntnissen und Fähigkeiten für die neue Stelle mitbringen.

Der Beginn Ihrer Selbstpräsentation, in dem Sie schlagwortartig Ihre berufliche Qualifikation darstellen, ist auch geeignet zur Selbstdarstellung am Telefon. Die Überzeugungsregel für gelungene Selbstpräsentationen, »Schlüsselbegriffe aus dem Tagesgeschäft«, bringt Sie auch bei der telefonischen Vorbereitung von Initiativbewerbungen weiter. Am Telefon müssen Sie mit hoher Informationsdichte operieren, weitschweifende Ausführungen lassen die Aufmerksamkeit Ihres Zuhörers schnell schwinden. Ihr berufliches Profil muss Ihrem Gesprächspartner beim telefonischen Kontakt möglichst schnell vor Augen stehen, um sein Interesse zu erwecken.

Stellen Sie schlagwortartig Ihre beruflichen Qualifikationen dar

Selbstpräsentation am Telefon

Ein Bewerber, der auf der Suche nach einer Position als Key Account Manager im E-Commerce ist, kann sich am Telefon so beschreiben:

»Ich möchte bei Ihnen als Key Account Manager im Business-to-Business-Geschäft tätig werden. Ich habe umfassende Erfahrungen in der Akquisition und im Vertrieb von Dienstleistungen im Transportwesen und der Logistik. Durch die Umsetzung neuer Konzepte in der Vertriebsunterstützung und -förderung habe ich die Marktposition meines jetzigen Unternehmens entscheidend ausgebaut.«

Beispiele

Eine Bewerberin, die eine Stelle als Projektmanagerin für Immobilienfonds sucht, kann auf folgende Kurzdarstellung zurückgreifen:

Beispiel 2

»Ich suche eine Stelle als Projektmanagerin für Immobilienfonds. Ich habe umfassende Erfahrungen in der Erstellung von Fondskalkulationen und Wirtschaftlichkeitsberechnungen und habe bereits bei Fondkonzeptionen eng mit Steuerberatern zusammengearbeitet. Mit der Erstellung von Verkaufsunterlagen bin ich vertraut.«

Formulieren Sie Ihre Qualifikationen aktiv

Verpacken Sie die Schlagworte zu Ihren beruflichen Qualifikationen in aktiven Formulierungen. Beispielsweise so:

»Ich habe mich mit . . . . beschäftigt.«
»Ich verfüge über Erfahrungen in . . . .«
»Ich habe mich mit . . . . auseinander gesetzt.«
»Ich habe bereits als . . . . gearbeitet.«
»Die Aufgaben eines . . . . sind mir bekannt aus . . . .«
»Das Tätigkeitsfeld einer . . . . habe ich schon in den letzten Jahren ausgefüllt.«
»In die Bereiche . . . . und . . . . habe ich mich neben meinen Aufgaben im Tagesgeschäft eingearbeitet.«
»Ich habe . . . . organisiert/geleitet/durchgeführt/koordiniert.«
»Projektverantwortung konnte ich als . . . . übernehmen.«
»Mit den Tätigkeiten einer . . . . bin ich vertraut.«
»Ich habe einen Umsatz von . . . . verantwortet.«
»Ich habe . . . . Mitarbeiter geführt.«
»Ich habe Gewinnsteigerungen realisiert.«
»Den Markt für . . . . habe ich erfolgreich erschlossen.«
»Auf dem umkämpften Markt für . . . . habe ich mich durchgesetzt.«

Wenn Sie im Telefongespräch feststellen, dass man ein generelles Interesse an Ihrer Bewerbung hat, sollten Sie die Chance nutzen und Fragen zu den Vorstellungen des Unternehmens stellen.

Informationen erfragen

Entwickelt sich im Telefongespräch ein Dialog zwischen Ihnen und dem Personalverantwortlichen, sollten Sie zusätzliche Informationen für Ihre Initiativbewerbung erfragen. Dadurch können Sie Ihre Bewerbung besser auf die von Ihnen angestrebte Position ausrichten. Unsere aufgeführten Fragen helfen Ihnen dabei, an Insiderinformationen zu kommen.

Versuchen Sie, an Insiderinformationen zu gelangen

- Welche meiner bisherigen Aufgaben sollte ich im Anschreiben besonders herausstellen?
- Welche Qualifikationen sind für Sie besonders interessant?
- Suchen Sie Mitarbeiter mit Auslandserfahrung?
- Erwarten Sie sofort einsetzbare Spezialkenntnisse?
- Erwarten Sie besondere EDV-Kenntnisse?
- Sind meine Führungserfahrungen für Ihr Unternehmen interessant?
- Welcher Zeitpunkt wäre optimal für meine Bewerbung?
- Ist ein zukünftiger Einstellungsbedarf absehbar?

Aus unserer Erfahrung in der Beratung von Führungskräften wissen wir, dass Unternehmen interessanten Bewerbern gerne Informationen geben. Wenn Sie mit Ihrer Selbstpräsentation am Telefon überzeugen, sind Unternehmen auch bereit, mit Ihnen in einen Dialog einzutreten und Ihnen die Aufgaben am möglichen neuen Arbeitsplatz zu schildern. Auf diese Weise können Sie sich ein realistisches Bild der Anforderungen in der neuen Position machen.

Arbeiten Sie die Informationen in Ihre Unterlagen ein

Die erfragten Informationen arbeiten Sie dann in Ihre schriftlichen Unterlagen ein. Sie starten damit Ihre Initiativbewerbung mit einem Informationsvorsprung und setzen sich so von Blindbewerbern ab. Unser Beispiel zeigt Ihnen, wie Sie erfragte Auskünfte in das Initiativanschreiben einfließen lassen können.

Insiderwissen ins Anschreiben integrieren

Ein Bewerber für eine Führungsposition im Marketing bekam im telefonischen Vorabkontakt seiner Initiativbewerbung Informationen über die speziellen Anforderungen, die das Unternehmen hatte. Ihm wurde mitgeteilt, dass besonderer Wert auf den weiteren Ausbau des europäischen Marketingteams gelegt werde. Daher sollte ein geeigneter Bewerber auch über Erfahrungen in der Auswahl passender Mitarbeiter aus dem In- und Ausland verfügen. Da der Bewerber die Zusatzanforderungen erfüllen konnte, formulierte er in seinem Initiativanschreiben so:

»Sehr geehrte Frau Müller,

vielen Dank für den ersten Profilabgleich. Wie schon am Telefon erwähnt bringe ich für die neue Position umfassende Erfahrungen im Einsatz des Marketingmixes mit. Ich habe bereits europaweit das Produktmarketing und das Direktmarketing verantwortet. Für die Marketingteams im In- und Ausland habe ich geeignete Mitarbeiter rekrutiert und Einarbeitungsprogramme entwickelt.«

Weitere Beispiele für gelungene Initiativanschreiben finden Sie am Ende dieses Kapitels. Sie sehen dort, wie sich unsere Hinweise und Tipps zur Ausarbeitung von Initiativbewerbungen umsetzen lassen.

Nun können Sie Ihre schriftliche Bewerbung versenden

Nach einem positiv verlaufenen Telefongespräch, in dem man Ihnen zusätzliche Informationen zu Ihrer Wunschposition mitgeteilt hat, sollten Sie möglichst schnell Ihre schriftliche Bewerbung versenden. Lassen Sie den guten Eindruck, den Sie am Telefon aufgebaut haben, nicht verblassen. Es ist für Sie günstig, wenn die Unterlagen zu einem Zeitpunkt eintreffen, an dem sich Ihr Gesprächspartner noch an Sie erinnert. Vorher müssen Sie noch entscheiden, ob Sie Ihre Initiativbewerbung als Kurzbewerbung oder als vollständige Bewerbung auf den Weg bringen wollen.

Kurzbewerbungen

Sie haben die Möglichkeit, Ihre Initiativbewerbung als Kurzbewerbung zu verschicken oder eine komplette Bewerbungsmappe zu versenden.

Kurzbewerbungen bestehen aus dem Anschreiben und dem Lebenslauf mit Foto. Es fehlen die Bewerbungsmappe, die Arbeits- und Ausbildungszeugnisse und die Bestätigungen über sonstige Leistungsnachweise. Kurzbewerbungen umfassen somit nur zwei bis drei DIN A4-Seiten. Der von Bewerbern gern vorgeschobene Kostenvorteil beim Versand von Kurzbewerbungen gegenüber dem von vollständigen Bewerbungsmappen geht aber ins Leere, da der Griff zum Telefon eine noch kostengünstigere Alternative darstellt, die zudem auch erfolgversprechender ist.

Anschreiben + Lebenslauf mit Foto = Kurzbewerbung

Wenn Sie am Telefon Interesse für Ihr berufliches Qualifikationsprofil erzielt haben, sollten Sie eine vollständige Bewerbungsmappe versenden. Kurzbewerbungen sind dann erwünscht, wenn man Ihnen am Telefon ausdrücklich gesagt hat, dass eine Kurzbewerbung bevorzugt wird. Sie machen auch dann Sinn, wenn Sie im Telefongespräch mit der Firma keine konkreten Informationen ermitteln konnten, sich aber trotzdem bewerben möchten.

Bündeln Sie Ihre Aktivitäten und verzetteln Sie sich nicht. Wenn Sie Ihre Initiativbewerbung telefonisch vorbereiten, Informationen aus dem Telefongespräch in das Anschreiben einfließen lassen, den Lebenslauf aussagekräftig ausarbeiten und die vollständige Bewerbungsmappe an ausgewählte Unternehmen verschicken, werden Sie mehr Erfolg haben, als wenn Sie mangelhaft vorbereitete Kurzbewerbungen mit Standardtext wahllos streuen.

Versenden Sie eine Kurzbewerbung nur auf Wunsch

Beispiele für gelungene Initiativanschreiben

Die folgenden Beispiele für überzeugende Initiativanschreiben zeigen Ihnen, wie sich die Informationen, die wir Ihnen in diesem Kapitel gegeben haben, in der Bewerbungspraxis umsetzen lassen. Die telefonisch erfragten Ansprechpartner werden in den Anschreiben genannt, die Bewerber machen ihr Profil deutlich und geben konkrete Beispiele dafür, wie sie die telefonisch erfragten zusätzlichen Anforderungen erfüllen.

Initiativanschreiben 1

Beispiele

- *Wunschposition:* Leiterin Personalentwicklung
- *momentane Position:* Referentin in der zentralen Managemententwicklung
- *Tätigkeitsinhalte:* Rekrutierung und Entwicklung von Führungsnachwuchs, Konzeption und Durchführung von Personalmarketingaktivitäten, Weiterentwicklung von Personalsystemen, Sonderprojekt: Erfolgskontrolle von Schulungskonzepten
- *telefonische Zusatzinformationen:* Entwicklung von Laufbahnmodellen, Zusammenarbeit mit externen Referenten

Simone Seifert, Haferweg 13, 21234 Hamburg
Tel.: (0 40) 44 33 22

Versicherungs AG
Abteilung Personalwesen
Andreas Schmitt
Osterbrooksweg 441
22211 Hamburg

Hamburg, 12.01.2009

Anschreiben 1   **Bewerbung als Leiterin Personalentwicklung**
Unser Telefongespräch vom 09.01.2009

Sehr geehrter Herr Schmitt,

ich habe mich sehr über das Interesse an meiner Qualifikation gefreut. Hier sind weitere Informationen zu meiner Person und zu meinen bisherigen beruflichen Erfahrungen.

Die systematische Förderung des Führungsnachwuchses und das Controlling von Personalentwicklungsmaßnahmen gehören schon heute zu meinen Aufgaben. Laufbahnmodelle habe ich im Rahmen bedarfsorientierter Qualifizierungsmaßnahmen entwickelt. Im Schulungsbereich arbeite ich auch mit externen Referenten zusammen.

Momentan arbeite ich als Referentin in der Zentralen Managemententwicklung der Leasing GmbH & Co. KG in Hamburg. Ich bin dort zuständig für die Rekrutierung und die Entwicklung des Führungsnachwuchses. Ein besonderer Schwerpunkt meiner Tätigkeit liegt in der Gestaltung und Umsetzung von modernen Personalentwicklungskonzepten. In einem Projekt zum Bildungscontrolling habe ich alle unsere Schulungsmaßnahmen einer systematischen Evaluation unterzogen. Die Konzeption und Durchführung von Personalmarketingaktivitäten gehört ebenfalls zu meinen Aufgaben. Durch die Entwicklung von Laufbahnmodellen und die damit verbundene systematische Förderung von Mitarbeitern konnte ich die Fluktuationsrate entscheidend senken.

Meine berufliche Entwicklung begann ich nach einem Studium der Betriebswissenschaft als Personalassistentin. Neben meiner damaligen Arbeit in der Personaladministration konnte ich mich durch die Übernahme von Sonderprojekten schnell für die Arbeit in der Managemententwicklung qualifizieren.

Selbstverständlich beherrsche ich die gängige Bürosoftware. Daneben spreche ich sehr gut Englisch und gut Französisch. Für ein persönliches Gespräch stehe ich Ihnen gerne zur Verfügung.

Mit freundlichen Grüßen

Simone Seifert

Initiativanschreiben 2

- *Wunschposition:* Leiter Fertigung und Service
- *momentane Position:* Stellvertretender Niederlassungsleiter
- *Tätigkeitsinhalte:* Projektierung, Inbetriebnahme, Konstruktion und Entwicklung vom Prototypen bis zur Serienreife in Projektteams, Projektmanagement, Planen und Durchführen von Freigabeversuchen
- *telefonische Zusatzinformationen:* Verantwortung für Qualitätsstandards und Lieferungszeiten, Führung von Fertigungsgruppen

Diethmar Stock, Marienstraße 11, 80808 München
Tel.: (0 89) 2 23 34 56

Universal AG
Personalabteilung
Andreas Heidbrink
Franz-Josef-Ring 58
81238 München

München, 28.08.2008

Anschreiben 2

Bewerbung als Leiter Fertigung und Service
Unser Telefongespräch vom 24.08.2008

Sehr geehrter Herr Heidbrink,

vielen Dank für das informative Telefongespräch. Als stellvertretender Niederlassungsleiter bin ich verantwortlich für die Führung von Fertigungsgruppen und die Einhaltung der Qualitätsstandards und Lieferzeiten. Die Anlagenprojektierung, die Inbetriebnahme und das Projektmanagement gehören mit zu meinen Aufgaben. Ich verfüge über insgesamt acht Jahre Berufserfahrung als Diplom-Ingenieur.

Seit drei Jahren bin ich als stellvertretender Niederlassungsleiter für die Metall GmbH tätig. Davor war ich dort vier Jahre als Service-

und Entwicklungsingenieur beschäftigt. Momentan leite ich die Installationsabläufe von hochwertigen Hightech-Produkten. Ich bin verantwortlich für die Leitung der Fertigungsgruppen und arbeite eng mit der Materialwirtschaft, dem Vertrieb und dem Service zusammen. In Projektteams betreue ich die Konstruktion und Entwicklung von Prototypen bis zur Serienreife. Die Rückmeldungen von Kunden und Installationsteams habe ich kontinuierlich in den Projektteams umgesetzt.

Die gesamte Projektierung und Inbetriebnahme fällt in meinen Verantwortungsbereich. Durch Ablaufoptimierungen in der Produktion konnte ich die Einhaltung der Qualitätsstandards und der Lieferzeiten entscheidend verbessern. Die Maximierung der Produktion ist eine Herausforderung, der ich mich immer wieder gerne stelle.

Meine berufliche Entwicklung begann ich nach einem abgeschlossenen Studium des Maschinenbaus als Entwicklungsingenieur. Meine ersten Aufgaben waren die Planung und Durchführung von Freigabeversuchen.

Ich spreche gut Englisch und bringe sehr gute CAD- und CAM-Kenntnisse mit. Ich würde mich freuen, weitergehende Aspekte in einem Gespräch zu vertiefen.

Mit freundlichen Grüßen

Diethmar Stock

Auf einen Blick

Im Blick

Initiativbewerbungen

- Initiativbewerbungen sind für Führungskräfte ein wichtiges Instrument, um sich Wunschpositionen zu erschließen.
- Initiativbewerbungen helfen Ihnen dabei, auf den verdeckten Stellenmarkt zuzugreifen.
- Bei Initiativbewerbungen müssen Sie Vorarbeit leisten; Initiativbewerbungen sind keine Blindbewerbungen.
- Die Beschäftigung mit einer Initiativbewerbung ist für Personalverantwortliche zusätzliche Arbeit. Diese Mehrarbeit wird nur dann geleistet, wenn Sie in Ihrer Initiativbewerbung Ihren Nutzen für das Unternehmen deutlich machen.
- Bereiten Sie Initiativbewerbungen durch ein Telefongespräch vor. Bringen Sie in Erfahrung, ob Ihr Profil kurz- oder mittelfristig gefragt ist.
- Wecken Sie das Interesse an Ihrer Person und Ihrer Qualifikation. Nutzen Sie Schlüsselbegriffe aus dem Tagesgeschäft, um Aufmerksamkeit zu erzielen.
- Erfragen Sie im Telefongespräch Informationen, die Sie in Ihr Anschreiben und Ihren Lebenslauf einfließen lassen können.
- Senden Sie Ihre Initiativbewerbung immer an einen konkreten Ansprechpartner.
- Versenden Sie als Initiativbewerbung immer eine komplette Bewerbungsmappe, es sei denn, eine Kurzbewerbung ist ausdrücklich erwünscht.

III
Ihre schriftlichen Bewerbungsunterlagen

9
Die Bewerbungsmappe

Was gehört in eine vollständige Bewerbungsmappe? Wie werden die Unterlagen in die Bewerbungsmappe einsortiert? In diesem Kapitel erklären wir Ihnen, wie Sie Ihre Bewerbungsunterlagen so aufbereiten, dass Sie die erste Stufe der Unterlagensichtung – die formale Prüfung – überstehen und im Bewerbungsprozess bleiben.

In kleinen Unternehmen findet die formale und inhaltliche Prüfung Ihrer Bewerbungsunterlagen gleichzeitig statt. In mittelgroßen und großen Unternehmen gehen so viele Bewerbungen ein, dass sie im ersten Schritt nur formal geprüft werden. Fehler auf dieser Stufe führen zum sofortigen Ausscheiden, das heißt: auf die inhaltliche Prüfung dieser Unterlagen wird ganz verzichtet und der entsprechende Bewerber ist aus dem Rennen.

Die Vollständigkeit Ihrer Unterlagen ist die erste Prüfungsstufe. Die Formulierungen in den Stellenanzeigen lauten »Richten Sie bitte Ihre vollständigen Bewerbungsunterlagen an ...«, »Wir freuen uns auf Ihre kompletten Bewerbungsunterlagen« oder »Bewerben Sie sich bitte mit aussagekräftigen Unterlagen«. Was gehört nun zu vollständigen, kompletten beziehungsweise aussagekräftigen Bewerbungsunterlagen? Sie umfassen

Ihre Unterlagen müssen vollständig sein

- das Anschreiben,
- den Lebenslauf mit dem Bewerbungsfoto,
- Arbeitszeugnisse für alle bisher ausgeübten Berufstätigkeiten,

- sonstige Leistungsnachweise (Weiterbildungsveranstaltungen, Sprach- oder Computerkurse und Ähnliches),
- das berufsqualifizierende Zeugnis (Ausbildung oder Hochschuldiplom/-examen).

Ist Ihre Bewerbungsmappe nicht vollständig, wird man nicht bei Ihnen anrufen und fehlende Unterlagen nachfordern. Es gibt genügend andere Kandidaten, die vollständige Mappen einsenden. Darum muss Ihre Bewerbungsmappe alle Unterlagen enthalten.

Unterlagen richtig sortieren

Ihre Unterlagen sortieren Sie in folgender Reihenfolge in die Bewerbungsmappe ein: Ganz oben liegt das Anschreiben, darunter der Lebenslauf mit aufgeklebtem Foto. Dann geht es in chronologischer Reihenfolge weiter mit den Arbeitszeugnissen, den sonstigen Leistungsnachweisen und dem berufsqualifizierenden Abschluss. Fangen Sie mit den aktuellen Belegen an und gehen Sie dann zeitlich rückwärts.

Die richtige Reihenfolge

Beispielsweise kommt nach Ihrem Lebenslauf das Zwischenzeugnis Ihres derzeitigen Arbeitgebers, dann folgt das Arbeitszeugnis Ihres vorherigen Arbeitgebers, dann fügen Sie Zertifikate über Weiterbildungsveranstaltungen bei, und ganz unten in Ihrer Mappe liegt Ihr Zertifikat für die erfolgreich abgeschlossene Berufsausbildung, beispielsweise der Facharbeiterbrief. Bewerberinnen und Bewerber mit einem Hochschulabschluss legen die Diplomurkunde beziehungsweise das Examen ganz nach unten. Schulzeugnisse brauchen Sie nur als Berufseinsteiger mitzuschicken.

Chronologisch rückwärts

Sie erleichtern mit dieser Anordnung die Arbeit der Personalverantwortlichen, da nun zuerst die für eine Anstellung wesentlichen und damit aussagekräftigsten Unterlagen ins Auge stechen. Generell gilt: Was im Anschreiben erwähnt wird, muss auch im Lebenslauf stehen und sollte nach Möglichkeit belegt werden. Nicht weiter belegen müssen Sie allgemeine Sprach- oder EDV-Kenntnisse. Hier genügt die Angabe Ihrer Kenntnisse mit Bewertung im Lebenslauf.

Viele Personalverantwortliche legen Wert darauf, dass das Anschreiben nicht in die Bewerbungsmappe geklemmt oder womöglich gelocht und eingeheftet wird. Legen Sie deshalb das Anschreiben lose in die Bewerbungsmappe unter den Mappendeckel ein. Sie zeigen damit, dass Sie sich über juristische Vorgaben und die Arbeitsabläufe bei der Personalauswahl informiert haben. *Das Anschreiben nur lose einlegen*

Zum einen hat die Trennung von Anschreiben und Bewerbungsmappe rechtliche Gründe: Das Anschreiben gehört dem Unternehmen, die Bewerbungsmappe und deren Inhalt gehört Ihnen. Sie haben einen Anspruch darauf, Ihre Mappe samt Inhalt (ohne das Anschreiben) bei einer Ablehnung zurückzuerhalten. Zum anderen werden Anschreiben und Mappe bei der Prüfung der Unterlagen oft getrennt. So verbleibt das Anschreiben bei der Personalabteilung und wird dort abgeheftet, während die Mappe an andere Entscheidungsträger, beispielsweise Fachabteilungen, Geschäftsleitung, Betriebsrat, weitergeleitet wird.

Die Mappenfrage

Als Mappe eignen sich stabile Plastikhefter, wobei es egal ist, ob die Unterlagen gelocht und eingeheftet oder mit einer Klemmschiene eingeklemmt werden. Wählen Sie Bewerbungsmappen in neutralen und eher dunklen Farben, beispielsweise Blau, Schwarz oder Grau. Verschicken Sie keine Mappen in Reizfarben, wie Rot, Gelb oder Lila. Manche Personalverantwortliche vermuten sonst bei Ihnen eine mangelnde Anpassungsbereitschaft oder andere persönliche Auffälligkeiten. *Wählen Sie neutrale Farben*

Bei Bewerbungen, die an Personalberatungen gehen, sollten die Bewerbungsmappen so beschaffen sein, dass der Leser mit einer Hand den Telefonhörer halten und mit der anderen in Ihren Unterlagen blättern kann. Problematisch sind aus diesem Grund Mappen mit durchgehender Klemmleiste beziehungsweise Klemmschiene. Machen Sie im Fachgeschäft den »Telefontauglichkeitstest«, bevor sich ein Personalberater über Ihre Mappe ärgert.

Machen Sie den »Telefontauglichkeitstest«

Auch wenn sich immer mehr Unternehmen zur Schonung der Umwelt bekennen: Verwenden Sie keine allzu schlichten Bewerbungsmappen aus Pappkarton. Es sei denn, Sie bewerben sich bei einer Umweltstiftung, einer Naturschutzorganisation oder ähnlichen Institutionen. Dann müssen Sie Pappmappen verwenden. Das Gleiche gilt für Recycling-Papier mit Grauschleier. Verwenden Sie bis auf die genannten Ausnahmen normales, weißes Schreibmaschinenpapier guter Qualität.

Die Ernsthaftigkeit Ihrer Bewerbung zeigt sich für Personalverantwortliche auch an der Mühe, die Sie sich bei der Aufbereitung Ihrer Bewerbungsmappe geben. Nehmen Sie für alle Unterlagen die gleiche Papiersorte, damit Ihre Mappe wie aus einem Guss erscheint. Haben Sie für den Lebenslauf eine andere Papiersorte als für das Anschreiben verwandt, werden Ihnen Personalverantwortliche einen lieblosen Umgang mit Arbeitsunterlagen unterstellen.

Verwenden Sie für alle Unterlagen die gleiche Papiersorte

Zum Thema Bewerbungsmappen und Umweltschutz noch Folgendes: Klarsichthüllen stören mehr, als sie nützen. Die Unterlagen von Bewerbern, die in die engere Auswahl gekommen sind, werden oftmals kopiert, um die Kopien an die Fachabteilungen weiterzureichen. Klarsichthüllen stören den Einzelblatteinzug der Kopierer und das Vervielfältigen Ihrer Bewerbung wird zum ungeliebten Geduldsspiel.

Fotokopien von Zeugnissen und sonstigen Leistungsnachweisen sollten Sie immer erstklassig anfertigen lassen. Verwenden Sie nicht die billigen Kopien, die sich durch Streifen oder Schatten auf der Kopie auszeichnen. Ihre Kopien sollten perfekt sein. Ökonomisches Kopieren, das heißt Verkleinern der Vorlagen, sodass aus vier DIN A4-Originalen plötzlich vier auf einem Blatt angeordnete DIN A6-Verkleinerungen werden, geht auf Kosten der Übersichtlichkeit und Lesbarkeit und ist deshalb nicht zu empfehlen. Kopieren Sie auch doppelseitig bedruckte Originale immer nur einseitig. Da die Firmen Ihre Unterlagen per Einzelblatteinzug vervielfältigen, würden die auf der Blattrückseite abgebildeten Belege sonst untergehen. Die Kopien brauchen nicht beglaubigt zu werden. Die einzige Ausnahme ist hier die Bewerbung um einen Arbeitsplatz im öffentlichen Dienst.

Nur perfekte Kopien verwenden

Auf einen Blick
Die Bewerbungsmappe

Im Blick

- Eine vollständige Bewerbungsmappe enthält:
  - das Anschreiben,
  - den Lebenslauf mit Bewerbungsfoto,
  - Arbeitszeugnisse,
  - sonstige Leistungsnachweise und
  - das berufsqualifizierende Zeugnis.
- So werden die Unterlagen in die Mappe sortiert: Oben das Anschreiben, dann Lebenslauf mit Foto, aktuelles Arbeitszeugnis, davor liegende Arbeitszeugnisse, sonstige Leistungsnachweise, Ausbildungszeugnis beziehungsweise Hoch-schuldiplom/-examen.
- Das Anschreiben gehört in den Hefter, wird aber lose hineingelegt, das heißt nicht gelocht und nicht eingeklemmt.
- Wählen Sie für Ihre Bewerbungsmappe eine angemessene und dezente Farbe.
- Benutzen Sie keine Klarsichthüllen.
- Verwenden Sie nur gut lesbare Kopien. Die Kopien brauchen nicht beglaubigt zu werden (Ausnahme: öffentlicher Dienst).

10

Das Anschreiben

Mit dem Anschreiben liefern Sie ein Gutachten über Ihre Fähigkeiten und Kenntnisse. Es ist das zentrale Schriftstück in Ihrer Bewerbungsmappe. Aus dem Anschreiben muss deutlich werden, dass Sie die von dem Unternehmen gestellten Anforderungen erfüllen. Wenn Sie es nicht schaffen, bereits mit Ihrem Anschreiben Interesse zu wecken, werden Personalverantwortliche sich nicht die Mühe machen, Ihr Qualifikationsprofil aus den anderen Unterlagen herauszufiltern.

Mit dem Anschreiben inhaltlich überzeugen

Die Ausformulierung des Anschreibens kostet die meisten Bewerberinnen und Bewerber die größte Mühe. Wir zeigen Ihnen, wie Sie formale Fehler vermeiden und inhaltlich überzeugen. Die korrekte Form Ihres Anschreibens ist wichtig, denn durch sie bleiben Sie im Bewerbungsverfahren. Aber wenn Sie bis zur Anstellung kommen wollen, müssen Sie inhaltlich überzeugen. Zuerst machen wir Sie nun mit den formalen Anforderungen an Ihr Anschreiben bekannt. Danach erläutern wir Ihnen die inhaltliche Ausgestaltung.

Die richtige Form

Die Form Ihres Anschreibens hängt davon ab, wie viel Text Sie unterbringen wollen. Wenn Sie Ihre Fähigkeiten und Kenntnisse knapp darstellen können, sollten Sie Ihr Anschreiben nach dem folgenden Muster fertigen.

Muster für die Form eines kurzen Anschreibens

Vorname und Nachname
Straße und Hausnummer
Postleitzahl und Wohnort
Telefonnummer
(eventuell Faxnummer)
(eventuell E-Mail-Adresse)

Firma (mit richtiger Rechtsform)
Abteilung
Name der Ansprechpartnerin/des Ansprechpartners
Straße und Hausnummer oder Postfach
Postleitzahl und Ort

                                                Ort, Datum

Betreffzeile   Kurzes
Bezugzeile   Anschreiben

(Persönliche) Anrede,

Ihr Text Text Text Text Text Text Text Text Text Text Text Text Text Text Text TextText Text Text Text Text Text Text Text Text Text Text Text Text Text Text TextText Text Text Text Text Text Text Text Text

Text Text Text Text Text Text Text Text Text Text Text Text Text Text TextText Text Text Text Text Text Text Text Text Text Text Text Text Text Text

Text Text Text Text Text Text Text Text Text Text Text Text Text Text TextText Text Text Text Text Text Text Text Text Text Text Text Text Text Text

Mit freundlichen Grüßen

eigenhändige Unterschrift

Anlagen

Wenn Sie Ihre beruflichen Qualifikationen umfangreicher darstellen wollen, brauchen Sie mehr Platz für den Textblock. Wir empfehlen Ihnen bei längeren Anschreibentexten die folgende Gestaltung.

Muster für die Form eines längeren Anschreibens

Firma (mit richtiger Rechtsform)	Ihr Vorname und Nachname
Abteilung	Ihre Straße und Hausnummer
Name der Ansprechpartnerin/ des Ansprechpartners	Ihre Postleitzahl und Wohnort
Straße und Hausnummer oder Postfach	
Postleitzahl und Ort	Ihre Telefonnummer (eventuell Ihre Faxnummer) (eventuell Ihre E-Mail Adresse)

Ort, Datum

Längeres Anschreiben

Betreffzeile
Bezugzeile

(Persönliche) Anrede,

Ihr Text Text Text Text Text Text Text Text Text Text Text Text Text Text Text TextText Text Text Text Text Text Text Text Text

Ihre schriftlichen Bewerbungsunterlagen

> Text Text Text Text Text Text TextText Text Text Text Text Text Text Text Text Text Text Text Text Text Text Text Text Text Text Text Text Text Text Text Text Text Text Text Text Text Text Text Text Text Text Text Text Text Text Text Text
>
> Text Text Text Text Text Text Text Text Text Text Text Text Text Text TextText Text Text Text Text Text Text Text Text Text Text Text Text Text Text
>
> Text Text Text Text Text Text Text Text Text Text Text Text Text Text TextText Text Text Text Text Text Text Text Text Text Text Text Text Text Text
>
> Mit freundlichen Grüßen
>
> *eigenhändige Unterschrift*
>
> Anlagen

Sie sehen an unseren Beispielen, dass Sie mehrere Möglichkeiten bei der äußeren Form des Anschreibens haben. Entscheidend sollte für Sie immer die Übersichtlichkeit und die gute Strukturierung Ihres Anschreibens sein.

Es gibt keine bindende Vorschrift der Personalabteilungen, dass Sie nur eine DIN A4-Seite Anschreiben abliefern sollten. Als Führungskraft mit umfangreicher Berufserfahrung können Sie auch ein anderthalbseitiges Anschreiben verfassen. Aus Gründen der Prüfungsfreundlichkeit sollten Sie jedoch anstreben, Ihr Anschreiben auf eine DIN A4-Seite zu beschränken. Letztendlich ist aber die aussagekräftige Darstellung Ihrer beruflichen Qualifikationen der entscheidende Maßstab für die Länge Ihres Anschreibens.

Beschränken Sie sich möglichst auf eine DIN A4-Seite

Formale Fehler

Die richtige Adresse

In der Firmenanschrift (Firmenname, Abteilung, Ansprechpartner, Straße und Hausnummer/Postfach, PLZ und Ort) dürfen Sie auf keinen Fall Fehler machen. Geben Sie die Rechtsform der Firma (AG, GmbH, GmbH & Co. KG, KGaA) unbedingt richtig an. Aus dem Umgang mit den Details der Firmenanschrift ziehen Personalverantwortliche bereits erste Schlüsse auf Ihre sorgfältige Arbeitsweise.

Berücksichtigen Sie, dass die Abkürzungen »z. Hd.«, »z. H.« in der Zeile Ansprechpartner nicht mehr vorangestellt werden. Es sei denn, das inserierende Unternehmen verwendet diese Abkürzungen in seiner Stellenanzeige. Dann benutzen Sie bitte ebenfalls diese eigentlich überholten Kurzformen, sonst nicht.

Der Bezug Ihres Anschreibens

Betreff- und Bezugzeile sind in Ihrem Anschreiben unverzichtbar. In die Betreffzeile, die über der Anrede steht, gehört die Position, auf die Sie sich bewerben. Verwenden Sie die von dem Unternehmen benutzte Stellenbezeichnung. In der Bezugzeile Ihres Anschreibens geben Sie die Fundstelle der Stellenanzeige, das heißt, Veröffentlichungsmedium (Zeitung, Fachzeitschrift, Internet und Weiteres) und das Erscheinungsdatum an. Die Worte Betreff und Bezug beziehungsweise deren Abkürzungen Betr. und Bzg. lassen Sie weg.

Falls eine Kennziffer in der Anzeige angegeben ist, führen Sie diese selbstverständlich auch auf. Große Unternehmen schalten oft mehrere Stellenanzeigen gleichzeitig. Erleichtern Sie die interne Zuordnung an den richtigen Bearbeiter durch präzise Angaben. Wenn Sie vorab telefonische Informationen eingeholt haben, gehört ein Vermerk über das Gespräch mit Datumsangabe ebenfalls in die Bezugzeile. Beispiele dafür, wie Sie diese Formalien bei der Gestaltung Ihrer Anschreiben umsetzen, finden Sie in unseren Beispielanschreiben im Kapitel »Gelungene Beispielanschreiben und -lebensläufe«.

Anschreiben, die mit »Sehr geehrte Damen und Herren« beginnen, zeigen nur, dass Sie im Vorfeld wenig Informationen eingeholt haben. Sie sollten daher unbedingt vor dem Absenden Ihrer Unterlagen den Namen der/des Personalverantwortlichen eruieren. Dies ist nicht immer möglich, aber in den meisten Fällen haben Sie mit einem kurzen Telefonanruf in der Telefonzentrale des Unternehmens Erfolg. Aber auch hier Vorsicht: Falsch geschriebene Namen machen einen schlechten Eindruck auf den Empfänger. Lassen Sie sich den Namen deshalb im Zweifelsfall immer buchstabieren. Die korrekte persönliche Ansprache bringt Ihnen bereits den ersten Pluspunkt.

Recherchieren Sie den Namen des Personalverantwortlichen

Lange, verschachtelte Sätze im Anschreiben behindern den Lesefluss. Verwenden Sie deshalb kurze Sätze und gliedern Sie den Text in thematische Blöcke. Ein Anschreiben, das aus einem einzigen Absatz besteht, ist eine Zumutung für den Leser. Schaffen Sie eine lesefreundliche Struktur. So ermöglichen Sie es Personalverantwortlichen, die wesentlichen Inhalte auf einen Blick zu erfassen.

Der Einzug des Computers in die Erstellung von Bewerbungsunterlagen hat viele Vorteile mit sich gebracht, aber auch neue Fehlerquellen. Verzichten Sie auf zu kleine oder schlecht lesbare Schrifttypen. Erliegen Sie nicht der Versuchung, Ihr Anschreiben in einer Schriftgröße, die nur mit der Lupe zu entziffern ist, zu verfassen, nur um möglichst viel Text auf einer DIN A4-Seite unterzubringen. Wählen Sie eine Schriftgröße von mindestens 11, besser 12 Punkt. Die von Ihnen gewählte Schrifttype sollte klassisch sein, also Serifen enthalten (Times, Garamond). Serifenfreie Schriften wie Arial sind bei längerem Text schwer zu lesen.

Ein klares Schriftbild

Spielereien mit Zeichenformatierungen wie kursiv, fett, unterstrichen, doppelt unterstrichen und gerahmte Absätze dokumentieren nur das Leistungsvermögen Ihres Textverarbeitungsprogramms – aber nicht das Ihrige. Verfallen Sie nicht in Spielereien, die die Lesbarkeit Ihres Anschreibens beeinträchtigen.

Aus der Arbeit mit dem PC hat sich ein weiterer typischer Fehler entwickelt: Firmennamen werden per Textbaustein im Kopf des Anschreibens, direkt im Anschreiben und für die selbstklebende Adressetikette verwandt, aber manchmal werden leider nicht alle Textbausteine ausgewechselt. Kontrollieren Sie deshalb Ihr Anschreiben vor dem Abschicken noch einmal gründlich. Wenn Sie in der Anschrift eine andere Firma als im Text selber oder auf dem Briefumschlag angeben, werfen Sie sich selbst aus dem Rennen.

Lassen Sie Ihr Anschreiben gegenlesen

Als Bewerbungsberater lesen wir regelmäßig die Bewerbungsunterlagen unserer Kunden und haben noch nie Anschreiben gesehen, bei denen wir keine Rechtschreib- oder Kommafehler gefunden haben. Ein bis zwei Fehler werden vielleicht noch akzeptiert, darüber hinaus wird es jedoch kritisch für Sie. Da man eigene Fehler oft noch nach dem dritten Lesen übersieht, sollten Sie Ihre Unterlagen immer einer anderen Person zur Korrektur vorlegen.

Inhaltlich überzeugen

Bei der inhaltlichen Ausgestaltung Ihres Anschreibens können Sie auf Ihre Selbstpräsentation zurückgreifen. Das individuelle Profil, das Sie sich dort erarbeitet haben, werden Sie nun in eine schriftliche Form überführen. Welche Besonderheiten Sie bei der inhaltlichen Gestaltung beachten müssen, stellen wir Ihnen im Folgenden dar.

Verdeutlichen Sie Ihr individuelles Profil

Leider sind viele Bewerberinnen und Bewerber der Meinung, dass die beigelegten Arbeitszeugnisse und sonstigen Leistungsnachweise ausreichen, um Unternehmensvertreter zu überzeugen. Sie benutzen im Anschreiben Formulierungen wie »alles Weitere entnehmen Sie meinem Lebenslauf und den anderen Anlagen«. Dies ist deshalb problematisch, da die Unternehmensvertreter erst dann in eine intensive Prüfung der schriftlichen Unterlagen einsteigen, wenn mit dem Anschreiben Interesse geweckt worden ist.

Personalverantwortliche bilden sich ihre erste Meinung über die Qualitäten des Bewerbers beim Lesen des Anschreibens. Bewerber liefern mit dem Anschreiben eine Einschätzung ihrer beruflichen Qualifikationen. Die Art und Weise, wie sie ein Gutachten über sich erarbeitet haben und welche Inhalte dort herausgestellt werden, vermittelt Personalverantwortlichen ein erstes Bild des Bewerbers. Die weiteren Unterlagen verstärken dann das bereits negativ oder positiv gefärbte Bewerberbild.

Überzeugen Sie mit einem guten Anschreiben

Aus unserer Beratungspraxis
Profillosigkeit im Anschreiben

Ein Diplom-Ingenieur kam zu uns, weil er keine positive Resonanz auf seine Bewerbungsunterlagen erhielt. Wie viele Bewerber war er der Meinung, dass sein berufliches Profil aus den beigelegten Zeugnissen zu entnehmen sei. Sein Anschreiben gestaltete er mit inhaltsleeren Standardfloskeln. Seiner Ansicht nach würde er im Bewerbungsgespräch schon den richtigen Ton finden, um die Unternehmensseite zu überzeugen – nur leider erhielt er keine Einladungen zum Vorstellungsgespräch.

Wir überzeugten ihn mit dem Argument, dass er im Arbeitsalltag schließlich auch Kurzbewertungen von geplanten Neuanschaffungen liefern müsse. Das Weiterreichen von Datenblättern hätte sein Vorgesetzter nicht akzeptiert. Nachdem ihm bewusst war, dass sein Anschreiben eine komprimierte Entscheidungsvorlage für die Personalabteilung ist, brachten wir seine beruflichen Stationen, die ausgeübten Tätigkeiten und die bisher erreichten Erfolge in die Form eines überzeugenden Anschreibens.

> *Fazit:* Versuchen Sie, Ihr Anschreiben als Entscheidungsvorlage für die Personalabteilung zu sehen. Personalverantwortliche haben nicht die Aufgabe, aus einem Papierstapel ein individuelles Bewerberprofil zu entwickeln. Personalverantwortliche sind keine Berufsberater, sondern suchen Fachkräfte für eine bestimmte Position. Bewerber müssen daher ihr Profil als Anschreiben verfasst selbst liefern.

Der wichtigste Teil Ihrer Bewerbung

Das Anschreiben ist der wichtigste Teil Ihrer schriftlichen Bewerbungsunterlagen, weil Personalverantwortliche bereits nach einem kurzem Blick auf Ihre schriftliche Selbstdarstellung entscheiden, ob Sie ein interessanter Bewerber oder ein Durchschnittskandidat sind.

Die Erfolgsformel

Die abstrakte Erfolgsformel für die Formulierung Ihres Anschreibens lautet: Sie suchen einen Mitarbeiter für die Tätigkeit als XYZ – ich als Bewerber biete die passenden fachlichen Kenntnisse und persönlichen Fähigkeiten.

Nutzen Sie Ihre ausgearbeitete Selbstpräsentation

Sie füllen diese Formel für Anschreiben mit Ihrer Selbstpräsentation inhaltlich aus. Wie Sie eine Selbstpräsentation erstellen, wissen Sie noch aus dem Kapitel »Die Selbstpräsentation: das Herzstück Ihrer Bewerbung«. Vergegenwärtigen Sie sich noch einmal unsere Anleitung für überzeugende Selbstpräsentationen:

1. Momentan arbeite ich als (Berufsbezeichnung). Zu meinen Aufgaben gehört (Tätigkeit 1), (Tätigkeit 2) und (Tätigkeit 3).
2. Ich habe bereits die folgenden Aufgaben erfolgreich bearbeitet: (Zur neuen Stelle passende Tätigkeiten hervorheben und

ausführlich darstellen.) Eine Weiterbildung zum ... habe ich berufsbegleitend durchgeführt.
3. Vor meiner jetzigen Tätigkeit war ich als ... bei der Firma XYZ beschäftigt. Oder: Vor meinem Aufstieg zum ... habe ich in meiner Firma die Aufgaben eines ... übernommen. Meine berufliche Entwicklung begann ich als ... Basis dafür war meine Ausbildung zum .../ mein Studium der ...

Dieses Schema können Sie auch zur schriftlichen Ausarbeitung Ihres Anschreibens nutzen.

Selbstpräsentation im Anschreiben

Ein Bewerberin für die Position Controllerin im Konzern-Controlling kann in ihrem Anschreiben dann so formulieren:

Sehr geehrte Frau Schüpper,

(1.) zurzeit bereite ich den Börsengang meines Unternehmens vor. Daneben koordiniere ich die Planungs- und Reportingprozesse.

(2.) Im Controlling der Maschinenbau AG bin ich momentan verantwortlich für Wirtschaftlichkeitsrechnungen und Sensitivitätsanalysen. Die Weiterentwicklung des Konzerninformationssystems gehört ebenso zu meinen Aufgaben wie die Analyse der Unternehmensbereiche. Wertorientiertes Controlling und die Bilanzierung nach IAS gehören zu meinem täglichen Geschäft. SAP-R/3-Kenntnisse habe ich mir in Weiterbildungsseminaren angeeignet. Ich spreche verhandlungssicher Englisch und bringe auch gute MS-Office-Kenntnisse mit.

(3.) Vor meiner jetzigen Tätigkeit habe ich für die Europaspedition GmbH gearbeitet. Dort habe ich alle Fragen der handelsrechtlichen und betriebswirtschaftlichen Rechnungslegung bearbeitet und an der Erstellung von Konzernabschlüssen mitgewirkt. Vor meinem Berufseinstieg habe ich ein Studium der Betriebswirtschaft als Diplom-Kauffrau erfolgreich abgeschlossen.

Der erste Satz des Anschreibens, gleich nach der Anrede, sollte Sie bereits von den anderen Bewerbern unterscheiden. Gehen Sie gleich auf die Anforderungen des Unternehmens ein. Zählen Sie Ihre Fähigkeiten und Kenntnisse stichwortartig auf, setzen Sie wichtige Schlüsselbegriffe ein.

Gehen Sie auf die Anforderungen des Unternehmens ein

Im zweiten Absatz führen Sie auf, welche Tätigkeiten in Ihren bisherigen Positionen Sie auf die Anforderungen der neuen Tätigkeit vorbereitet haben. Machen Sie Ihre Leistungsbereitschaft durch die Übernahme von Sonderprojekten deutlich. Stellen Sie Ihre Lernbereitschaft heraus, indem Sie auf geeignete Weiterbildungsseminare verweisen.

Stellen Sie im dritten Absatz Ihres Anschreibens Ihre berufliche Entwicklung dar. Geben Sie die Aufgaben an, die Sie bei früheren Arbeitgebern übernommen haben. Nennen Sie am Ende des Absatzes auch die Ausbildung oder das Studium, die/das Sie für Ihren Berufseinstieg qualifiziert hat.

Gehen Sie insgesamt in Ihrem Anschreiben auf die Anforderungen der ausgeschriebenen Stelle möglichst umfassend ein. Erwähnen Sie zusätzlich noch ein bis zwei Fähigkeiten oder Kenntnisse, die für die Bewältigung der ausgeschriebenen Position nützlich sind und über die Sie verfügen. So stellt sich beim Leser der »Kandidat-denkt-mit-Effekt« ein.

Beispiel

Kandidat-denkt-mit-Effekt

In einer ausgeschriebenen Stelle für einen zukünftigen kaufmännischen Mitarbeiter werden folgende Anforderungen genannt:

- »Zentraler Ansprechpartner für die kommerzielle Vertragsabwicklung und -verfolgung«
- »Verantwortung für die Administration und Pflege der Originalverträge«
- »Berufserfahrung im Projektgeschäft (Planung, Monitoring, Abwicklung)«
- »Eigeninitiative und Durchsetzungsvermögen«

Ein Bewerber kann die genannten Anforderungen ergänzen durch Belege für seine

- »Verhandlungs- und Abschlusssicherheit« oder
- »Überzeugungsfähigkeit« oder
- »selbstständige Arbeitsweise«.

So sammelt er Pluspunkte und rundet sein Profil ab. Im Anschreiben könnte der Beleg für Verhandlungs- und Abschlusssicherheit so aussehen:

»Neben meiner Erfahrung im Projektgeschäft bringe ich aus dem Außendienst Verhandlungs- und Abschlusssicherheit mit. Für meinen derzeitigen Arbeitgeber habe ich Großkunden betreut und konnte den Umsatz deutlich steigern.«

Die Überzeugungsfähigkeit und selbstständige Arbeitsweise ließe sich so dokumentieren:

»Im Rahmen der Lieferantenbetreuung habe ich selbstständig Preisverhandlungen geführt und war für die Vertragsausgestaltung zuständig.«

Wenn Ihnen keine zusätzlichen Kenntnisse und Fähigkeiten einfallen, mit denen Sie den »Kandidat-denkt-mit-Effekt« erzielen können, so sollten Sie Stellenanzeigen durcharbeiten, in denen Ihre Wunschposition ausgeschrieben wird. Machen Sie eine Liste der in den Stellenanzeigen aufgeführten Anforderungen. So erarbeiten Sie sich einen Fundus an Kenntnissen und Fähigkeiten, die zu ihrem Berufsfeld passen.

Informieren Sie sich über das Berufsfeld

Vorsicht mit Bewertungen im Anschreiben. Beschreiben Sie Ihre Qualifikationen und bisherigen Tätigkeiten, ohne in Kritik oder Eigenlob zu verfallen. Dies ist der Königsweg, durch den Sie eigene Erfolge belegen, ohne als überheblich und zur Selbstkritik unfähig abgestempelt zu werden.

Die Überzeugungsregel für gelungene Selbstpräsentationen »beschreiben statt bewerten« legen wir Ihnen für Ihr Anschreiben noch einmal besonders ans Herz. Beschreiben, beschreiben,

beschreiben! Die Bewertung stellt sich automatisch beim Leser ein. Bewerten Sie sich selbst, fordern Sie damit Personalverantwortliche nur heraus, Ihnen zu zeigen, dass Sie sich irren.

Sie erkennen jetzt, warum Ihre Selbstpräsentation das Herzstück unserer und Ihrer Arbeit ist. Alles, was wir Ihnen für die überzeugende Selbstdarstellung vorgestellt haben, ist auch wichtig für Ihr Anschreiben. Ihre Selbstpräsentation, die Sie anhand unserer Überzeugungsregeln ausformuliert haben, spricht bereits für Sie. Eine zusätzliche Eigenbewertung oder Abwertung anderer Bewerber ist überflüssig und schadet nur. Die zu positive Eigenbewertung wird als Überheblichkeit gedeutet und eine sich selbst anklagende und problematisierende Selbstdarstellung wirft Sie ebenso aus dem Rennen.

Die Überzeugungsregeln für Ihre Selbstpräsentation

Ein überzeugendes Anschreiben gelingt Ihnen, wenn Sie unsere Überzeugungsregeln für die Präsentation Ihrer Qualifikationen berücksichtigen:

- Gehen Sie auf die fachlichen Anforderungen der neuen Stelle ein.
- Zeigen Sie eine aktiv gestaltete berufliche Entwicklung auf.
- Machen Sie Ihr individuelles Profil deutlich.
- Geben Sie Beispiele für Ihre soziale und methodische Kompetenz.
- Beschreiben Sie Ihre beruflichen Tätigkeiten, ohne sie zu bewerten.
- Verwenden Sie Schlüsselbegriffe aus dem Tagesgeschäft.

Nennen Sie Ihren frühestmöglichen Eintrittstermin

Wenn Sie mitteilen sollen, ab wann Sie zur Verfügung stehen könnten, müssen Sie in Ihrem Anschreiben auch Ihren frühestmöglichen Eintrittstermin nennen. Auch wenn Ihre Kündigungsfristen den gesetzlichen Bestimmungen entsprechen, sollten Sie darauf verweisen, zum Beispiel mit folgender Formulierung: »Ich bin zurzeit in ungekündigter Stellung tätig. Meine Kündigungsfristen bemessen sich nach den üblichen gesetzlichen/tarifvertraglichen Vorschriften.«

Gehaltsvorstellungen

Auf die Forderung »Bewerben Sie sich bitte unter Angabe Ihrer Gehaltsvorstellung« müssen Sie in Ihrem Anschreiben eingehen. Ihr Gehaltswunsch gehört allerdings nicht an den Anfang Ihres Anschreibens. Ihr berufliches Profil ist für die Einstellung wichtiger als eine abstrakte Zahl. Zuerst muss im Anschreiben der Wert Ihrer beruflichen Qualifikationen deutlich werden. Erst danach sollten Sie die gewünschte Vergütung Ihrer Qualifikationen thematisieren. Nennen Sie Ihre Gehaltsvorstellung daher immer erst am Ende Ihres Anschreibens.

Die Gehaltsvorstellung gehört an das Ende des Anschreibens

Geben Sie Ihre Gehaltsvorstellungen konkret an, beispielsweise mit den folgenden Formulierungen:

- »Meine Gehaltsvorstellung beträgt 60 000,- Euro Brutto-Jahresgehalt.«
- »Ich strebe ein Bruttogehalt von 60 000,- Euro p. a. an.«
- »Mein Gehaltswunsch liegt bei 60 000,- Euro Bruttogehalt pro Jahr.«

Wenn Sie noch nicht genau wissen, was in der neuen Position an Belastungen auf Sie zukommt, können Sie auch einen Gehaltsrahmen angeben. Ist Ihnen unklar, wie umfangreich der Anteil von Dienstreisen, Auslandseinsätzen oder Überstunden sein wird, können Sie die Frage nach Ihrer Gehaltsvorstellung so beantworten: »Zu meinen genauen Gehaltsvorstellungen möchte ich mich erst nach weitergehenden Informationen über die ausgeschriebene Position äußern. Ein Rahmen von 55 000,- bis 63 000,- Euro Brutto-Jahresgehalt wäre für mich akzeptabel.«

Geben Sie einen Gehaltsrahmen an

Aber geben Sie nicht das zuletzt von Ihnen erzielte Jahresgehalt an. Damit beantworten Sie nicht die Frage nach Ihrer Gehaltsvorstellung. Es wird nicht klar, welche Gehaltssteigerung Sie erzielen wollen, wenn Sie im Anschreiben formulieren: »Mein Bruttogehalt betrug im letzten Jahr 45 000,- Euro.«

Äußerst problematisch ist es, wenn Sie in Ihrem derzeitigen Arbeitsvertrag Stillschweigen über Ihr Gehalt vereinbart haben. Dann dürfen Sie Ihre Gehaltshöhe auf keinen Fall schriftlich Dritten mitteilen. Legen Sie auch keinesfalls Ihre letzte Gehaltsabrechnung mit in die Bewerbungsmappe. Damit zeigen Sie nur, dass Sie im Umgang mit firmeninternen Daten zu sorglos sind.

Gehen Sie sorgfältig mit firmeninternen Informationen um

Vermeiden Sie auch patzige Formulierungen zum Thema Gehalt. Dies kostet Sie entscheidende Sympathiepunkte. In den Augen der Personalverantwortlichen stehen Sie dann nur als schwieriger Charakter mit Kommunikationsdefiziten da. Der Versuch, das Unternehmen bereits mit dem Anschreiben unter Druck zu setzen, wird jedenfalls immer misslingen. Formulierungen wie die nachfolgenden sind deshalb ungeeignet:

- »Teilen Sie mir bitte zuerst mit, welcher Gehaltsrahmen für die ausgeschriebene Stelle vorgesehen ist.«
- »Ein Gehalt von unter 60 000,- Euro ist für mich nicht interessant.«
- »Eine Entlohnung in Höhe von 60 000,- Euro halte ich für angemessen.«
- »Ein Gehalt von 60 000,- Euro ist für meine Kenntnisse sicherlich nicht zu viel.«
- »Ich denke, mit 60 000,- Euro könnte ich noch gerade leben.«

Ihre Kenntnisse und Fähigkeiten sollten im Vordergrund stehen

Wenn die Angabe Ihrer Gehaltsvorstellung nicht ausdrücklich gefordert wird, sollten Sie sich im schriftlichen Bewerbungsverfahren bedeckt halten. Vermitteln Sie den Unternehmensvertretern erst ein Bild Ihrer Kenntnisse und Fähigkeiten. Überzeugen Sie sie davon, dass Sie ein geeigneter Kandidat sind. Das Ziel Ihrer schriftlichen Bewerbung ist, dass Sie wegen Ihres interessanten Profils zu einem Vorstellungsgespräch eingeladen werden. Im Gespräch lässt sich ein Abgleich Ihrer Gehaltsvorstellungen mit den Vorstellungen der Firmenseite besser durchführen.

Schlussformulierungen

Verwenden Sie am Ende Ihres Anschreibens keine Demutsformulierungen. Unterwürfigkeit macht nur uninteressant. Unterlassen Sie deshalb Formulierungen wie »Sie können mich Tag und Nacht anrufen«, »Wann dürfte ich mich bei Ihnen persönlich vorstellen?« oder »Falls ich Ihr Interesse geweckt haben sollte, würde ich mich über eine Nachricht freuen«.

Bleiben Sie auch am Schluss souverän

Zerstören Sie den guten Eindruck Ihres Anschreibens aber auch nicht durch eine Schlussformel, die Personalverantwortliche unter Druck setzen soll. Ungeeignet sind deshalb Drückerformeln wie »Wann werden Sie mich zu einem Vorstellungsgespräch einladen?«, »Lernen Sie mich kennen, laden Sie mich ein!«, »Greifen Sie zu, bevor andere es tun!« oder »Lassen Sie mich mit Ihrer Antwort nicht zu lange warten«.

Benutzen Sie für den Abschluss Ihres Anschreibens Formulierungen, die den realistischen Stil Ihres Anschreibens abrunden:

Ein geeigneter Abschluss des Anschreibens

- »Für ein Vorstellungsgespräch stehe ich Ihnen gerne zur Verfügung.«
- »Über die Einladung zu einem persönlichen Gespräch würde ich mich freuen.«
- »Weiterführende Aspekte würde ich gerne in einem persönlichen Gespräch mit Ihnen klären.«

Weitere Beispiele für Anschreiben und zusätzliche Anregungen für Ihre Formulierungen finden Sie im Kapitel »Gelungene Beispielanschreiben und -lebensläufe«.

Im Blick

Auf einen Blick

Das Anschreiben

- Durch die korrekte Form Ihres Anschreibens bleiben Sie im Bewerbungsverfahren und man wird Ihre Unterlagen auch inhaltlich prüfen.
- In der Firmenanschrift dürfen Sie keine Fehler machen.
- In die Betreffzeile Ihres Anschreibens gehört die Position, auf die Sie sich bewerben.
- In der Bezugzeile geben Sie die Fundstelle der Stellenanzeige an und vermerken eventuell ein vorbereitendes Telefongespräch.
- In der Anrede Ihres Anschreibens sollte der Name der oder des Personalverantwortlichen stehen.
- Verwenden Sie kurze Sätze und gliedern Sie den Text in mehrere Blöcke.
- Führen Sie bei Ihrem Anschreiben hinsichtlich der Lesbarkeit, der Rechtschreibung und der Kommasetzung eine gründliche Endkontrolle durch.
- Die inhaltliche Ausformulierung Ihres Anschreibens entspricht Ihrer Selbstpräsentation.
- Sie überzeugen inhaltlich, wenn Sie konkrete Beispiele dafür geben, was Sie an fachlichen Kenntnissen und persönlichen Fähigkeiten für die neue Position mitbringen.
- Gehen Sie auf die Anforderungen der neuen Position ein und überlegen Sie sich ein bis zwei Fähigkeiten oder Kenntnisse, die für das Unternehmen ebenfalls interessant sind.
- Beschreiben Sie Ihre Qualifikationen, statt sie zu bewerten.
- Beenden Sie Ihr Anschreiben mit dem Wunsch, Sie zum Vorstellungsgespräch einzuladen.

11
Der Lebenslauf

In diesem Kapitel zeigen wir Ihnen, wie Sie Ihre bisherige berufliche Entwicklung in Ihrem Lebenslauf so darstellen, dass Sie zum gefragten »passgenauen« Bewerber werden. Unser Musterlebenslauf ermöglicht Ihnen die Umsetzung der Tipps und Beispiele für die Ausarbeitung Ihres individuellen Lebenslaufes.

Hat Ihr Anschreiben inhaltlich überzeugt, wird man sich intensiv mit Ihrem Lebenslauf beschäftigen. Ihr Lebenslauf sollte deshalb einen nachhaltigen Eindruck hinterlassen, sonst haben Sie die Chance auf eine Einladung zum Vorstellungsgespräch schnell wieder leichtfertig vertan.

Aus unserer Beratungspraxis
Der recycelte Lebenslauf

> Eine Betriebswirtin, die aus der Verkaufsförderung ins Marketing wechseln wollte, kam zu uns, um ihren Lebenslauf überprüfen zu lassen. Schnell wurde deutlich, dass sie den Lebenslauf, den sie nach dem Studium für ihren Berufseinstieg entworfen hatte, nur minimal abgeändert hatte und, um ihre momentane Position ergänzt, weiterverwenden wollte.
> Wie viele Bewerber wollte sie sich die Arbeit ersparen, einen positionsbezogenen Lebenslauf zu erarbeiten. Zwar

hatte sie ihre jetzige berufliche Position genannt, aber der Platz, den sie für die Darstellung ihres Studiums und ihrer Praktika verwandt hatte, nahm einen erheblich größeren Raum ein als die Darstellung ihrer momentanen beruflichen Tätigkeit. Dadurch entstand der Eindruck einer Berufseinsteigerin. Es war nicht ersichtlich, dass sie sich durch ihre jetzige Stelle für weiterführende Aufgaben qualifiziert hatte.

Wir kürzten die Darstellung der Studieninhalte und stellten diejenigen Tätigkeiten aus ihrer momentanen Position breiter dar, die einen Bezug zum Marketing hatten. Problematisch war zudem, dass sie als Zeitangaben nur Jahreszahlen verwendet hatte, was Personalverantwortliche vermuten lässt, dass Lücken im Lebenslauf auf diese Weise versteckt werden sollen. Dieser Fehler war leicht auszuräumen. Wir erfragten die zutreffenden Monatsangaben und fügten sie in den Lebenslauf ein.

Fazit: Bewerber sollten in ihrem Lebenslauf diejenigen Positionen ausführlich darstellen, die einen Bezug zur neuen Stelle haben. Personalverantwortliche erwarten von Ihnen, dass Sie in der Lage sind, Wichtiges von Unwichtigem zu trennen. Wenn Sie sich auf unterschiedliche Stellen bewerben, müssen Sie Ihren Lebenslauf genauso anpassen wie Ihr Anschreiben.

Trennen Sie Wichtiges von Unwichtigem

Ein Blick auf unsere fünf beispielhaften Lebensläufe im Kapitel »Gelungene Beispielanschreiben und -lebensläufe« gibt Ihnen einen Eindruck davon, wie man sich mit einem gut gegliederten und informativ gestalteten Lebenslauf von seinen Mitbewerbern positiv abhebt. Die fünf Beispiellebensläufe haben wir anhand des folgenden Musters für Sie ausgearbeitet.

Muster für Ihren Lebenslauf

Vorname Name
Straße
PLZ/Ort
Telefon
(falls vorhanden) E-Mail-Adresse

[Porträt-Farbfoto des Bewerbers/der Bewerberin]

Lebenslauf

Persönliche Daten
geb. am 00.00.0000 in . . . . (Ort)
Familienstand: . . . . (ledig/verheiratet/geschieden/verwitwet)
Staatsangehörigkeit: . . . . (deutsch etc.)

Berufstätigkeit

00/0000 – heute	(derzeitige Position) Firma, Ort, Abteilung, Position, Aufgaben
00/0000 – 00/0000	(vorherige Position) Firma, Ort, Abteilung, Position, Aufgaben
00/0000 – 00/0000	(Einstiegsposition) Firma, Ort, Abteilung, Position, Aufgaben

Studium/Ausbildung

00/0000 – 00/0000	Studium, Schwerpunkt
00.00.0000	Titel
00/0000 – 00/0000	Firma, Ort, Ausbildung zum
00.00.0000	Berufsbezeichnung

Schule, Wehr-/Zivildienst

00/0000 – 00/0000	Institution, Ort, Zivildienst/Wehrdienst
00.00.0000	Schulabschluss, Schule

Lebenslauf

Weiterbildung/Sonstiges (Ehrenämter, Mitgliedschaften)
00/0000 – 00/0000 Institution, Kurs
seit 00/0000 Institution/Verein, Ehrenamt/Mitgliedschaft

Zusatzqualifikationen
Sprachen: Sprache (Bewertung)
EDV-Kenntnisse: Betriebssysteme (Bewertung)
Anwendungen (Bewertung)
Spezialsoftware (Bewertung)

Ort, Datum *Unterschrift*
(ausgeschriebener Vor- und Zuname)

Themenblöcke

Untergliedern Sie in verschiedene Themenblöcke

Unseren Musterlebenslauf haben wir in verschiedene Blöcke unterteilt. Der Lebenslauf beginnt mit Name, Adresse und Telefonnummer des Bewerbers. Rechts neben diesen Daten wird das Bewerbungsfoto befestigt. Dann folgen die sechs Blöcke

- Persönliche Daten
- Berufstätigkeit
- Studium oder Ausbildung
- Schule, Wehr- oder Zivildienst
- Weiterbildung und Sonstiges (Ehrenämter, Mitgliedschaften)
- Zusatzqualifikationen

Um Personalverantwortliche mit Ihrem Lebenslauf zu überzeugen, müssen Sie Detailarbeit leisten. Bereiten Sie die einzelnen Blöcke so auf, dass sie aussagekräftig werden. Dies gilt insbesondere für den zentralen Block Berufstätigkeit. Die Ausgestaltung der anderen Blöcke rundet Ihr Profil ab.

Persönliche Daten

Im ersten Block »Persönliche Daten« nennen Sie Ihren Geburtstag und -ort und Ihren Familienstand. Wenn Sie Kinder haben, können Sie diese folgendermaßen angeben:

geb. am 16.06.1964 in Köln
verheiratet, 2 Kinder (7 und 11 Jahre)

Berufstätigkeit

Sie überzeugen mit Ihrem Lebenslauf dann, wenn Sie Ihrem zukünftigen Arbeitgeber klar machen, dass Sie in Ihrer jetzigen Position genau die Tätigkeiten ausgeübt haben, die für die zu vergebende Position wichtig sind. Deshalb sollten Sie den Block Berufstätigkeit in Ihrem Lebenslauf besonders gründlich ausarbeiten. Dabei sollten Sie die rückwärts-chronologische Darstellung bevorzugen: Sie beginnen mit Ihrer derzeitigen Position, dann stellen Sie dar, was Sie in der davor liegenden Position gemacht haben. Hierzu zwei Beispiele, die Ihnen zeigen, wie Sie mit Ihrem Lebenslauf bei Personalverantwortlichen Punkte sammeln.

Hier ist eine gründliche Ausarbeitung gefragt

Bewerbung als Human Resources Managerin

Eine Bewerberin, die wie folgt in ihrem Lebenslauf nur den Arbeitgeber und ihre Position angibt, verschenkt die Chance, sich und ihre Qualifikationen aussagekräftig darzustellen:

07/2004 – heute   B. Franck & Söhne GmbH, Personalreferentin
01/2001 – 06/2004 Nennecke GmbH, Personalsachbearbeiterin

Es ist besser, auch die ausgeübten Tätigkeiten anzugeben, und zwar so, dass der Bezug zur neuen Stelle deutlich wird. In der folgenden verbes-

Beispiele

serten Version wird zudem die Ausweitung der Kompetenzen der Bewerberin und damit die berufliche Entwicklung deutlich:

07/2004 – heute	B. Franck & Söhne GmbH, Branche: Maschinenbau, Leipzig, Abteilung Personalentwicklung, Personalreferentin, Aufgaben: Personalrekrutierung, Personalauswahl, Personalberichterstattung, Personalentwicklung mit dem Schwerpunkt Kompetenzausbau
01/2001 – 06/2004	Nennecke GmbH, Versicherungsmakler, Abteilung Personalverwaltung, Dresden, Personalsachbearbeiterin, Aufgaben: Lohn- und Gehaltsabrechnung, Personalbetreuung, Projektleitung Compensation & Benefits (Einsatz von Anreizsystemen)

Bewerbung als Abteilungsleiter Einkauf

Beispiel 2

Ein Bewerber, der sich von der Position des stellvertretenden Abteilungsleiters Einkauf auf die Stelle eines Abteilungsleiters Einkauf bewirbt, formuliert zu knapp und zu wenig aussagekräftig, wenn er nur die Firma und seine Position angibt:

03/2001 – heute	Import AG, Stellvertretender Abteilungsleiter Einkauf
01/1996 – 02/2001	Hans-Jörg Müller GmbH, Kaufmännischer Angestellter

Überzeugender klingt diese Beschreibung:

3/2001 – heute	Import AG, Bremen, Abteilung Einkauf, Stellvertretender Abteilungsleiter
	• Leitung des Einkaufs für die Teilsortimente Textil und Hartwaren, Sortimentsanalyse und -planung für Niederlande, Österreich und Deutschland.
	• Projektgruppe Zentralisierung des europäischen Beschaffungsmanagementes
	• Verantwortlich für die Führung von 12 Mitarbeitern

01/1996 – 02/2001 Hans-Jörg Müller GmbH, Bielefeld, Abteilung Einkauf und Vertrieb, Kaufmännischer Angestellter

- Warenwirtschaft, Planung und Beschaffung, Kostenkontrolle Einkauf
- Betreuung von Einkaufszentralen und Großhändlern

Stellen Sie Ihre derzeitigen und früheren Tätigkeiten im Block Berufstätigkeit so dar, dass Ihre berufliche Entwicklung an Ihren bisherigen Arbeitsplätzen deutlich wird. Nehmen Sie die Stellenanzeige der zu vergebenden Position zur Hand und überlegen Sie, welche Anforderungen Sie in welcher Tätigkeit bereits erfüllt haben. Formulieren Sie stichwortartig und greifen Sie dabei auf den Sprachgebrauch zurück, der in den Stellenanzeigen verwandt wird.

Es braucht etwas Geschick und Übung, die von Ihnen ausgeübten Tätigkeiten stichwortartig aufzuführen und zugleich umfassend darzustellen. Trainieren Sie deshalb, die Tätigkeiten, die Sie in Ihrer momentanen Position ausüben und in früheren Positionen ausgeübt haben, ausführlich anzugeben. Dazu haben wir für Sie eine Übung ausgearbeitet.

Trainieren Sie die Darstellung Ihrer Tätigkeiten

Tätigkeitsbezeichnungen sammeln

Ziel dieser Übung ist es, so viele Tätigkeitsbezeichnungen wie möglich für Ihre beruflichen Tätigkeiten herauszufinden. Kaufen Sie sich dazu die Wochendausgaben überregionaler Tageszeitungen mit einem großen Stellenanzeigenteil. Suchen Sie die Stellenanzeigen heraus, in denen Ihre jetzige Berufstätigkeit ausgeschrieben ist. In den Anzeigen finden Sie Umschreibungen, Beschreibungen und Etiket-

tierungen für die Aufgaben, die zu dieser Stelle gehören. Suchen Sie so viele Tätigkeitsbeschreibungen wie möglich heraus. Beschränken Sie sich nicht, wählen Sie auch Tätigkeiten aus, die Sie nicht täglich ausüben.

Beispiel »Personalreferent«

Tätigkeit 1: Personalbeschaffung
Tätigkeit 2: Internationales Personalmanagement
Tätigkeit 3: Personalverwaltung
Tätigkeit 4: Recruiting
Tätigkeit 5: Personalentwicklung
Tätigkeit 6: Personalauswahl
Tätigkeit 7: Gestaltung von Arbeitszeitmodellen
Tätigkeit 8: Lösung arbeitsrechtlicher Fragen
Tätigkeit 9: Beratung von Führungskräften, Betriebsräten und Mitarbeitern
Tätigkeit 10: Anpassung von Gehaltssystemen
Tätigkeit 11: Implementierung von Personalbeurteilungssystemen
Tätigkeit 12: Outsourcing
Tätigkeit 13: Bildungscontrolling
Tätigkeit 14: Entwicklung von Schulungskonzepten
Tätigkeit 15: Formulierung von Stellenanzeigen
Tätigkeit 16: Auswahl und Einsatz von in- und externen Fachreferenten
Tätigkeit 17: Vertragsgestaltung
Tätigkeit 18: Personalmarketing
Tätigkeit 19: Entwicklung von Leistungssystemen
Tätigkeit 20: Arbeit mit Personalinformationssystemen
Tätigkeit 21: Personalcontrolling
Tätigkeit 22: Konzeption von Entwicklungsmaßnahmen
Tätigkeit 23: Organisationsplanung

Tätigkeit 24: Pflege und Erweiterung von Personalhandbüchern
Tätigkeit 25: Betreuung von Hochschulkontakten

Finden Sie für Ihre momentane Stelle mindestens zehn passende Tätigkeiten. Neben der Auswertung der Stellenanzeigen sollten Sie in Gedanken auch noch einmal durchgehen, welche Sonderprojekte Sie bearbeitet haben, wann Sie Kollegen vertreten haben und welche Aufgabenfelder Sie von Kongressen und Tagungen her kennen.

Ihre momentane Stelle: ....

Tätigkeit 1: ....
Tätigkeit 2: ....
Tätigkeit 3: ....
Tätigkeit 4: ....
Tätigkeit 5: ....
Tätigkeit 6: ....
Tätigkeit 7: ....
Tätigkeit 8: ....
Tätigkeit 9: ....
Tätigkeit 10: ....

Gehen Sie anschließend zu den Stellen über, die Sie vor Ihrer heutigen Position innehatten. Suchen Sie auch hier so viele Tätigkeiten wie möglich aus den Stellenbeschreibungen in den Anzeigen heraus.

Ihre davor liegende Stelle: ....

Tätigkeit 1: ....
Tätigkeit 2: ....

Der Lebens auf

Tätigkeit 3: ....
Tätigkeit 4: ....
Tätigkeit 5: ....
Tätigkeit 6: ....
Tätigkeit 7: ....
Tätigkeit 8: ....
Tätigkeit 9: ....
Tätigkeit 10: ....

Nach dieser Vorarbeit haben Sie genug Schlüsselbegriffe, mit denen Sie Ihren Lebenslauf inhaltlich gestalten können. Nun folgt die Auswahl der geeigneten Begriffe für die Darstellung Ihrer beruflichen Positionen. Sortieren Sie die herausgesuchten Tätigkeitsbeschreibungen nach ihrer Bedeutung.

Überlegen Sie nun, welche Tätigkeiten besonders wichtig für die Position sind, auf die Sie sich bewerben. Bringen Sie die Tätigkeiten in eine Rangfolge. Die für die neue Position wichtigsten Tätigkeiten stellen Sie nach vorne, die weniger wichtigen ans Ende Ihrer Liste. Mit den Top Five Ihrer Liste haben Sie dann die Tätigkeitsbeschreibungen gefunden, mit denen Sie Ihre momentane Berufstätigkeit im Lebenslauf inhaltlich darstellen können.

Bringen Sie Ihre Tätigkeiten in eine Rangfolge

Den Schritt des Zuschnitts Ihrer Tätigkeitsbeschreibungen auf die neue Position müssen Sie für jede Bewerbung neu leisten. Auch wenn Sie sich auf unterschiedliche neue Positionen bewerben, müssen Sie jedes Mal den Block Berufstätigkeit in Ihrem Lebenslauf neu an der jeweiligen Position orientieren. Unser Beispiel gibt Ihnen einen Eindruck, wie Sie dies tun können.

Personalreferent bewirbt sich als Human Resource Manager und als Schulungsleiter

In der Übung »Tätigkeitsbeschreibungen sammeln« haben wir für die berufliche Position Personalreferent 25 passende Tätigkeiten gefunden. Diese Liste ist bewusst sehr umfangreich, für eine konkrete Bewerbung muss sie ausgewertet werden. Für unterschiedliche Aufstiegspositionen müssen die jeweils passenden Tätigkeiten im Lebenslauf herausgestellt werden.

Wenn sich ein Personalreferent als Human Resource Manager bewirbt, sollte er die folgenden Tätigkeiten in den Vordergrund stellen:

1. Internationales Personalmanagement
2. Personalcontrolling
3. Personalentwicklung
4. Recruitment
5. Personalmarketing

Wenn er sich als Schulungsleiter bewirbt, macht er sich mit diesen Beschreibungen interessant:

1. Konzeption von Entwicklungsmaßnahmen
2. Bildungscontrolling
3. Auswahl und Einsatz von internen und externen Fachreferenten
4. Entwicklung von Schulungskonzepten
5. Pflege und Erweiterung von Personalhandbüchern

Für alle im Lebenslauf angegebenen Tätigkeiten müssen Sie aber Beispiele aus Ihrer Berufstätigkeit nennen können. Sie dürfen keine Tätigkeitsbeschreibungen verwenden, die Sie in einem späteren Vorstellungsgespräch nicht mit Bezug auf Ihre beruflichen Erfahrungen belegen können. Dennoch sollten Sie sich bei der Ausarbeitung Ihres Lebenslaufes nicht zu sehr beschränken. Sie müssen nicht jede Tätigkeit ständig und durchgehend im Tagesgeschäft ausgeübt haben. Sie können durchaus auch Tätigkeiten nennen, mit denen Sie in einem

Belegen Sie alle angegebenen Tätigkeiten mit Beispielen

zeitlich begrenzten Projekt in Berührung gekommen sind. Es gilt die Regel: Wenn Sie für eine Tätigkeit ein Beispiel aus Ihrer Berufspraxis finden, dürfen Sie sie auch im Lebenslauf angeben.

Machen Sie Ihre berufliche Entwicklung deutlich

Ein häufiger Bewerberfehler ist die mangelhafte Darstellung der beruflichen Entwicklung, wenn ein längerer Zeitraum in ein und demselben Unternehmen verbracht wurde. Wenn im Lebenslauf nur die aktuelle Position angegeben wird und nicht näher auf die Entwicklung im Unternehmen eingegangen wird, vermuten Personalverantwortliche einen jahrelangen Stillstand in Ihrer Entwicklung.

Aus unserer Beratungspraxis
Zwölf Jahre Stillstand?

Eine Bewerberin kam zur Überprüfung ihrer Bewerbungsunterlagen zu uns. Die folgende Darstellung in ihrem Lebenslauf fiel uns negativ auf, da sie zu Spekulationen Anlass gibt:

07/1995 – 12/2007 Auto AG, Assistentin im Vertrieb

Wenn Personalverantwortliche diese knappe Angabe im Lebenslauf lesen, stellen sie sich die folgenden Fragen:

- Ist die Bewerberin zwölf Jahre auf ihrer Einstiegsposition als Vertriebsassistentin hängen geblieben?
- Hat man die Bewerberin wegen schlechter Leistungen zurückgestuft?
- Ist die Bewerberin unflexibel, nicht lernfähig und nicht aufstiegsorientiert?
- Gab es in der alten Firma eine Umstrukturierung? Hat man der Bewerberin gekündigt, weil man sie nicht in eine Position mit neu definierten Aufgaben einbinden konnte?

- Hat man die Bewerberin von einer anderen Position entbunden und sie auf der Assistentinnenposition kalt gestellt, damit sie von sich aus kündigt?

Die Chance, Missverständnisse auszuräumen, hätte diese Bewerberin erst im Vorstellungsgespräch. Dazu wird es wegen der Zweifel aber üblicherweise nicht kommen.

Wir rieten der Bewerberin, ihre Tätigkeit für die Firma Auto AG in einzelne Entwicklungsschritte zu untergliedern und jeden Schritt inhaltlich mit Tätigkeitsbeschreibungen zu füllen. Tatsächlich verbarg sich hinter der Berufsbezeichnung »Assistentin im Vertrieb« keine Vertriebsassistentin, sondern die Assistentin des Konzernvertriebschefs. Die überarbeitete Darstellung lautete:

07/1995 – 12/2007	Auto AG, Stuttgart
09/2003 – 12/2007	Assistentin des Konzernvertriebschefs, Planung und Umsetzung internationaler Vertriebsaktivitäten, Aufbau und Betreuung internationaler Handelspartner, Organisation internationaler Verkaufsmessen, Leitung des Key-Account-Teams
01/1998 – 08/2003	Account-Managerin, aktives Kunden-Beziehungsmanagement, Messeplanung und Koordination, Produktpotenzialanalysen, Projektleitung »Strategische Geschäftsentwicklung«
07/1995 – 12/1997	Vertriebsassistentin, Markt- und Wettbewerberbeobachtung, Außendienstunterstützung, Kundenakquisition

> *Fazit:* Bewerber mit Berufserfahrung haben neuen Arbeitgebern meistens viel zu bieten. Nur die Darstellung der beruflichen Qualifikationen lässt oft zu wünschen übrig. Gerade im Lebenslauf neigen viele Bewerber dazu, ihre Berufstätigkeit viel zu knapp darzustellen und durch missverständliche Angaben zu entwerten.

Wenn Sie die Tätigkeiten, die Sie in Ihren beruflichen Stationen ausgeübt haben, mit den passenden Formulierungen herausgefunden haben, ist die inhaltliche Ebene des Lebenslaufes geklärt. Jetzt geht es für Sie darum, die Tätigkeiten richtig darzustellen.

Sie haben an unseren vorangegangenen Beispielen gesehen, dass wir die stichwortartige Darstellung der Tätigkeiten bevorzugen. Dieser Telegrammstil im Lebenslauf hat den Vorteil, dass Personalverantwortliche innerhalb kurzer Zeit viele Informationen über den Bewerber erfassen können. In Lebensläufen werden bei der Darstellung der Tätigkeiten zu viele Fehler gemacht, auf die wir im Folgenden kurz eingehen, damit Sie diese Fehler vermeiden können.

So stellen Sie Ihre Tätigkeiten richtig dar

Ein gravierender Fehler ist eine für Außenstehende unverständliche Darstellung Ihrer Tätigkeiten. Während Ihrer Berufspraxis hat sich bei Ihnen ein ganz bestimmter Sprachgebrauch entwickelt, in dem zur schnellen Information von Kollegen viele Abkürzungen verwendet werden. Die Verwendung dieser Abkürzungen im Lebenslauf ist jedoch problematisch. Selbst wenn diese Abkürzungen vom Empfänger Ihrer Bewerbung verstanden werden, wird man Ihnen mangelnde Kommunikationsfähigkeit und ungenügendes Einfühlungsvermögen unterstellen. Gerade Personalverantwortliche sind schnell verärgert, wenn Sie Ihren Sprachgebrauch nur auf die Fachabteilungen ausrichten.

Formulieren Sie unmissverständlich und klar

Der GL im AD mit Schwerpunkt POS

Die folgende Darstellung ist im Lebenslauf ungeeignet:

00/0000 – 00/0000 GL im AD, Bereich OTC, Schwerpunkt POS, PL in der VM-Koordination

Übersetzen Sie Abkürzungen und geben Sie Ihre Tätigkeiten allgemein verständlich an. Gestalten Sie Ihren Lebenslauf lesefreundlich und eindeutig. Zum Beispiel so:

00/0000 – 00/0000 Pharma AG, Bereich Over-the-Counter-Produkte, Gruppenleiter im Außendienst, Schwerpunkt Point-of-Sale-Verkaufsförderung, Projektleiter in der Abstimmung der Vertriebs- und Marketingmaßnahmen

Ein weiterer Fehler ist die epische Breite der Darstellung von Tätigkeiten. Bewerberinnen und Bewerber, die in ganzen Sätzen formulieren, erwecken den Eindruck, dass sie nicht auf den Punkt kommen können. Der Lebenslauf wird unübersichtlich und verliert seine Funktion, in kurzer Zeit umfassende Informationen zu geben.

Der PR-Referent für interne Kommunikation

In der folgenden Darstellung fällt es schwer, die Aufgaben und Kompetenzen des Bewerbers auf einen Blick zu erfassen:

00/0000 – 00/0000 Corporate Communications Referent: Ich habe interne Informationen vom E-Mail-Newsletter bis zur Mitarbeiterzeitschrift unter Berücksichtigung der Wünsche und Anregungen einzelner Unternehmensbereiche aufbereitet und mit hoher Textsicherheit in ansprechender Verpackung adressatenorientiert allen interessierten Mitarbeitern zur Verfügung gestellt. Mein sicheres und freundliches Auftreten machte es Mitarbeitern immer leicht, auf mich zuzugehen, und sie wussten, dass sie bei mir immer ein offenes Ohr finden.

Die Tätigkeiten des Bewerbers als Public Relations Referent für die interne Kommunikation werden in der folgenden Fassung deutlicher:

00/0000 – 00/0000 dot.com GmbH, Unternehmenskommunikation, PR-Referent: Betreuung der Mitarbeiter-Hotline, Redaktion der Mitarbeiterzeitschrift, Sicherstellung der Informationsprozesse zwischen den Abteilungen, Umsetzung der Corporate Identity in allen Ebenen des Unternehmens

Studium oder Ausbildung

Eine knappe Darstellung genügt

Die Darstellung Ihres Studiums beziehungsweise Ihrer Berufsausbildung können Sie als Führungskraft mit vielen Jahren Berufserfahrung im Lebenslauf knapp gestalten. Beispielsweise so:

09/1984 – 10/1989 Universität Münster, Studium der Betriebswirtschaftslehre
15.10.1989 Diplom-Kaufmann, Gesamtnote »gut«

oder

08/1991 – 07/1994 Privatbank Frankfurt/Main, Ausbildung zur Bankkauffrau
15.07.1994 Bankkauffrau, Gesamtnote »gut«

Schule, Wehr- oder Zivildienst

Auch den vierten Block im Lebenslauf können Sie mit wenigen Daten ausfüllen. Wenn Sie Wehr-, Zivildienst oder ein soziales Jahr abgeleistet haben, geben Sie die Zeitspanne in Monats- und Jahreszahlen an. Stellen Sie den von Ihnen abgeleisteten Wehrdienst so dar:

08/1993 – 08/1994   Wehrdienst

oder

10/1993 – 03/1995   Zivildienst, Rettungssanitäter beim Deutschen Roten Kreuz

Von den Schulabschlüssen, die Sie vor vielen Jahren erworben haben, interessiert bei qualifizierten Stellenwechslern nur der letzte. Diesen Schulabschluss stellen Sie dar, indem Sie das Tagesdatum, das auf dem letzten Zeugnis steht, angeben. Danach nennen Sie die Art Ihres Schulabschlusses und den Namen Ihrer Schule.

Geben Sie nur den letzten Schulabschluss an

24.06.1991   Abitur am Kurt-Tucholsky-Gymnasium, Flensburg

Führungskräfte, die in diesem Block ihre Grundschulzeit erwähnen, sorgen bei Personalverantwortlichen für Heiterkeit. Wird die längst vergangene Schulzeit ausführlich dargestellt, verschenken Sie außerdem wertvollen Platz, der der Angabe von beruflichen Tätigkeiten vorbehalten sein sollte. Schwerwiegender noch als der Platzverbrauch ist die ausführliche Auflistung von für die Einstellung nicht relevanten Daten. Die berufsorientierte Gewichtung der Blöcke im Lebenslauf wird zerstört, wenn der Block Schule, Wehr- oder Zivildienst ausführlicher dargestellt wird als der Block Berufstätigkeit.

Stärker gewichten: die berufliche Entwicklung

Weiterbildung und Sonstiges (Ehrenämter, Mitgliedschaften)

Im fünften Block geben Sie zuerst die von Ihnen absolvierten Weiterbildungsmaßnahmen an. Hierzu gehören beispielsweise

Veranstalter und Titel des Kurses

Ausbildereignungsprüfung, REFA-Scheine und Weiterbildungen zur Umwelt-Auditorin, zum Qualitätsmanager oder zur Systemadministratorin. Die Kurse werden mit dem Träger, das heißt der für die Durchführung verantwortlichen Organisation, und dem Originaltitel des Kurses angegeben. Die Inhalte brauchen Sie nur dann aufzuführen, wenn der Seminartitel nicht aussagekräftig ist.

04/2005	Haus der Technik e.V. Außeninstitut der RWTH Aachen, Seminar: Autonome Arbeitsgruppen in der Produktion, Inhalt: Minimierung der Rüstzeiten bei Produktionsumstellungen
10/2007	Allfinanz Akademie, Seminar: Kundengespräche erfolgreich führen

Personalverantwortliche stöhnen gelegentlich über die ausgeprägte Weiterbildungswut von Bewerbern, wenn Seminare und Kurse »im Dutzend« angegeben werden, wenn also beispielsweise lückenlos jede besuchte Maßnahme, vom VHS-Rhetorikseminar bis zum Bachblütenkurs, aufgeführt wird. Haben Sie an vielen Weiterbildungsmaßnahmen teilgenommen, gilt die Regel, dass Sie nur die Maßnahmen nennen, die für die ausgeschriebene Position von Belang sind.

Zeigen Sie Engagement über die Berufsanforderungen hinaus

Die Mitarbeit in berufsständischen Vereinigungen wie VDI, VDE, VWI, VDPI oder ehrenamtlichen Organisationen sollten Sie im Lebenslauf nennen. Engagement über die üblichen Anforderungen des Berufs hinaus wird gerne gesehen. Auch hier gelten besondere Regeln: Nennen Sie zuerst die Institution oder den Verein, dann die Position, die Sie bekleiden, und eventuell von Ihnen mitorganisierte Veranstaltungen oder Projekte.

Vorsichtig sein sollten Sie mit der Darstellung von Tätigkeiten für Parteien oder Interessenverbände, wie Verkehrsclub Deutschland/VCD oder Greenpeace. Sie könnten dann unter Umständen als Öko-Missionar eingestuft werden. Gegen Ihre

Freizeitaktivitäten hat man in der Regel nichts, es sei denn, Sie geben Anlass zu der Vermutung, dass Sie Ihre politischen Überzeugungen ständig zum Besten geben und durch Grundsatzdiskussionen permanent Unruhe verbreiten.

Zusatzqualifikationen

In diesem Block erwähnen Sie Ihre Sprach- und EDV-Kenntnisse. Wichtig dabei ist, dass Sie nicht zu allgemein formulieren. Die bloße Angabe »Englisch« oder »EDV-Kenntnisse« ist wenig informativ.

Für Sprachen gilt, dass Sie zuerst die Sprache nennen und Ihre Kenntnisse dann bewerten. Benutzen Sie dabei folgende Abstufungen:

Nennen Sie die Qualität Ihrer Sprachkenntnisse

- Grundkenntnisse
- gut
- sehr gut
- verhandlungssicher

Ihre EDV-Kenntnisse benennen Sie ebenfalls präzise. Führen Sie die Computerprogramme, die Sie täglich benutzen oder kennen, genau auf und bewerten Sie diese Kenntnisse ebenso wie die Sprachkenntnisse (Grundkenntnisse, gut, sehr gut), nur, dass Sie für den besten Kenntnisstand statt »verhandlungssicher« die Bewertung »ständig in Anwendung« verwenden. Stellen Sie Ihre EDV-Kenntnisse beispielsweise so dar:

EDV-Kenntnisse präzise angeben

EDV-Kenntnisse: Windows XP (gut), Textverarbeitung Word, Tabellenkalkulation Excel, Datenbank Access (alle ständig in Anwendung)

Für den Abschluss Ihres Lebenslaufes gilt wieder eine klassische Regel des Bewerbungsverfahrens: Unterschreiben Sie mit Vor-

und Zunamen hinter der Ortsangabe und dem Tagesdatum. Sie bewerben sich damit in den Augen vieler Personalexperten bewusster und zielgerichteter auf die ausgeschriebene Position, weil Sie Ihren Lebenslauf durch die Datumsangabe im Falle einer Absage nicht mehr für eine andere Firma verwerten können. Erstellen Sie an Ihrem Computer so viele Lebensläufe, wie Sie wünschen, aber unterschreiben Sie diese mit Ort und Datum. Verwenden Sie niemals kopierte Lebensläufe, Sie gelten dann als Vielbewerber, der immer den gleichen Standardlebenslauf verschickt.

Unterschreiben Sie mit Datum, Ort und Namen

Sollten Sie aufgefordert werden, Ihren Bewerbungsunterlagen einen handschriftlichen Lebenslauf beizufügen, finden Sie Informationen dazu im Abschnitt »Handschriftenprobe«.

Lücken im Lebenslauf

Gestalten Sie Ihren Lebenslauf immer so, dass links auf dem Blatt eine Zeitachse zu sehen ist. Die Vorprüfung von Lebensläufen in Personalabteilungen ist auch eine Rechentätigkeit: Fehlzeiten sollen aufgespürt und Lücken entdeckt werden. Lücken sind Zeiträume über zwei Monate, für die Sie keine Tätigkeit angeben. Vermeiden Sie diese Lücken, indem Sie sie ausfüllen.

Wenn Sie beispielsweise zwischen zwei Berufstätigkeiten einen mehrmonatigen Leerlauf haben, sollten Sie darstellen, was Sie in dieser Zeit gemacht haben. Bewerber, die größere Zeiträume zur eigenen Verfügung haben und von sich aus tätig werden, um sich sinnvoll zu beschäftigen, sind durchaus gefragt. Ihre Berufsorientierung und Ihr Einsatzwille werden überprüft, indem kontrolliert wird, ob Sie innerhalb von sechs Monaten Arbeitslosigkeit zum Taxifahrer geworden sind oder ob Sie Computer-, Sprach- und Fachkurse belegt haben, um die Chancen für einen Neueinstieg in Ihrem Berufsfeld zu erhöhen.

Füllen Sie Lücken mit sinnvollen Tätigkeiten

Arbeitslosigkeit

Der Arbeitgeber eines von uns betreuten Diplom-Kaufmannes mit dem Arbeitsschwerpunkt Marketing war in Konkurs gegangen. Die unfreiwillige Wartezeit zwischen der alten und der neuen beruflichen Tätigkeit hatte er mit dem Ausbau seiner Computerkenntnisse und freiberuflichen Tätigkeiten ausgefüllt. Dies stellte er in seinem Lebenslauf aber so dar:

Beispiel

04/2005 – 08/2005   Arbeitslosigkeit

In unserem Beratungsgespräch erfragten wir, was er denn konkret in dieser Zeit getan hatte. Wir stellten fest, dass er freiberuflich für ein Unternehmen, das Messen organisiert, gearbeitet hatte. Er war dort für die Öffentlichkeitsarbeit und für die Gewinnung und Betreuung von Großkunden verantwortlich. Die neue Formulierung im Lebenslauf hieß daher:

04/2005 – 08/2005   Freiberufliche Mitarbeit bei der Messe GmbH. Tätigkeiten: Konzeption und Durchführung von PR-Maßnahmen, Großkundenakquisition und -betreuung
parallel dazu Vertiefungskurse in Excel 7.0 und Access 7.0

Bewerberinnen, die ihre Berufstätigkeit wegen der Erziehung ihrer Kinder unterbrochen haben, sollten dies auch im Lebenslauf darstellen. Die bloße Angabe von Kindern im Block Persönliche Daten ist nicht ausreichend. Stellen Sie nach Möglichkeit heraus, dass Sie nach einer gewissen Auszeit wieder damit begonnen haben, sich mit beruflichen Inhalten auseinander zu setzen. Dies kann eine Aushilfstätigkeit beim alten Arbeitgeber sein, aber auch der Besuch von Computerkursen. Wenn Sie sich zur Vorbereitung auf Ihren Wiedereinstieg in Eigenarbeit PC-Programme erschlossen haben, sollten Sie dies mit einem passenden Zeitrahmen im Lebenslauf angeben. Am geeignetsten sind die letzten zwölf Monate vor Ihrer Bewerbung. Zeigen Sie, dass Sie sich auf die Neuaufnahme Ihrer beruflichen

Aktivitäten im Erziehungsurlaub nennen

Tätigkeit vorbereitet haben und den Anschluss an aktuelle Entwicklungen gefunden haben.

Die aktive Mutter

Beispiel

Die folgende Darstellung ist nicht ausreichend:

05/2001 – 03/2007   Erziehung meiner Kinder

Aussagekräftiger ist diese Darstellung:

05/2001 – 03/2007   Erziehung meiner Tochter Andrea und meines Sohnes Patrick
02/2006 – 09/2006   Vertiefung der PC-Kenntnisse, insbesondere Textverarbeitung und Datenbanken
10/2006 – 03/2007   Filterwerk Regensburg, Abteilung Rechnungswesen, Urlaubsvertretungen

Hobbys

Zum Punkt Hobbys: Wir haben Ihnen für Ihr Anschreiben und Ihren Lebenslauf gezeigt, wie Sie Ihre fachlichen Kenntnisse und persönlichen Fähigkeiten konkret, überzeugend und auf Ihr Berufsfeld ausgerichtet, darstellen sollten. Sie können deshalb auf die Beschreibung von Hobbys als Beleg für Ihre persönlichen Fähigkeiten verzichten, denn dies kann schnell zum Bumerang werden.

Ihre Hobbys sollten zur beruflichen Tätigkeit passen

Ihre Hobbys sind nur dann wichtig, wenn sie zur neuen beruflichen Tätigkeit passen. Wenn Sie zukünftig mit der Entwicklung von Textilmembranen für Outdoor-Kleidung zu tun haben, sollten Sie in Ihren Hobbys eine Begeisterung für Outdoor-Aktivitäten deutlich machen. Für die meisten Berufsfelder lässt sich jedoch kein Zusammenhang zwischen Hobby und Berufstätigkeit herstellen. In diesen Fällen können Sie auf die Nennung von Hobbys verzichten.

Auf die Angabe sollten Sie auf jeden Fall dann verzichten, wenn Ihre Hobbys Einschränkungen Ihrer beruflichen Leistungsfähigkeit vermuten lassen. Alle Leistungssportarten, die Sie in Ihrem Lebenslauf nennen, lassen Personalverantwortliche an Rückenschäden, kaputte Gelenke und dauernden Freizeitstress durch häufiges Training, Wochenendwettkämpfe und Siegesfeiern denken. Wer Jugendgruppen trainiert, zeigt damit zwar seine Schulungs- und Vermittlungsfähigkeiten, lässt aber auch Rückschlüsse auf überdurchschnittliches Engagement in der Freizeit zu, wobei vermutet wird, dass dies zu Lasten des beruflichen Engagements geht.

Das Zauberwort heißt: aktive Entspannung

Vorsicht auch mit Hobbys, die Sie nur in bestimmten Landstrichen ausüben können. Segeln und Skifahren können Sie beispielsweise nicht überall in Deutschland. Bei solchen Angaben sollten Sie daher überlegen, wo Sie sich geografisch bewerben. Extremsportarten wie Drachenfliegen, Free Climbing, Boxen oder Ähnliches nennen Sie wegen der Verletzungsgefahr ebenfalls nicht.

Problemlos können Sie Hobbys angeben, die zeigen, dass Sie sich in Ihrer Freizeit aktiv entspannen. Dazu gehören Schwimmen, Joggen, Yoga, Aerobic und Fitnesstraining.

Handschriftenprobe

Die Kunst der Schriftdeutung wird von einigen »Auswahlexperten« benutzt, um aus der Handschrift eines Bewerbers seine Persönlichkeit und damit unter anderem seine Leistungsbereitschaft, seine Sorgfalt oder seine Anpassungsfähigkeit herauszulesen. Das Fremdwort hierfür heißt Grafologie. Lesen Sie hierzu auch unsere Ausführungen im Kapitel »Auswahlverfahren im Bewerbungsprozess«.

Grafologische Gutachten

Grafologische Gutachten werden als Auswahlinstrument für Angestellte ohne Führungsaufgaben in weniger als 2 Prozent und für Führungskräfte in weniger als 5 Prozent der zu vergebenden Positionen eingesetzt. Wenn Sie in einer Stellenanzeige lesen, dass Sie den Bewerbungsunterlagen eine Schriftprobe beifügen sollen, kann es sich um den seltenen Fall handeln, dass man Ihre berufliche Eignung mithilfe eines grafologischen Gutachtens erfassen möchte.

Die Bedeutung grafologischer Gutachten

Überlegen Sie sich, ob Sie auf diese Forderung eingehen wollen. Der Einsatz eines grafologischen Gutachtens als Auswahlinstrument lässt Rückschlüsse darauf zu, dass sich Ihre weitere Entwicklung in diesem Unternehmen eher willkürlich gestalten wird. Grafologische Gutachten sind kein seriöses Personalauswahlinstrument.

Wenn Sie dennoch auf die Forderung nach einer Schriftprobe eingehen möchten, können Sie handschriftlich ein kurzes Resümee Ihrer Karrierevorstellungen liefern. Schreiben Sie eine Seite über Ihre beruflichen Ziele und was Sie bisher für das Erreichen dieser Ziele getan haben.

Der handschriftliche Lebenslauf als zusätzliche Hürde

Häufiger als die Forderung nach einer Schriftprobe wird ein handgeschriebener Lebenslauf verlangt. Die entsprechenden Formulierungen in Stellenanzeigen lauten dann beispielsweise »Bitte senden Sie uns Ihre Bewerbungsunterlagen (Anschreiben, Foto, Zeugnisse) und Ihren handgeschriebenen Lebenslauf zu«.

Die Forderung nach einem handgeschriebenen Lebenslauf ist als zusätzliche Hürde im Bewerbungsverfahren zu verstehen. Es geht um den höheren Aufwand, den ein Bewerber hat, wenn er für seinen Lebenslauf nicht einfach einen Computerausdruck verwenden kann.

Hintergrund dieser Maßnahme ist, dass es immer wieder Bewerber gibt, die nicht wirklich an einem Arbeitsplatzwechsel interessiert sind, sondern lediglich ihren aktuellen Marktwert testen wollen. Diese Bewerber hofft man durch die Forderung, einen handgeschriebenen Lebenslauf anzufertigen, abzuschrecken.

Ihr handgeschriebener Lebenslauf sollte ein bis zwei Seiten umfassen. Liefern Sie eine Nacherzählung Ihres Werdeganges in Kurzform. Achten Sie auf eine gut lesbare Schrift. Untergliedern Sie den Text durch Absätze in mehrere Blöcke. Lassen Sie genügend Seitenrand. Überprüfen Sie Ihren Lebenslauf auf Rechtschreib- und Kommafehler. Unterschreiben Sie den Lebenslauf mit Ort und Datumsangabe.

Legen Sie einen maschinengeschriebenen Lebenslauf dazu

Zusätzlich zum handgeschriebenen Lebenslauf sollten Sie immer einen mit Computer oder Schreibmaschine verfassten tabellarischen Lebenslauf beilegen.

Auf einen Blick

Der Lebenslauf

Im Blick

- Nach Ihrem Anschreiben ist Ihr Lebenslauf das wichtigste Stück der schriftlichen Bewerbungsunterlagen.
- Bilden Sie für Ihre Daten im Lebenslauf sechs Blöcke:
    - persönliche Daten
    - Berufstätigkeit
    - Studium oder Ausbildung
    - Schule, Wehr- oder Zivildienst
    - Weiterbildung und Sonstiges (Ehrenämter, Mitgliedschaften)
    - Zusatzqualifikationen
- Gestalten Sie Ihren Lebenslauf positionsbezogen. Stellen Sie die Tätigkeiten, die zu der ausgeschriebenen Position passen, breiter dar. Dies gilt besonders für die Blöcke Berufstätigkeit, Weiterbildung und Zusatzqualifikationen.
- Die bloße Nennung einer Berufsbezeichnung ist nicht aussagekräftig. Beschreiben Sie die einzelnen Tätigkeiten ausführlich, die Sie in Ihren jeweiligen beruflichen Positionen ausgeübt haben. Setzen Sie Tätigkeitsbeschreibungen ein, die einen Bezug zur ausgeschriebenen Stelle haben.

- Formulieren Sie stichwortartig. Vermeiden Sie Abkürzungen.
- Führen Sie nur die Weiterbildungsmaßnahmen auf, die für die ausgeschriebene Position von Bedeutung sind.
- Sprach- und EDV-Kenntnisse werden dargestellt, indem Sie die entsprechenden Sprachen beziehungsweise Programme nennen und Ihre Kenntnisse bewerten.
- Lebensläufe sind für Personalabteilungen Rechenaufgaben: Ihr Lebenslauf muss zeitlich übersichtlich sein. In alle Blöcke gehört zu jeder Station die Zeitangabe in Monat und Jahr.
- Vermeiden Sie Lücken im Lebenslauf. Beschreiben Sie, was Sie in vermeintlichen Leerlaufphasen, beispielsweise in der Übergangszeit zwischen zwei beruflichen Stationen, gemacht haben. Zeigen Sie sich aktiv.
- Aufgepasst bei Hobbys mit Bumerang-Effekt: Keine Leistungssportarten, keine vermeintlich gesundheitsgefährdenden Hobbys wie Free Climbing oder Boxen. Nennen Sie nur Hobbys, die zeigen, dass Sie sich in Ihrer Freizeit aktiv entspannen, beispielsweise Schwimmen, Joggen, Yoga, Aerobic oder Fitnesstraining.
- Unterschreiben Sie Ihren Lebenslauf mit Ort, Tagesdatum und Vor- und Zunamen.

12

Das Bewerbungsfoto

Ihr Bewerbungsfoto soll einen realistischen Eindruck Ihrer Person vermitteln. Sie zeigen mit dem Bewerbungsfoto, wie Sie Ihre zukünftige Position sehen und wie Sie das Unternehmen nach außen darstellen wollen. Besonders gefragt ist Ihr Erscheinungsbild bei Berufen mit Führungsverantwortung, Beratungsaufgaben oder Kundenverkehr.

Das Bewerbungsfoto ist ein wesentlicher Bestandteil Ihrer Bewerbungsunterlagen. Personalverantwortliche erschließen sich viele Bewerberinformationen indirekt. Sie sind darauf spezialisiert, Detailinformationen aus der Bewerbungsmappe so zusammenzufügen, dass ein positiver oder negativer Gesamteindruck des Bewerbers entsteht. Hierbei spielt das Bewerbungsfoto eine wichtige Rolle. Führungskräfte zeigen mit dem Bewerbungsfoto, wie sie ihre zukünftige Position sehen und wie sie das Unternehmen nach außen vertreten würden. Dies ist natürlich besonders wichtig bei Berufen mit Führungsverantwortung, Beratungsaufgaben oder Kundenverkehr.

Ein wesentlicher Bestandteil Ihrer Bewerbungsunterlagen

Ihr Bewerbungsfoto kann bei Personalverantwortlichen Emotionen wecken und Sympathie, aber auch Antipathie auslösen. Der Grund dafür ist, dass das menschliche Gehirn so aufgebaut ist, dass wir rationalen und emotionalen Eindrücken gegenüber gleich offen sind. Da im Berufsalltag die Vernunft in Form von sachlichen Argumenten, logischen Einwänden und unwiderlegbaren Zahlen dauernd gefordert ist, ist unser emotionaler Speicher meistens unterfordert. Er stürzt sich geradezu auf Gelegenheiten, die emotionales Futter versprechen. Bei der Überprüfung von Bewerbungsunterlagen sind dies die visuellen Eindrücke der Bewerbungsfotos, die mit Sympathie- oder Antipathie-Effekten gekoppelt sind.

Der erste Eindruck

Die Macht des ersten Eindrucks ist der Grund für die vielen Geschichten, die sich um das Bewerbungsfoto ranken. Auch wir kennen Personalverantwortliche, die sich die Fotos anschauen, noch bevor sei einen Satz im Anschreiben oder Lebenslauf lesen. Es gibt sogar Unternehmen, die Bewerbungsfotos aus den zugesandten Unterlagen entfernen, bevor die Bewerbungsunterlagen formal und inhaltlich geprüft werden. Die Fotos kommen erst in der zweiten Prüfungsrunde wieder ins Spiel. So sollen zu stark gefühlsbetonte Entscheidungen vermieden werden.

Ein emotionales Entscheidungskriterium

Seit dem Jahr 2006 gilt in Deutschland das Allgemeine Gleichbehandlungsgesetz (AGG), das Firmen unter anderem verbietet, von Bewerbern Fotos zu verlangen. Es ist aber weiterhin durchaus erlaubt, Bewerbungsunterlagen freiwillig ein Foto beizulegen – und das sollten Sie auch unbedingt tun. Schließlich liefern Sie mit dem Foto einen ersten persönlichen Eindruck von sich und beantworten Unternehmen die Frage: »Wollen wir sie oder ihn hier jeden Tag in der Firma sehen?«

Versenden Sie nur aktuelle Fotos von guter Qualität

Jeder weiß natürlich um den Unterschied zwischen tatsächlichem Erscheinen und verschönter Darstellung auf Fotos. Sie sollten daher im Bewerbungsgespräch so aussehen wie auf dem Foto. Haarfarbe, Frisur, Kleidung, Brille oder Bart sollten dem Bewerbungsfoto entsprechen. Verwenden Sie auf jeden Fall immer ein aktuelles Foto.

Personalverantwortliche beklagen häufig, dass sich Bewerberinnen und Bewerber keine Mühe bei der Auswahl ihres Bewerbungsfotos geben. Es werden Fotos mitgeschickt, die den Eindruck erwecken, dass sie schon seit vielen Jahren in der Schreibtischschublade liegen. Auch zerknickte oder abgegriffene Fotos geben nur zu Spekulationen Anlass, wie viele Unternehmen Sie bereits abgelehnt haben. Fotos, denen anzusehen ist, dass sie bereits mehrmals für Bewerbungen verwandt worden sind, sollten Sie deshalb aussortieren.

Das geeignete Foto

Automatenfotos gehören auf keinen Fall in Ihre Bewerbungsmappe. Sie sollten Ihre Selbstdarstellung auch beim Foto ernst nehmen und dies dadurch dokumentieren, dass Sie Ihr Foto von einem professionellen Fotografen anfertigen lassen. Sie müssen zusammen mit Ihren Unterlagen ein Portraitfoto liefern. Ein Portraitfoto unterscheidet sich von einem Passfoto dadurch, dass nicht nur Ihr Hals und Gesicht zu sehen sind, sondern auch noch ein Teil Ihrer Schultern.

Gehen Sie zu einem professionellen Fotografen

Da Bewerbungsfotos einen realistischen Eindruck des Bewerbers vermitteln sollen, sollten Sie sich immer für einen Farbabzug entscheiden. Wählen Sie eine Größe, bei der Sie gut auf dem Foto zu erkennen sind.

Bei der Auswahl eines geeigneten Fotografen sollten Sie Fotostudios meiden, die Ihnen nur Polaroidfotos als Sofortabzüge anbieten. Fragen Sie nach der Möglichkeit, einen Kontaktbogen anfertigen zu lassen. Wenn Ihr Fotograf dazu in der Lage ist, wird er Ihnen mehrere verkleinerte Fotos zusammengefasst auf einem DIN A4-Fotopapier liefern (ähnlich einem Fotoindex). Lassen Sie für den Kontaktbogen mindestens zehn Aufnahmen von sich machen. Von den auf dem Kontaktbogen abgebildeten Fotos sollten Sie dann zusammen mit einer Person Ihres Vertrauens das Foto aussuchen, das für die Position, auf die Sie sich bewerben, am besten geeignet ist.

Lassen Sie sich einen Kontaktbogen erstellen

Schärfen Sie Ihren Blick dafür, dass die fotografische Darstellung von Mitarbeitern aus Banken oder Unternehmensberatungen anders ist als die von Mitarbeitern aus der Multimediabranche oder Werbeagenturen. Nach Möglichkeit sollten Sie Ihr Outfit den Vorlieben der Firma, bei der Sie sich bewerben, anpassen.

Ihr Outfit sollte zur Firma passen

Fotos von Firmenangehörigen, die Sie auch als Vorlage zum Fotografen mitnehmen können, finden Sie in den Imagebroschüren und den Verkaufsprospekten der Firmen. In diesen Werbematerialien finden Sie Fotos von Mitarbeitern, die Sie als Anregung für Ihre eigenen Fotos nutzen können. Weitere Beispiele dafür, wie sich Firmenangehörige fotografieren lassen, finden Sie auch in Wirtschaftsmagazinen wie *Capital, Wirtschaftswoche, manager magazin*.

Die richtige Kleidung

Ihre Kleidung sollte auf die Position, auf die Sie sich bewerben, abgestimmt sein. Wenn Sie sich unsicher sind, welche Erwartungen an Ihr Äußeres gestellt werden, sind Sie konservativ gekleidet auf der sicheren Seite. Männer wählen einen Anzug in gedeckten Farben mit farblich dazu passendem Hemd und einer unauffälligen Krawatte. Für Frauen ist ein Kostüm oder Hosenanzug mit passender Bluse die richtige Wahl. Schmuck und Make-up sollten dezent sein.

Im Zweifel eher konservativ

Beachten Sie hierzu: Das Bewerbungsfoto soll dokumentieren, wie Sie das Unternehmen im Außenkontakt (gegenüber Kunden, Geschäftspartnern, Lieferanten) repräsentieren würden. Es soll nicht zeigen, in welcher Kleidung Sie gerne arbeiten möchten.

Wechseln Sie zwischen den Aufnahmen im Fotostudio ruhig die Kleidung. Bewerber können von einem hellen Jacket auf ein dunkles wechseln. Bewerberinnen können es beispielsweise einmal mit Halstuch, einmal ohne, oder mit hochgesteckten oder offenen Haaren probieren. Lassen Sie von dem Fotografen auch

Hintergrund und Ausleuchtung verändern. Achten Sie aber generell darauf, dass der gewählte Hintergrund hell ist. Dunkle Hintergründe wirken meist düster und können Sie Sympathiepunkte kosten.

Mimik und Blickrichtung

Schauen Sie weder verschlossen-griesgrämig noch hilflos-anbiedernd in die Kamera. Ein freundlicher Gesichtsausdruck ist wichtig, um Sympathie zu erzeugen. Auf den Fotos sollten Sie ein nettes Lächeln zeigen, ohne dabei die Zähne zu blecken.

Wenn Sie Ihr Foto, wie von uns empfohlen, in der oberen rechten Ecke Ihres Lebenslaufes anbringen, sollten Sie beim Fotografen darauf achten, dass Sie, von Ihnen aus gesehen, nach rechts schauen. Sonst ergibt sich später für den Betrachter Ihrer Unterlagen der ungünstige Eindruck, dass Sie von Ihrem Lebenslauf wegschauen. Dies könnte zu der Vermutung veranlassen, dass Sie Schwierigkeiten damit haben, sich zu akzeptieren. Blicken Sie lieber zu Ihrem Lebenslauf hin, um auch optisch eine Einheit zwischen den aufgeführten Kenntnissen und Fähigkeiten und der auf dem Foto abgebildeten Person zu schaffen.

Schaffen Sie eine optische Einheit zwischen Ihren Fähigkeiten und dem Foto

Das Foto in Ihrer Bewerbungsmappe

Falls das Unternehmen, wie oben beschrieben, Ihr Foto zunächst von den anderen Bewerbungsunterlagen trennt, sollten Sie Vorsorge dafür treffen, dass man Ihr Foto später auch wieder Ihren Unterlagen zuordnen kann. Das Memory-Spiel »Welches Foto gehört zu welchem Lebenslauf?« ist in Personalabteilungen äußerst unbeliebt. Beschriften Sie daher Ihr Foto auf der Rückseite mit Ihrem Namen und Ihrer vollständi-

Beschriften Sie das Foto auf der Rückseite

gen Adresse. Die Beschriftung darf jedoch nicht auf das Foto durchdrücken.

Achten Sie auch darauf, dass sich das Foto überhaupt vom Lebenslauf lösen lässt. Wenn beim Entfernen des Fotos ein Stück Papier vom Lebenslauf mit abgerissen wird, kann Ihnen das Minuspunkte bei der anschließenden formalen Überprüfung der Bewerbungsunterlagen einbringen. Befestigen Sie das Foto aber nicht mit der Büroklammer oder dem Hefter auf Ihrem Lebenslauf, sondern nehmen Sie wiederablösbare Haftpunkte, Montagekleber oder Fotoecken. Kleben Sie Ihr Foto rechts oben auf den Lebenslauf.

Das Foto muss sich wieder ablösen lassen

Eingescannte und direkt auf den Lebenslauf gedruckte Fotos bieten Ihnen zwar ein Sparpotenzial, hinterlassen aber bei Personalverantwortlichen den negativen Eindruck, dass Ihnen die Bewerbung bei diesem Unternehmen nicht viel wert ist. Außerdem schürt diese Vorgehensweise den Verdacht, dass der Absender die Bewerbung als kostengünstige Massendrucksache abwickelt.

In Ihrer Bewerbungsphase sollten Sie immer ausreichend Fotos zu Hause haben. Es kann Ihnen schließlich passieren, dass Sie nach einem positiv verlaufenen Telefongespräch aufgefordert werden, umgehend Ihre schriftlichen Unterlagen zuzusenden. Wenn Sie dann warten müssen, bis Ihre Bewerbungsfotos fertig sind, ist Ihr Startvorteil gegenüber anderen Bewerbern verloren.

Legen Sie sich einen Vorrat an Fotos an

Damit keine Missverständnisse aufkommen: Sie werden nicht eingestellt, nur weil Sie auf dem Foto überzeugend lächeln und richtig angezogen sind. Wichtig ist jedoch, dass Sie mit dem Bewerbungsfoto keine Fehler begehen. Dann werden Sie nämlich aussortiert, bevor Sie eine Chance zur Darstellung Ihrer Fähigkeiten im Gespräch haben.

Auf einen Blick

Das Bewerbungsfoto

Im Blick

- Wählen Sie Ihr Bewerbungsfoto sorgfältig aus. Ein gutes Foto löst Sympathie aus, ein schlechtes Abneigung.
- Verwenden Sie keine Automatenfotos. Lassen Sie von einem guten Fotografen einen Kontaktbogen mit mindestens zehn Aufnahmen erstellen.
- Bewerberfotos sollen einen realistischen Eindruck des Kandidaten vermitteln. Das leisten nur Farbfotos.
- Bewerbungsfotos sind Portraitaufnahmen und keine Passfotos.
- Gute Fotografen stimmen bei Kontaktbögen die Farbe des Hintergrundes auf Ihre Haarfarbe und die Farbe Ihrer Kleidung ab. Wählen Sie eher einen hellen Hintergrund. Sie können auch verschiedene Kleidungsstücke mitbringen und diese zwischen den Aufnahmen wechseln.
- Stimmen Sie die Kleidung, die Sie auf dem Foto tragen, auf die Position ab, auf die Sie sich bewerben. Ihr Bewerbungsfoto dokumentiert, wie Sie das Unternehmen im Außenkontakt repräsentieren würden.
- Ein freundlicher Gesichtsausdruck ist erwünscht, das heißt, schauen Sie weder verschlossen und griesgrämig noch übertrieben anbiedernd in die Kamera. Gut ist ein nettes Lächeln, ohne dabei die Zähne zu blecken.
- Beschriften Sie Ihr Foto auf der Rückseite mit Ihrem Namen und Ihrer vollständigen Adresse.
- Befestigen Sie das Foto mit wieder ablösbaren Haftpunkten, Montagekleber oder Fotoecken rechts oben auf Ihrem Lebenslauf.
- In der Bewerbungsphase sollten Sie immer einen Vorrat an aktuellen Bewerbungsfotos zur Hand haben, um schnell reagieren zu können.
- Ihnen wird kein Arbeitsvertrag angeboten, weil Sie auf Ihrem Bewerbungsfoto sympathisch lächeln und richtig angezogen sind. Ein mangelhaftes Foto kann aber verhindern, dass Sie überhaupt zu einem Vorstellungsgespräch eingeladen werden.

13

Gelungene Beispielanschreiben und -lebensläufe

Unsere Beispielanschreiben und -lebensläufe zeigen Ihnen, wie Sie unsere Tipps und Techniken in die Praxis umsetzen können. Wir geben Ihnen Anregungen für den sinnvollen Aufbau von Anschreiben und Lebensläufen und machen Sie mit möglichen Formulierungen vertraut.

Bewerbungsmappen von Führungskräften werden als erste Arbeitsprobe für zukünftige Aufgaben angesehen. Bewerbern, die im Anschreiben nicht auf den Punkt kommen, wird schnell unterstellt, dass sie auch im Berufsalltag Schwierigkeiten damit haben werden, zielgerichtet und ergebnisorientiert zu arbeiten. Personalverantwortliche beklagen regelmäßig, dass Führungskräfte nicht ihre Chance nutzen, sich im Anschreiben positiv von ihren Mitbewerbern abzusetzen. Unterlagen, die sich nur durch die Farbe des Hefters und die persönlichen Daten des Absenders unterscheiden, sind leider die Regel. Inhaltslose Floskeln und abstrakte Formulierungen führen schnell dazu, dass Personalverantwortliche auf eine intensive Prüfung der Bewerbungsmappe verzichten.

Der Königsweg der Bewerbung ist Individualität und Aussagekraft. Ihr Anschreiben und Ihr Lebenslauf sind der schriftliche Ausdruck Ihres individuellen beruflichen Profils und Ihrer Persönlichkeit. Aus unserer Beratungstätigkeit wissen wir: Es gibt niemals zwei Bewerber mit dem gleichen Profil. Liefern Sie im Anschreiben Argumente für Ihre Einstellung, stellen Sie den Wert Ihrer Qualifikationen für den angestrebten Arbeitsplatz heraus.

Mit dem Anschreiben können Sie sich von Ihren Mitbewerbern absetzen

Nach einer gründlichen Bestandsaufnahme und Selbstanalyse in den Bereichen fachliche, soziale und methodische Kompetenz ist es für Sie wichtig, Ihr berufliches Profil so darzustellen, dass für ein Unternehmen klar wird, welchen Nutzen Sie zu bieten haben. Argumentieren Sie im Anschreiben und im Lebenslauf aus der Perspektive des beworbenen Unternehmens heraus. Stellen Sie die Aufgaben in den Vordergrund, die für das neue Unternehmen interessant sind. Machen Sie im Bewerbungsverfahren von Anfang an deutlich, was Sie anzubieten haben und warum dies für das neue Unternehmen von Nutzen sein könnte. Konkrete Tätigkeitsbeschreibungen erleichtern es den Lesern Ihrer Unterlagen zu erkennen, welche Qualifikationen Sie mitbringen.

Ihr berufliches Profil sollte den Nutzen für die Firma deutlich machen

Ihre Selbstpräsentation ist der Kern Ihres Anschreibens. Überprüfen Sie unsere gelungenen Beispielanschreiben einmal anhand der Überzeugungsregeln, die wir Ihnen im Kapitel »Die Selbstpräsentation: das Herzstück Ihrer Bewerbung« vorgestellt haben. Sie werden erkennen, dass die Führungskräfte in den Beispielanschreiben auf die fachlichen Anforderungen aus den Stellenausschreibungen eingehen, Aktivität bei der Bewältigung ihrer beruflichen Aufgaben zeigen, ihr individuelles Profil deutlich machen, Beispiele für persönliche Fähigkeiten geben, ihre Qualifikationen beschreiben statt sie zu bewerten und viele Schlüsselbegriffe aus dem Tagesgeschäft einsetzen. Optimieren auch Sie Ihre Anschreiben, indem Sie sie mithilfe unserer Überzeugungsregeln ausformulieren.

So formulieren Sie überzeugend

Die im Folgenden dargestellten Beispielanschreiben und -lebensläufe dienen dazu, Ihnen geeignete Formulierungen vorzustellen und Ihnen den sinnvollen Aufbau von Anschreiben und Lebensläufen zu zeigen.

Verkaufsleiter

Anzeige 1

Wir sind ein Pionier der Systemintegration und weltweiter Anbieter von Netzwerkmanagement-Lösungen. Zum schnellstmöglichen Zeitpunkt suchen wir eine/n

Verkaufsleiter/in

Als Verkaufsleiter/in sind Sie innerhalb des Top-Level-Managements für die Kundenschnittstelle verantwortlich. Von der Akquisition über die strategische Ausrichtung bis zum Key-Account-Management koordinieren Sie alle Vertriebsaktivitäten, wobei Sie eng mit unseren zertifizierten Vertriebspartnern zusammenarbeiten. Sie haben Umsatz- und Ergebnisverantwortung und bestimmen den Ausbau der Marktposition erheblich mit.

Wir setzen ein Studium oder eine technische Ausbildung und mindestens fünf Jahre Erfahrung im Vertrieb technisch anspruchsvoller Produkte voraus. Sie sollten Erfahrungen in der Entwicklung strategischer Marketing- und Vertriebskonzepte mitbringen und auf ein bis drei Jahre Führungserfahrung zurückblicken können. Kommunikationsfähigkeit, Durchsetzungsvermögen und sicheres Auftreten zählen zu Ihren Stärken. Exzellentes Präsentationsvermögen, Verhandlungssicherheit und ein hohes Verantwortungsbewusstsein runden Ihr Profil ab.

Wenn Sie Interesse haben, senden Sie bitte Ihre vollständigen Bewerbungsunterlagen mit Angaben zum frühestmöglichen Eintrittstermin an:

Data Solutions AG, Personalabteilung, Frau Elke Wirtz, Robert-Bosch-Straße 212, 55545 Köln

Heiko Mehrendt, Schopenstehl 35, 56565 Köln
Tel.: (02 22) 12 45 67, Fax: (02 22) 1 23 45 66
E-Mail: Mehrendt@gmx.de

Data Solutions AG
Personalabteilung
Frau Elke Wirtz
Robert-Bosch-Straße 212
55545 Köln

Köln, 10.10.2008

Bewerbung als Verkaufsleiter
Ihre Anzeige in der *FAZ* vom 01.10.2008 und unser Telefongespräch vom 06.10.2008

Anschreiben 1

Sehr geehrte Frau Wirtz,

vielen Dank für den ersten Abgleich meines Profils mit den Anforderungen der Stelle. Hier sind die von Ihnen gewünschten Informationen zu meiner Person und meinen Qualifikationen.

Vor fünf Jahren habe ich bei einem Anbieter von Netzwerktechnologien Umsatzverantwortung übernommen. Ich führe als Account Manager ein Team von acht Mitarbeitern und bin als Koordinator für die Marketing- und Sales-Aufgaben für alle Vertriebsaktivitäten zuständig.

In meiner momentanen Position habe ich das Geschäftsfeld des Unternehmens durch die Umsetzung von Full-Service-Konzepten erweitert. Mir obliegt das Projektmanagement der Entwicklung strategischer Marketing- und Vertriebskonzepte. Die Marktposition meines Unternehmens konnte ich erfolgreich ausbauen.

Vor meiner jetzigen Tätigkeit war ich bereits neun Jahre im Vertrieb tätig. Meine Erfahrung im Vertriebsinnen- und -außendienst habe ich vier Jahre lang als Key-Account-Manager im IT-Bereich eingebracht. Die Basis für meine berufliche Entwicklung war ein erfolg-

Gelungene Beispielanschreiben und -lebensläufe

reich abgeschlossenes Studium der Betriebswirtschaftslehre. Um sowohl im technischen als auch im organisatorischen Bereich immer am Ball zu bleiben, habe ich mich ständig weitergebildet. Ich spreche sehr gut Englisch. Meine Kündigungsfristen richten sich nach den gesetzlichen Bestimmungen.

Meine erfolgreiche Arbeit würde ich gerne in Ihrem Unternehmen als Verkaufsleiter fortführen. Für ein Vorstellungsgespräch stehe ich Ihnen gerne zur Verfügung.

Mit freundlichen Grüßen

Heiko Mehrendt

Heiko Mehrendt
Schopenstehl 35
56565 Köln

Tel.: (02 22) 1 23 45 67
Fax: (02 22) 1 23 45 66
E-Mail: Mehrendt@gmx.de

Lebenslauf

Lebenslauf 1

Persönliche Daten

geb. am 06.06.1967 in Köln
verheiratet, 3 Kinder

Berufstätigkeit

10/2003 – heute	Network GmbH (Anbieter von Netzwerktechnologien), Vertrieb/Verkaufsförderung, Account Manager: Koordinator für

	Marketing- und Sales-Aufgaben, Verantwortung für acht Mitarbeiter, Kundenbetreuung und Ausbau des bestehenden Geschäftsfeldes, Planung und Koordination von Messen und Kongressen, Projektmanagement der strategischen Entwicklung von Verkaufsaktivitäten
05/1999 – 09/2003	Full Logic Systems GmbH (Systemintegration), Key Account Manager: Entwicklung der Kundenbeziehungen, Weiterentwicklung der IT-Strategie von Kunden, Koordination der Angebotserstellung, Wettbewerberbeobachtung und Durchführung von Marktpotenzialanalysen
05/1998 – 03/1999	Miracle Systems GmbH (Softwareintegration), Sales Consultant, Vertriebsaußendienst, Akquisition, Kundenbetreuung, Angebotserstellung
10/1994 – 04/1998	Miracle Systems GmbH, Vertriebsinnendienst, Sales Associate: Erstellung von Serviceangeboten aus dem Dienstleistungsportfolio, Telefonvertrieb, Auftragsbearbeitung

Studium

15.09.1994	Diplom-Kaufmann
03/1988 – 09/1994	Studium der Betriebswirtschaftslehre an der Ruhr-Universität Bochum

Wehrdienst, Schule

08/1986 – 03/1988	Wehrdienst, Schnellbootgeschwader III, Wilhelmshaven
30.06.1986	Abitur am Goethe-Gymnasium Köln

Weiterbildung

10/2004	Verkaufsakademie, Aktives Beziehungsmanagement – Neue Wege der Kundenbetreuung

06/2001	Weiterbildungs GmbH, Projektmanagement in Theorie und Praxis
04/1999	Akademie für Fortbildung, Netzwerktechnologien

Zusatzqualifikationen

Sprachen:	Englisch (sehr gut)
EDV-Kenntnisse:	Bürosoftware MS Office (gut)
	Netzwerke (sehr gut)

Köln, 10.10.2008 *Heiko Mehrendt*

Produktmanagerin Sportartikel

Wir suchen zum frühestmöglichen Termin eine/n erfahrene/n

Produktmanager/in Sportartikel   Anzeige 2

Sie agieren im Produktmanagement als Schnittstelle zum Markt und zu unserem Vertrieb.
Ihre Aufgabe beinhaltet schwerpunktmäßig

- Erstellung und Umsetzung der Marketingkonzeption für definierte Produkte
- Erarbeitung von Warenpräsentationskonzepten zum Ausbau/Aufbau von POS-Aktivitäten
- Durchführung von Event-Marketing-Maßnahmen
- Marktbeobachtung der Produktlinien
- Organisation und Auswertung von Kundenbefragungen
- Unterstützung des Vertriebes

Ihre Stärke liegt in einem ausgeprägten Verständnis für Kundenbedürfnisse und Vertriebsbelange. Wenn Sie selbstständiges Arbeiten gewohnt und mobil sind, ein hohes Maß an Eigenmotivation mitbringen und sich gut innerhalb eines engagierten Teams einbringen können, dann passen Sie zu uns.

Haben Sie Interesse? Dann freuen wir uns auf Ihre aussagekräftige Bewerbung. Weitere Informationen gibt Ihnen gerne Herr Peter Weinmann unter der Telefonnummer (0 89) 8 87 76 65.

Sportartikel AG, Hauptabteilung Personal- und Sozialwesen, Herr Peter Weinmann, Kreuzstrasse 7, 80538 München

Dagmar Kuhlert, Dorotheenstraße 52, 80008 München
Tel.: (0 89) 43 43 65, E-Mail: D.Kuhlert@online.de

Sportartikel AG
Hauptabteilung Personal- und Sozialwesen
Herr Peter Weinmann
Kreuzstrasse 7
80538 München

München, 11.02.2009

Anschreiben 2

Bewerbung als Produktmanagerin
SZ vom 04.02.2009 und unser Telefongespräch vom 09.02.2009

Sehr geehrter Herr Weinmann,

seit vier Jahren leite ich die Handelsvertretung Deutschland für die Tiger Sportartikel GmbH, München. Als Verantwortliche für den gesamten Vertrieb in Deutschland bin ich bei den Produktlinien für die Abstimmung von Einkauf, funktionsorientiertem Design, Produktion und Vertrieb zuständig.

Die strategische Konzeption von Marketingaktivitäten gehört ebenfalls zu meinem Aufgabenbereich. In Zusammenarbeit mit dem Großhandel habe ich Point-of-Sale-Systeme erstellen lassen, die nachweisbare Absatzsteigerungen zur Folge hatten. Die Positionierung der Produktlinien überprüfe ich durch regelmäßige Marktbeobachtungen. Weiter gehört die Verwaltung des Sponsoring-Budgets zu meinen Aufgaben. Ich habe Event-Marketing-Aktivitäten in den Fun-Sportarten Inline-Skates, Snowboard, Beach-Volleyball konzipiert und umgesetzt.

Vor meiner jetzigen Tätigkeit habe ich als Produktmanagerin und als Key-Account-Managerin für den Hersteller von Outdoor-Bekleidung, die Monsun GmbH in Köln, gearbeitet. Die Koordination zwischen der Produktion in Portugal und der Designabteilung in Schweden war zunächst der Schwerpunkt meiner Arbeit. Das starke Wachstum der Monsun GmbH erforderte eine Neustrukturierung des Vertriebs im deutschprachigen Raum, welche ich verantwortlich verwirklichte.

Im Aufbau des Kundenservice und der Vertriebsunterstützung habe ich umfangreiche Berufspraxis gesammelt. Sowohl bei der Tiger Sportartikel GmbH als auch bei der Monsun GmbH war eine Reisetätigkeit von etwa einem Drittel meiner Arbeitszeit zur Aufgabenerfüllung notwendig.

Die von Ihnen ausgeschriebene Position des Produktmanagers ist für mich interessant, da sie mir die Integration meiner bisherigen Tätigkeiten an der Schnittstelle von Produktion, Vertrieb und Marketing ermöglicht. Ihr international agierendes Unternehmen bietet mir die zukunftsorientierte Ausrichtung, die ich für den Erfolg am Markt für wesentlich halte.

Über die Einladung zu einem weiterführenden Gespräch würde ich mich freuen.

Mit freundlichen Grüßen

Dagmar Kuhlert

Dagmar Kuhlert
Dorotheenstraße 52
80008 München

Tel.: (0 89) 43 43 65
E-Mail: D.Kuhlert@online.de

Lebenslauf

Persönliche Daten
geb. am 07.11.1975 in Stuttgart
ledig

Berufstätigkeit

08/2004 – heute	Tiger Sportartikel GmbH, München, Leiterin der Handelsvertretung Deutschland, Aufbau des Vertriebsnetzes, Ausbau und Teilung des Vertriebsnetzes (Nord-/Süddeutschland), PR-Aktivitäten und Einsatz des Sponsoring-Budgets, Mitarbeit bei Produktentwicklung, Produkttests, Händlerschulungen, Abstimmung von Einkauf, Design und Vertrieb für zielgruppenspezifische Kollektionen, Erarbeitung von Point-of-Sale-Systemen in Zusammenarbeit mit dem Großhandel
06/2003 – 07/2004	Monsun GmbH, Köln, Key-Account-Managerin, Neustrukturierung und Ausbau des Vertriebs in Deutschland, der Schweiz und Österreich, Messeorganisation (Outdoor Retailer Show in Reno/USA, ISPO/München u.a.), Markenpositionierung, Marketingkoordination, Aufbau des Kundenservice
01/2001 – 05/2003	Monsun GmbH, Köln, Produktmanagerin, Marktanalysen, Zielgruppenbestimmung,

	Katalogerstellung (workbook), Sonderprojekt: Koordinierung der Produktion in Portugal und der Designabteilung in Schweden
04/1999 – 12/2000	Outdoor-Fachhandelsgeschäft Reiseland, Kassel, Angestellte: Buchführung, Import- und Zollabwicklung, Katalogerstellung, Anzeigenschaltung

Studium und Schule

04.06.1999	1. Staatsexamen für Lehramt an Grund- und Hauptschulen
10/1995 – 06/1999	Pädagogische Hochschule Göttingen, Lehramtsstudium für Grund- und Hauptschulen, Fächer: Sport, Englisch, Chemie
10/1994 – 09/1995	Germanistikstudium, Universität Stuttgart
20.06.1994	Allgemeine Hochschulreife, Heinrich-Heine-Gymnasium, Stuttgart

Zusatzqualifikationen

Sprachkenntnisse:	Englisch (sehr gut), Portugiesisch (gut), Schwedisch (gut)
EDV-Kenntnisse:	MS Office (sehr gut)

München, 11.02.2009 *Dagmar Kuhlert*

Leiter Qualitätssicherung

Anzeige 3

Im Zuge der Nachfolgeregelung suchen wir eine/n engagierte/n

Leiter/in Qualitätssicherung

Die Aufgabe:
- Gesamtverantwortung für alle Maßnahmen zur Qualitätssteuerung und Qualitätskontrolle
- enge Zusammenarbeit mit Entwicklung, Produktion und Vertrieb
- aktive Beteiligung an Optimierungsgesprächen mit Kunden und Lieferanten
- Planung und Durchführung von Mitarbeiter- und Lieferantenschulungen
- Erstellung von Dokumentationen

Die Anforderungen
- Ingenieur/in mit Erfahrung aus der Kunststoffverarbeitung und dem Qualitätswesen
- ISO-Kenntnisse sind von Vorteil
- Alter 35-45 Jahre
- verhandlungssicheres Englisch
- zielorientierte Arbeitsweise, gute analytische und konzeptionelle Fähigkeiten

Das Angebot
- vielfältige und abwechslungsreiche Aufgabe
- international führendes Unternehmen als Teil einer leistungsstarken Konzerngruppe
- Mitbeteiligung an der Produktentwicklung

Richten Sie Ihre Bewerbung unter Angaben der Kennziffer 15/AX/2002 an:
Apparatebau GmbH & Co. KG, Personalleitung, Becker-

Rainer Blohm, Am Wasserturm 4, 30303 Kassel
Tel./Fax: (05 43) 99 88 99

Apparatebau GmbH & Co. KG
Personalleitung:
Herr Dietmar Geertzen
Beckerkamp 17
40444 Düsseldorf

Kassel, 12.10.2008

Bewerbung als Diplom-Wirtschaftsingenieur (FH) für die Position Leiter Qualitätssicherung, Kennziffer 15/AX/2008
VDI-Nachrichten vom 06.10.2008 und unser Telefongespräch vom 07.10.2008

Anschreiben 3

Sehr geehrter Herr Geertzen,

vielen Dank für die telefonisch gegebenen Informationen. Ich freue mich über Ihr Interesse an meinen Bewerbungsunterlagen.

Seit fünf Jahren bin ich im Qualitätsmanagement der Kunststoff AG in Kassel tätig. Momentan verantworte ich das gesamte Qualitätswesen und die Prozessoptimierung. Die ISO-Zertifizierung des Unternehmens habe ich im Bereich Fertigung vorbereitet und begleitet.

Vor dieser Position habe ich als Prozessingenieur im Qualitäts- und Kostenmanagement Prozessoptimierungen und Fehleranalysen durchgeführt. Um unsere Zulieferer aus dem europäischen Raum besser in die Fertigungssysteme einzubinden, habe ich mit ihnen verbesserte Qualitätsstandards und optimierte Kooperationsmodelle erarbeitet. Dadurch konnte ich erhebliche Kostenreduzierungen erzielen. Im Rahmen der Zertifizierung war ich für die Dokumentation zuständig und habe Seminare zur Mitarbeiter- und Lieferantenschulung konzipiert und durchgeführt.

Vor meiner Tätigkeit für die Kunststoff AG war ich acht Jahre für die Kunststoffwerke Essen tätig. Ich habe dort als Produktions- und später als Test-Ingenieur in der Entwicklung und Produktion gearbeitet. Auch dort habe ich schon Aufgaben in der Ablaufoptimierung wahrgenommen. Den Wechsel zur Kunststoff AG habe ich durch ein Aufbaustudium Wirtschaftsingenieurwesen mit dem Schwerpunkt Qualitätswesen vorbereitet.

Meine Aufgaben beinhalteten europaweit durchgeführte Kooperationen und Abstimmungen mit Zulieferern, meine Englischkenntnisse sind daher verhandlungssicher. Aufgrund meiner Berufserfahrung strebe ich ein Jahresgehalt von 85 000 Euro an.

Für ein Gespräch stehe ich Ihnen gerne zur Verfügung.

Mit freundlichen Grüßen

Rainer Blohm

Rainer Blohm
Am Wasserturm 4
30303 Kassel

Tel./Fax: (05 43) 99 88 99

Lebenslauf

Lebenslauf 3

Persönliche Daten

geb. am 05.04.1968 in Frankfurt/Main
verheiratet, vier Kinder
VDI-Mitglied seit 1992

Berufstätigkeit

11/2003 – heute	Kunststoff AG, Kassel
01/2006 – heute	Beauftragter für Prozessoptimierungen und Qualitätsmanagement, Planung, Koordination und Kontrolle aller Aktivitäten zur Qualitätssicherung
06/2005 – 11/2006	Projektgruppe Kundenbefragungen und Qualität
01/2005 – 01/2006	Vorbereitung der Zertifizierung nach DIN EN ISO 9000 ff. im Fertigungsbereich
05/2004 – heute	Konzeption und Leitung von Seminaren in den Bereichen Qualitätsmanagement und Make-or-buy-Entscheidungen
11/2003 – 01/2006	Prozessingenieur, Qualitäts- und Kostenmanagement in der Produktion, Ausbau der Just-in-Time-Abläufe, Einbindung der Zulieferer in die Qualitätsstandards des Unternehmens
09/1993 – 04/2001	Kunststoffwerke Essen
04/2001	Beendigung des Arbeitsverhältnisses in beiderseitigem Einvernehmen wegen Fortbildung zum Wirtschaftsingenieur
03/1999 – 04/2001	Projektingenieur Einkauf und Produktion: Ablaufoptimierung zwischen Werksleitung, technischer Projektleitung und Zulieferern
04/1996 – 03/1999	Test-Ingenieur, Prüfung von Vorserienmodellen und Erstellung der Testberichte
09/1993 – 03/1996	Produktionsingenieur, Betreuung der Produktionssysteme

Ausbildung und Studium

20.09.2003	Diplom-Wirtschaftsingenieur (FH), Fachhochschule Gießen, Note: sehr gut
05/2001 – 09/2003	Aufbaustudiengang Wirtschaftsingenieur, Schwerpunkt Qualitätswesen, Fachhochschule Gießen

	Diplomarbeit in Zusammenarbeit mit der Produktions GmbH, Kassel »Qualitätssicherung in mittelständischen Unternehmen«
12.07.1993	Diplom-Ingenieur (FH), Fachhochschule Darmstadt, Fachbereich Technik, Note: gut
09/1989 – 07/1993	Maschinenbaustudium, Schwerpunkt Produktionstechnik (Konstruktion), Fachhochschule Darmstadt, Fachbereich Technik
10/1988 – 07/1989	Fachoberschule für Technik, Berufliche Schulen in Frankfurt/Main, Abschluss Fachhochschulreife
08/1987 – 09/1988	Wehrdienst, Instandsetzung Lüneburg
26.07.1987	Kraftfahrzeugmechaniker
09/1984 – 07/1987	Rapid GmbH, Frankfurt/Main, Ausbildung zum Kraftfahrzeugmechaniker

Weiterbildung

12/2003	VDI-Akademie, Qualitätsmanagement, DGQ-Schein I und II

Sprachkenntnisse

Englisch:	verhandlungssicher

EDV-Kenntnisse

Programmiersprachen:	Assembler, BASIC, PASCAL (ständig in Anwendung)
PC-Anwendungssoftware:	Microsoft-Produktpalette (ständig in Anwendung)
UNIX:	CAD: ME10, EGS (gute Kenntnisse)
Dokumentation:	Framemaker (gute Kenntnisse)
SAP R/3	(ständig in Anwendung)

Kassel, 12.10.2008	*Rainer Blohm*

Leiterin Personalentwicklung

Wir suchen eine/n Leiter/in Personalentwicklung´

Anzeige 4

Ihre Aufgaben:
Sie übernehmen die Verantwortung für die Gestaltung und Umsetzung von modernen Personalentwicklungskonzepten. Hierzu zählen unter anderem die Erarbeitung und Durchführung bedarfsorientierter Qualifizierungsmaßnahmen, die systematische Förderung unserer Mitarbeiter im Rahmen eines Laufbahnmodelles sowie das Controlling sämtlicher Personalentwicklungsmaßnahmen. Sie implementieren die für eine systematische Personalentwicklung notwendigen Prozesse und stellen gemeinsam mit den Linienvorgesetzten ihre Einhaltung sicher. Sie berichten direkt an den Vorstand Personal.

Ihr Profil:
Sie sind eine engagierte Persönlichkeit mit gutem akademischem Abschluss und verfügen über mindestens fünf Jahre praktische Berufserfahrung in der Personalentwicklung eines Großunternehmens. Sie kennen die modernen PE-Instrumente. Eine hohe Teamorientierung sowie das für diese Aufgabe notwendige Einfühlungsvermögen setzen wir voraus.
Abc Unternehmensgruppe, Bereich Personal, Kaskadenweg 222, 12123 Berlin

Carola Singer, Parkallee 17, 11122 Berlin
Tel.: (0 30) 6 65 54 44, E-Mail: Singer@hotmail.de

Abc Unternehmensgruppe
Bereich Personal
Herr Schletzen
Kaskadenweg 222
12123 Berlin

Berlin, 19.09.2008

Anschreiben 4 **Bewerbung als Leiterin Personalentwicklung**
Berliner Morgenpost vom 10.09.2008, unser Telefongespräch vom 15.09.2008

Sehr geehrter Herr Schletzen,

vielen Dank für Ihr Interesse an meiner Bewerbung. Ich arbeite seit fünf Jahren in der Personalentwicklung. Dabei betreue ich konzernweit die Mitarbeiterförderung, die Initiierung von Qualifizierungsmaßnahmen und die Potenzialanalyse von Mitarbeitern. Im Controlling von PE-Maßnahmen habe ich umfassende Erfahrungen gesammelt.

Momentan arbeite ich als Referentin im Human Resources Management eines internationalen Konzerns. Zu meinen Aufgaben gehört die Sicherstellung einer systematischen Personalentwicklung, daneben übernehme ich auch Aufgaben im internationalen Personalmarketing.

Als Schulungsreferentin in der Abteilung Personal und Training habe ich in meiner vorhergehenden Tätigkeit den Entwicklungsbedarf in den Fachabteilungen ermittelt und mit den Linienvorgesetzten abgestimmt. Die von mir mitkonzipierten Trainingsmaßnahmen habe ich mit internen und externen Referenten umgesetzt. Die Evaluation der eingesetzten Entwicklungsmaßnahmen spielte dabei eine wichtige Rolle.

Ich spreche verhandlungssicher Englisch und habe meine berufliche Laufbahn mit einem sehr guten Universitätsabschluss als Diplom-Psychologin mit dem Schwerpunkt Arbeits-, Betriebs- und Organisationspsychologie begonnen. Im Bereich Arbeits- und Tarifvertragsrecht habe ich mich weitergebildet.

Für ein Vorstellungsgespräch stehe ich Ihnen gerne zur Verfügung.

Mit freundlichen Grüßen

Carola Singer

Carola Singer
Parkallee 17
11122 Berlin

Tel.: (0 30) 665 54 44
E-Mail: Singer@hotmail.de

Lebenslauf

Persönliche Daten
geb. am 30.10.1974 in Essen
verheiratet, eine Tochter (5 Jahre)

Berufstätigkeit

07/2003 – heute	Infinity AG, Berlin, Abteilung Human Resources Management, Referentin Human Resources: Planung, Initiierung und Einführung von konzernweiten Personalentwicklungs-Projekten, Durchführung von Potenzialanalysen, Personalmarketing
06/2001 – 07/2003	CKK GmbH, Dortmund, Abteilung Personal & Training, Schulungsreferentin: Um-

	setzung der Corporate Identity auf allen Mitarbeiterebenen, Ermittlung des Entwicklungsbedarfes, Konzeption und Durchführung von Schulungsmaßnahmen (Produktschulungen, Verkaufsgespräche), Bildungscontrolling
08/1999 – 06/2001	Freiberufliche Trainerin in den Bereichen Rhetorik, Kommunikation, Telefontraining

Studium

12.06.1999	Diplom-Psychologin, Gesamtnote »sehr gut«
10/1994 – 06/1999	Freie Universität Berlin, Studium der Psychologie, Schwerpunkt Arbeits-, Betriebs- und Organisationspsychologie

Schule und Au-Pair

08/1993 – 08/1994	Au-Pair in Boston/USA
15.07.1993	Abitur am Alten Gymnasium Essen, Note 2,1

Weiterbildung

06/2004	Schulungsakademie Dessau, Evaluation von Trainingsmaßnahmen
03/2001	business GmbH, Arbeits- und Tarifvertragsrecht in der Praxis

Zusatzqualifikationen

Sprachen:	Englisch (verhandlungssicher)
EDV-Kenntnisse:	Textverarbeitungen Word, WordStar (sehr gut) Tabellenkalkulation Excel (sehr gut) Datenbank MS Access (gut)

Berlin, 19.09.2008   *Carola Singer*

Leiter Marketing/Kommunikation

Zur weltweiten Vermarktung unserer wegweisenden Technologien suchen wir für unsere Zentrale in Stuttgart die/den

Leiter/in Marketing/Kommunikation Anzeige 5

Sie übernehmen – zusammen mit Ihren Mitarbeitern – sämtliche Aufgaben und Entscheidungen im Bereich Marketing, Kommunikation, Direktmarketing, PR, interne Kommunikation und CI und sind verantwortlich für die konzeptionelle Entwicklung und Umsetzung der Marketing- und Kommunikationsstrategie. Weitere Aufgaben sind die Überwachung der Corporate Identity und die Planung und Durchführung von Messen und Unternehmenspräsentationen. Sie verfügen über mehrjährige Berufserfahrung im Marketingbereich. Sie haben Erfahrung im Umgang mit Agenturen, gute Kontakte zu den verschiedensten Medienvertretern und beherrschen den gesamten Marketing-Mix. Ein sicheres Auftreten, Organisationsgeschick, Initiative, Kreativität, Innovativität und natürlich sehr gute englische Kenntnisse sind notwendig für den Erfolg in dieser Position.

Über Ihre aussagefähige Bewerbung freuen wir uns. Schicken Sie Ihre Unterlagen an: IT-Solutions GmbH, Human Resource Management, Petra Wollert, Klosterwinkel 1, 77747 Stuttgart.

Jürgen Kist, Kronenstr. 14, 79101 Freiburg
Tel.: (07 07) 23 45 32, E-Mail: JürgenKist@t-online.de

IT-Solutions GmbH
Human Resource Management
Petra Wollert
Klosterwinkel 1
77747 Stuttgart

Freiburg, 14.04.2008

Bewerbung als Leiter Marketing/Kommunikation
Stuttgarter Nachrichten vom 08.04.2008 und unser Telefongespräch vom 10.04.2008

Sehr geehrte Frau Wollert,

vielen Dank für das informative Telefongespräch. Wie versprochen, übersende ich Ihnen meine Bewerbungsunterlagen. Ich verfüge über mehrjährige Berufserfahrung im Marketing. In den Bereichen Direktmarketing, Unternehmenskommunikation, PR habe ich bereits erfolgreich gearbeitet. Gute Kontakte zu Medienvertretern bringe ich ebenso mit wie Erfahrungen in der Durchführung von Messen und Präsentationen.

Momentan leite ich als Marketing Consultant ein Team von vier Mitarbeitern. Diese Position übernahm ich vor sechs Jahren, nachdem ich bereits sieben Jahre erfolgreich im Marketing gearbeitet hatte. In meinen Aufgabenbereich fällt die Erstellung von Marketingplänen, der optimale Einsatz des Marketing-Mixes und die Erfolgskontrolle der durchgeführten Marketingmaßnahmen. Um die CI besser zu verankern, habe ich eine umfassende Informations-Infrastruktur im Unternehmen etabliert.

Die Bereiche Anzeigenschaltung, Betreuung der Presse, Verkaufsförderung, Direktmarketing, Veranstaltungsorganisation und Promotion hatte ich bereits vor meinem Einstieg in die jetzige Position erfolgreich bearbeitet. Diese Erfahrungen haben mich in die Lage versetzt, alle Aspekte des Marketings und der Kommunikation strategisch auszurichten und erfolgreich umzusetzen. In meine berufliche Entwicklung bin ich als Diplom-Betriebswirt mit den Schwerpunkten Marketing und Personal eingestiegen.

Sehr gute Englischkenntnisse sind für mich ebenso selbstverständlich wie der sichere Umgang mit Bürosoftware. Für ein Vorstellungsgespräch stehe ich Ihnen gerne zur Verfügung.

Mit freundlichen Grüßen

Jürgen Kist

Jürgen Kist
Kronenstr. 14
79101 Freiburg

Tel.: (07 07) 23 45 32
E-Mail: JürgenKist@t-online.de

Lebenslauf

Persönliche Daten

geb. am 10.09.1969 in München
verheiratet

Berufstätigkeit

07/2002 – heute	Delta Scientific GmbH, Freiburg, Abteilung Marketing, Marketing Consultant: Leitung von vier Mitarbeitern, Ausbau einer umfassenden Informations-Infrastruk-

	tur, Erstellung von Marketingplänen, Qualitätssicherung, Kostenkontrolle und Bewertung der durchgeführten Marketing-Maßnahmen
08/1999 – 06/2002	Lyrix GmbH, München, Abteilung Marketing, Marketing-Assistent: Organisation und Leitung von Promotionveranstaltungen (Roadshows, Messen, Presseveranstaltungen), verantwortlich für Produktpräsentationen und Anzeigenschaltung, Betreuung der Fachpresse
09/1995 – 06/1999	ComTac GmbH, München, Abteilung Verkaufsförderung, Vertriebs-Assistent: Entwicklung und Umsetzung von Direktmarketing-Aktionen, Betreuung von Promotion-Aktionen, Aktualisierung der Kataloge und Werbeträger, Aufbereitung statistischer Daten

Studium

10.06.1994	Diplom-Betriebswirt (FH)
09/1989 – 06/1994	Fachhochschule Passau, Studium der Betriebswirtschaft, Schwerpunkte: Marketing und Personal
10/1992 – 02/1993	Auslandssemester an der Sunderland University, Großbritannien

Zivildienst und Schule

07/1988 – 09/1989	Zivildienst beim Deutschen Roten Kreuz, Rettungssanitäter
12.07.1988	Fachhochschulreife an der Fachoberschule München IV

Weiterbildung

01/2007	MarketingKomm Akademie, Erfolgreiche PR-Konzepte

07/2000	Open-House Trainings GmbH, Event-Management
05/1999	Marketing-Training GmbH, München, Direktmarketing als Methode der Neukundengewinnung

Zusatzqualifikationen

Sprachen:	Englisch (verhandlungssicher)
EDV-Kenntnisse:	MS Excel und MS Word (ständig in Anwendung)
	MS PowerPoint (gut)

Freiburg, 15.04.2008 *Jürgen Kist*

14

Leistungsbilanz statt dritter Seite

Bezüglich der Erstellung von Bewerbungsunterlagen ist manchmal die Rede von der dritten Seite, allerdings nur aufseiten der Bewerber. Personalverantwortlichen ist die dritte Seite als Bewerbungsinstrument eher suspekt. Warum sollte ein Bewerber erst auf dem dritten Blatt (nach dem Anschreiben und dem Lebenslauf) die Gründe liefern, die für seine Einstellung sprechen?

Aussagekraft oder Beliebigkeit?

Die Idee der dritten Seite hat ihren Ursprung im angloamerikanischen Raum. Dort sind argumentative Anschreiben, wie sie von der überwiegenden Mehrheit der deutschen Personalverantwortlichen verlangt werden, unbekannt. Stattdessen wird zusätzlich zum Lebenslauf mit Zeitangaben und Stationen (Chronological Resumee) eine stichwortartige Selbstbeschreibung erstellt, welche die unmittelbar im Berufsalltag einsetzbaren Kenntnisse und Fähigkeiten auflistet (Functional Resumee). Damit wird Personalverantwortlichen die Arbeit erleichtert. Auf einen Blick können Sie erkennen, über welche geforderten Hard Skills (Fachkenntnisse, Weiterbildungen, Branchenerfahrungen) und Soft Skills (persönliche Eigenschaften) ein Bewerber verfügt. Wie im deutschen Anschreiben werden die Angaben im Functional Resumee auf die ausgeschriebene Stelle zugeschnitten und liefern dadurch ein aussagekräftiges Qualifikationsprofil.

Anglo-amerikanische Besonderheit

Falsch verstandener Kulturvergleich

Ganz anders sieht es bei der hierzulande propagierten Form der dritten Seite aus. In der Regel steht nicht das konkrete Profil des Bewerbers im Vordergrund, sondern eine zumeist beliebige Auflistung von Persönlichkeitsmerkmalen und/oder Zitaten, die eine bevorzugte Lebensphilosophie ausdrücken sollen. Eine in dieser Form aufgemachte dritte Seite steigert nicht den Bewerbungserfolg. Im Gegenteil: Da Bewerber, die eine solche dritte Seite beilegen, zumeist der Meinung sind, sie bräuchten wenig Mühe auf ihr Anschreiben zu verwenden, erweisen sie sich einen Bärendienst.

Wann ist eine Leistungsbilanz sinnvoll?

Sinnvoll kann eine zusätzliche Seite, die an den Lebenslauf anschließt, dann sein, wenn sie einen zusätzlichen Informationswert hat. Beispielsweise, wenn ein Bewerber so viele Projekte und Sonderaufgaben bewältigt hat, dass ihre Auflistung den Lebenslauf sprengen würde. Diese Extraseite nennen wir Leistungsbilanz. Sie unterscheidet sich von der dritten Seite dadurch, dass sie das Profil eines Bewerbers unterstützt und vorrangig die Berufspraxis thematisiert. Immer dann, wenn Sie sehr viele Aufgaben außerhalb Ihrer eigentlichen Tätigkeiten wahrgenommen haben oder Ihre Arbeit einen ausgeprägten Projektcharakter hatte, können Sie zum Instrument der Leistungsbilanz greifen. Das folgende Beispiel einer typischen dritten Seite zeigt Ihnen, wie Sie nicht vorgehen sollten. Anhand der anschließenden Leistungsbilanz können Sie dann nachvollziehen, wie es besser geht.

Berufspraxis hervorheben

> Hans-Peter Makowski – Westhang 245 – 70708 Karlsruhe
>
> *Mein Motto: »Weitsicht ist besser als Kurzsichtigkeit«*
>
> Als zukünftiger Manager bekenne ich mich zu der Herausforderung, in einer immer komplexer werdenden Welt zu den Strategien zu finden, die das ökonomisch Machbare mit Kreativität verbinden. Nur die Offenheit für Neues und das sichere Gespür für die Welt, in der man lebt, ermöglichen kontinuierliche Verbesserungen.
>
> Mein Lebensweg führte mich von einfachen Anfängen hin zu immer größeren Aufgaben, die ich mit der mir eigenen Leistungsfähigkeit sicher bewältigen konnte. Rückschläge sind für mich immer der Anlass, über Neues nachzudenken und Wege zu beschreiten, die noch niemand vor mir ging. Ökonomische Zusammenhänge schnell zu erfassen und analytisch auszuwerten, war stets die Richtschnur meines Führungshandelns. Meine persönliche Entwicklung sehe ich niemals als abgeschlossen an.
>
> Eindringlich möchte ich Ihnen an dieser Stelle meine Mitarbeit ans Herz legen, die sich stets durch außergewöhnliche Teamfähigkeit, Kreativität, Kompromissbereitschaft, Einfühlungsvermögen und unternehmerisches Denken ausgezeichnet hat und auch weiterhin auszeichnen wird.
>
> Karlsruhe, den 14. Januar 2009

Wenn Sie die Formulierungen aus dem Negativbeispiel einmal in Ruhe auf sich wirken lassen, werden Sie schnell feststellen, dass der Text eher an einen Besinnungsaufsatz in der Schule erinnert. Das Profil des Bewerbers wird durch diese Form der dritten Seite nicht deutlicher. Im Gegenteil, der Leser findet nur Worthülsen, Absichtserklärungen und Allgemeinplätze.

Das ins Zentrum der dritten Seite gerückte Motto Weitsicht ist besser als Kurzsichtigkeit soll als Blickfang fungieren. Dies wird auch erreicht, aber leider mit negativen Folgen. Denn mit dem Motto wird keine Individualität ausgedrückt. Es zeigt vielmehr, dass der Bewerber sich lieber hinter Auszügen aus Zitatesammlungen versteckt, als sein individuelles Profil zu präsentieren. Auskünfte mit einem lustigen Spruch zu schmücken, kann vielleicht bei Reden zu gesellschaftlichen Anlässen passend sein. Im Bewerbungsverfahren wirkt diese Humorigkeit kontraproduktiv. Es drängt sich der Eindruck auf, dass der Kandidat Schwierigkeiten damit hat, den für Entscheidungsvorlagen richtigen Sprachstil zu treffen.

Humor ist fehl am Platz

Schlimm genug, dass die dritte Seite keinen Informationsgehalt hat, der für eine Einstellungsentscheidung nützlich wäre. Einzelne Ausführungen des Bewerbers wenden sich sogar gegen ihn. Seine Formulierung Rückschläge sind für mich immer Anlass über Neues nachzudenken lässt vermuten, dass er eine Arbeitsweise pflegt, die ihm immer wieder Rückschläge einbringt. Dies könnte daran liegen, dass er es liebt, Wege zu beschreiten, die noch niemand vor mir ging. Mit dieser Aussage weckt der Bewerber Zweifel an seiner Anpassungsfähigkeit an betriebliche Abläufe. Er scheint sich lieber als kreativer Paradiesvogel produzieren zu wollen.

Implizite Fehlanklagen

Aussagen über Soft Skills werden von personalverantwortlichen nur dann als verwertbar angesehen, wenn sie in Praxisbeispiele eingebunden werden. Werden Sie dagegen nur schlagwortartig aufgezählt, sind dies bloße Behauptungen, denen man anmerkt, dass sie vom Bewerber aus Gründen der »sozialen Erwünschtheit« angegeben wurden. Personalverantwortliche unterstellen dann, dass der Bewerber lediglich ein vom Unternehmen erwünschtes Soft-Skill-Profil ohne Rücksicht auf die eigene Persönlichkeit konstruiert, um in einem guten Licht dazustehen. Daher werden abstrakte Angaben von Soft Skills schlichtweg ignoriert. Bei dieser dritten Seite lässt der Bewerber durchaus etwas von seiner Persönlichkeit durchblicken. Mit dem Satz Eindringlich möchte ich Ihnen an dieser

Falsche Darstellung von Soft Skills

Stelle meine Mitarbeit ans Herz legen weckt er Zweifel an seiner Kundenorientierung. Er scheint lieber zu Drückermethoden zu greifen, statt angemessene Überzeugungsarbeit zu leisten.

Fazit Die dritte Seite hat für Personalverantwortliche keinen Informationswert. Im Gegenteil, der Bewerber weckt sogar deutliche Zweifel an seiner Eignung. Daher wäre es besser gewesen, auf den »Besinnungsaufsatz« zu verzichten

---

Hans-Peter Makowski – Westhang 245 – 70708 Karlsruhe

Leistungsbilanz

Branchenerfahrung
10 Jahre verantwortliche Tätigkeit bei international ausgerichteten Konsumgüterherstellern, Umsatzverantwortung 30 Millionen Euro, Führung von 18 Mitarbeitern.

Arbeitsschwerpunkte
- Vertriebsleitung
- Key Account Management
- Business Development
- Trade Marketing
- Category Management

Besondere Erfolge
- Aufbau des Trade Marketing
- Etablierung des Category Management
- Aufbau von Online-Shop-Lösungen und Unternehmensmarktplätzen
- Unternehmensübergreifende Projektleitung ECR (Efficient Customer Response)
- Messeplanung und -durchführung für die Konsuma 2007 und 2008
- Außendienstvernetzung
- Relaunch der Marke PRO-FIX
- Internationale Produkteinführung von QuickSteP

> - Aufbau einer CRM-Projektgruppe
> - Kostensenkungsprogramm Verpackungsstandardisierung
>
> Ich konnte bei allen von mir durchgeführten Projekten erhebliche Synergieeffekte zur Verbesserung der Kostenstruktur realisieren. Die von mir betreuten Projekte führten zu Umsatzsteigerungen im zweistelligen Prozentbereich.

Personalverantwortliche sind durchaus bereit, zusätzlich zu Anschreiben und Lebenslauf eine weitere Seite in Augenschein zu nehmen. Allerdings muss diese Seite dann einen echten Informationsgewinn versprechen. Hier hat sich der Bewerber für die zusätzliche Seite *Leistungsbilanz* entschieden. Er hätte auch die Überschrift *Projekte und Erfolge, Mein Profil* oder *Berufliche Stärken* wählen können. Entscheidend ist, dass er sein Kernprofil komprimiert skizziert und dadurch klar herausstellt, welchen besonderen Erfahrungsschatz er für das neue Unternehmen nutzbar machen könnte.

Der Bewerber ist an der Schnittstelle von Vertrieb und Marketing tätig. Gerade für diese Bewerbergruppe, deren Tätigkeit zumeist starken Projektcharakter hat, bietet sich eine Leistungsbilanz an. Nicht zuletzt aus deswegen, da dort auch immer wieder Aufbauarbeit geleistet wird. Wer sich das Etikett des Machers geben möchte, sollte auch auf die besonderen Erfolge seiner Arbeit hinweisen. Hier fällt im Block *Besondere Erfolge* ins Auge, dass der Bewerber stets neue Lösungen in seinem Arbeitsbereich entwickelt und umgesetzt hat, um die Geschäftsentwicklung voranzutreiben. Er hat sowohl das Trade Marketing als auch das Category Management in seinem Unternehmen eingeführt. Daneben hat er Online-Shops als zusätzliche Vertriebskanäle eingerichtet. Erfolgreiche Produkteinführungen und Relaunches kann er ebenso auf seiner Habenseite ver-

Leistungsträger und ihre Bilanz

buchen wie verbesserte Kundenbindungsprogramme. Diese Leistungsbilanz überzeugt.

Informationsdichte statt langatmiger Ausführungen

Um eine möglichst hohe Informationsdichte zu erreichen, verwendet der Bewerber Schlagworte und Schlüsselbegriffe aus dem Tagesgeschäft. Er vermeidet einen Besinnungsaufsatz und liefert stattdessen ein prägnantes Qualifikationsprofil. Beschäftigungszeiten und Arbeitgeber lässt er weg, um Wiederholungen aus dem Lebenslauf zu vermeiden und das Wesentliche klar herauszustellen. Mit den drei Blöcken Branchenerfahrung, Arbeitsschwerpunkte und Besondere Erfolge strukturiert er seine Informationen leserfreundlich. Gleich im ersten Block, der Branchenerfahrung, betont er auch seine bisherigen Führungsaufgaben. Beendet wird die Leistungsbilanz mit einer Quantifizierung seiner Geschäftserfolge.

Soft Skills geschickt umschreiben

Statt mit Leerfloskeln zu jonglieren, unter denen man sich alles oder nichts vorstellen kann, lässt der Bewerber in dieser Leistungsbilanz sein Potenzial an Soft Skills bei den bewältigten beruflichen Aufgaben durchblicken. Ein professioneller Leser in der Personalbteilung wird beispielsweise der erfolgreich bewältigten Messeplanung und -durchführung die Soft Skills *Organisationstalent*, *Kontaktstärke* und *Kundenorientierung* zuordnen. *Unternehmerisches Denken* und *Innovationsstärke* lassen sich aus der erfolgreichen Aufbauarbeit und den gelungenen Produkteinführungen herauslesen.

Fazit

Mit der Darstellung seiner Branchenerfahrung, seiner Arbeitsschwerpunkte und besonderen Erfolge verschafft sich der Bewerber Pluspunkte. Mit dieser Leistungsbilanz empfiehlt er sich als gefragter Macher, die die Dinge zum Laufen bringt.

Auf einen Blick
Ihre Leistungsbilanz

Im Blick

- Schildern Sie, welche besonderen Erfolge Sie in Ihrer täglichen Arbeit erzielt haben.
- Wenn Sie so viel Projektarbeit durchgeführt und Sonderaufgaben bewältigt haben, dass die detaillierte Auflistung den Lebenslauf sprengen würde, ist eine Leistungsbilanz die richtige Wahl für Sie.
- Versehen Sie die Projekte und Sonderaufgaben in der Leistungsbilanz mit einem schlagkräftigen Etikett.
- Heben Sie hervor, welche Rolle Sie gespielt haben.
- Verdeutlichen Sie, welche Ergebnisse die Projekte und Sonderaufgaben hatten (Kostensenkung, Qualitätsverbesserung, Restrukturierung, Umsatzsteigerung etc.).
- Beschreiben Sie Ihre Führungsverantwortung detailliert (Anzahl der Mitarbeiter, Leitung internationaler Teams, Weisungsbefugnisse).
- Geben Sie an, wem gegenüber Sie Bericht erstattet haben (Vorstand, Geschäftsleitung, Bereichsleitung).
- Führen Sie Projekte auf, die Sie in Zusammenarbeit mit Unternehmensberatungen bewältigt haben (Umstrukturierungen, Rationalisierungsmaßnahmen, Ausweitung der Geschäftstätigkeit).
- Zählen Sie die Gelegenheiten auf, bei denen Sie das Unternehmen in der Öffentlichkeit vertreten haben.
- Falls Sie die Aufgaben von Vorgesetzten mit erledigt haben, ohne offiziell zum Stellvertreter ernannt worden zu sein, sollten Sie das in Ihrer Leistungsbilanz darstellen.
- Sind Sie offiziell mit Aufgaben außerhalb Ihres Arbeitsbereiches betraut worden (Weisung, Besetzungssperre, Krankheit oder Urlaub von Kollegen), sollten Sie auch das erwähnen.
- Beschreiben Sie gegebenenfalls, wenn Sie besondere Maßnahmen in der Mitarbeiterbetreuung initiiert (Coaching, Vertriebsschulung, Teambuilding) haben.

- Überprüfen Sie, ob die Angaben in der Leistungsbilanz dem Leser in der Personalabteilung wirklich einen Mehrwert gegenüber dem Lebenslauf bringen.
- Kontrollieren Sie, ob alle aufgeführten Projekte und Sonderaufgaben hinsichtlich der ausgeschriebenen Stelle von Bedeutung sind.

IV
Das Vorstellungsgespräch

15
Sinn und Zweck von Vorstellungsgesprächen

Ihre potenzielle fachliche Eignung ist mit der Einladung zum Vorstellungsgespräch bestätigt. Im Vorstellungsgespräch soll ein Abgleich von Bewerber- und Unternehmenswünschen geleistet werden. Ihr zukünftiger Arbeitgeber möchte einen umfassenden Eindruck von Ihnen gewinnen. Deshalb ist Ihre Persönlichkeit gefragt. Liefern Sie Argumentationsmaterial für Ihre Einstellung mithilfe Ihrer gut ausgearbeiteten Selbstpräsentation.

Mit der Einladung zum Vorstellungsgespräch haben Sie die erste Hürde im Bewerbungsverfahren übersprungen. Das neue Unternehmen möchte Sie kennen lernen. Im Vorstellungsgespräch treten Sie zum ersten Mal persönlich in Erscheinung. Dem Unternehmen liegt eine schriftliche Selbstdarstellung über Sie vor, die nun im direkten Kontakt überprüft werden soll. Bereiten Sie sich vor, indem Sie sich den Sinn von Vorstellungsgesprächen vor Augen führen, sich mit den Erwartungen Ihrer Gesprächspartner auseinander setzen und sich verdeutlichen, dass Sie Argumente für Ihre Einstellung liefern müssen.

Bereiten Sie sich gut auf Ihren ersten persönlichen Auftritt vor

Der Sinn und Zweck von Vorstellungsgesprächen ist, einen möglichst umfassenden Abgleich der Bewerber- und der Unternehmenswünsche zu leisten. Dieser Abgleich der Vorstellungen des Bewerbers mit den Vorstellungen des Unternehmens sollte für Sie als Führungskraft keine Einbahnstraße sein. Bevor Sie sich endgültig entscheiden, Ihren momentanen Arbeitsplatz zu verlassen, müssen Sie sich sicher sein, dass die neue Position Ihnen auch genügend Entwicklungsmöglichkeiten bietet und Sie die neuen Aufgaben wirklich bearbeiten wollen.

Führen Sie sich die Anforderungen an Ihre Wunschposition vor Augen

Gehen Sie noch einmal zurück zum Kapitel »Ihre Erfolgsbilanz« und führen Sie sich erneut, kurz vor Ihrem Vorstellungsgespräch, die <u>Anforderungen vor Augen, die Sie an Ihre Wunschposition stellen.</u> <u>Bereiten Sie Fragen vor</u>, die Sie im Vorstellungsgespräch beantwortet haben möchten.

Für Sie selbst ist im Vorstellungsgespräch besonders wichtig, die Atmosphäre beim potenziellen neuen Arbeitgeber zu erfassen. Überlegen Sie sich, ob Sie in dem Arbeitsumfeld, das Ihnen dort begegnet, tätig werden möchten. Wie werden Sie begrüßt? Wie viel Zeit nimmt man sich für Sie? Welchen ersten Eindruck haben Sie von dem Umgang der Mitarbeiter untereinander? Bilden Sie sich eine Meinung über das von Ihnen besuchte Unternehmen. Dazu gehört auch, dass Sie nach Möglichkeit Ihren zukünftigen Arbeitsplatz, den Unternehmensbereich, in dem Sie arbeiten werden, und neue Kollegen in Augenschein nehmen sollten.

Liefern Sie den Personalverantwortlichen Argumente für Ihre Einstellung

Genauso wie Sie sich im Vorstellungsgespräch ein Bild von Ihrem zukünftigen Arbeitgeber machen wollen, möchte auch die Unternehmensseite einen möglichst umfassenden Eindruck von Ihnen als Bewerber gewinnen. Sicherlich geht es gerade für Sie als Bewerber um die gegenseitige Sympathie. Für Personalverantwortliche reicht aber der erste Eindruck und gegenseitige Sympathie nicht aus. Personalverantwortliche müssen die Ergebnisse eines Bewerbungsgespräches auch weitervermitteln können. Sie müssen gegenüber der Geschäftsleitung und den Leitern der Unternehmensbereiche begründen können, warum sie einen bestimmten Kandidaten empfehlen.

Aus Ihren Fragen und Antworten müssen Personalverantwortliche Ihre berufliche Qualifikation herauslesen. Am besten können Personalverantwortliche Sie vertreten, wenn Sie genügend eigenes Argumentationsmaterial liefern. Leider zeigen zu

Brillieren Sie mit Ihren Fähigkeiten und Kenntnissen

viele Bewerber kein aussagekräftiges Profil, benutzen nichtssagende Floskeln und stimmen ihr eigenes Profil nicht auf die Anforderungen der neuen Stelle ab. Diese Fehler werden Sie nicht machen, wenn Sie unsere Ratschläge berücksichtigen.

Aus diesem Grund ist Ihre Selbstpräsentation das zentrale Element, mit dem Sie im Vorstellungsgespräch punkten können. Ihre Selbstpräsentation haben Sie sich bereits im Kapitel »Die Selbstpräsentation: das Herzstück Ihrer Bewerbung« erarbeitet. Teile der Selbstpräsentation werden Ihnen in unseren Hinweisen zur Beantwortung typischer Fragen in Vorstellungsgesprächen wieder begegnen. Mit dieser Argumentations-

> Ihre Selbstpräsentation ist das zentrale Element für Ihre Bewerbung

Trainieren Sie, Ihre Selbstpräsentation im Gespräch einzusetzen

strategie werden Sie Personalverantwortliche überzeugen, weil Sie sich positiv abheben werden von Mitbewerbern, die entweder ausreichend auf Fragen antworten oder aber inhaltsleere Antworten geben.

Trainieren Sie deshalb, Ihr besonderes Profil – in Form einer Selbstpräsentation – in Gesprächen einzusetzen. In unserer Übung »Selbstpräsentation im Vorstellungsgespräch« nennen wir Ihnen die Fragen, bei denen Sie auf Ihre Selbstpräsentation zurückgreifen sollten.

Selbstpräsentation im Vorstellungsgespräch

In dieser Übung werden Sie lernen, die von Ihnen ausgearbeitete Selbstpräsentation im Gespräch einzusetzen. Dabei sollten Sie darauf achten, zunächst die Fragestellung als Aussage zu wiederholen und dann ausgewählte Teile aus der Selbstpräsentation anzuschließen. Beispiel:

Frage: »Was reizt Sie an der ausgeschriebenen Position?«

Antwort: »Mich reizt an der ausgeschriebenen Position, dass ich meine berufliche Erfahrung als ABC einsetzen kann. Momentan bearbeite ich die Aufgaben DEF und GHI. Besondere Kenntnisse in KLM habe ich mir parallel zu meiner Berufstätigkeit in Weiterbildungsmaßnahmen angeeignet.«

»Warum wollen Sie Ihren derzeitigen Arbeitsplatz verlassen?«

Ihre Antwort: ....
....

»Warum interessieren Sie sich für unser Unternehmen?«

Ihre Antwort: ....
....

»Was macht Sie für die Position geeignet?«

Ihre Antwort: ....
....

»Erzählen Sie uns doch bitte ein wenig über sich!«

Ihre Antwort: ....
....

»Wie schätzen Sie selbst Ihre Qualifikation ein?«

Ihre Antwort: ....
....

»Sind Sie darauf vorbereitet, mehr Verantwortung zu übernehmen?«

Ihre Antwort: ....
....

»Warum sollten wir gerade Ihnen diese Stelle geben?«

Ihre Antwort: ....
....

»Was unterscheidet Sie von den anderen Bewerbern, die sich für diese Position interessieren?«

Ihre Antwort: ....
....

Ihre Selbstpräsentation ist der sichere Hafen, in dem Sie bei stürmischer See Sicherheit finden. Ihre Selbstpräsentation als zentraler Bestandteil Ihrer Vorbereitung auf das Bewerbungsverfahren bietet Ihnen auch im Vorstellungsgespräch Anknüpfungspunkte, um spezielle Fragen in den einzelnen Themenblöcken zu beantworten. Die Gründe für einen Wechsel des Arbeitsplatzes sind für zukünftige Arbeitgeber genauso wichtig wie Fragen nach den Stärken und Schwächen, der Leistungsmotivation, der Führungserfahrung, der beruflichen Entwicklung, der Persönlichkeit oder dem Privatleben.

Wie verhält sich die Unternehmensseite?
Wir machen Sie im Folgenden mit den Hintergründen der Fragen von Unternehmensseite vertraut, zeigen Ihnen, welche Gesprächstechniken eingesetzt werden und mit welchen Entscheidungsträgern aus den Unternehmen Sie konfrontiert werden können.

Im Blick

Auf einen Blick

Sinn und Zweck von Vorstellungsgesprächen

- In Vorstellungsgesprächen geht es um einen Abgleich der Bewerber- und Unternehmenswünsche.
- Ihr zukünftiger Arbeitgeber möchte einen möglichst umfassenden Eindruck von Ihnen gewinnen.
- Gegenseitige Sympathie hilft Ihnen weiter, ist aber kein alleiniges Auswahlkriterium.
- Personalverantwortliche müssen Gesprächsergebnisse erzielen, um ihren Kandidatenvorschlag gegenüber der Geschäftsleitung begründen zu können.
- Vermeiden Sie inhaltsleere Antworten und Profillosigkeit.
- Mit dem Einsatz Ihrer vor dem Gespräch erarbeiteten Selbstpräsentation liefern Sie ein aussagekräftiges Profil. So können Sie Personalverantwortliche überzeugen.

16
Motive für den Stellenwechsel

Eine Ihrer Hauptaufgaben im Vorstellungsgespräch ist es, Ihren Wechselwunsch nachvollziehbar zu begründen. Warum möchten Sie Ihren jetzigen Arbeitsplatz verlassen? Wenn Sie unnötige Spekulationen vermeiden wollen, müssen Sie sich gut vorbereiten. Wir zeigen Ihnen in diesem Kapitel, wie Sie Ihren Stellenwechsel für Personalverantwortliche plausibel machen.

Nicht alle Führungskräfte suchen eine neue Stelle, weil der nächste Karriereschritt ansteht. Dies wissen auch Personalverantwortliche und werden daher hellhörig, wenn Bewerber den Wunsch nach einer neuen Stelle nicht plausibel begründen können. Aus unserer Beratungspraxis wissen wir, dass Bewerberinnen und Bewerbern diese Begründung im Vorstellungsgespräch schwer fällt.

Die Begründung für Ihren Stellenwechsel muss plausibel sein

Bei unvorbereiteten Führungskräften entsteht schnell der Eindruck, dass sie im neuen Unternehmen nicht den Wunscharbeitgeber sehen, sondern eher die Notlösung für Probleme am alten Arbeitsplatz. Für die Personalabteilungen ist das natürlich keine tragfähige Basis für ein zukünftiges Arbeitsverhältnis. Die nachfolgenden Gründe für einen Stellenwechsel sollten Sie aus diesem Grund nicht erwähnen, da sie von Unternehmen nicht akzeptiert werden.

- Mit dem neuen Vorgesetzten ist eine Zusammenarbeit unmöglich geworden.
- Eine Kollegin bekommt die intern ausgeschriebene Stelle,

auf die man sich selbst beworben hat. Dies geschieht bereits zum zweiten, dritten, vierten Mal.
- Gehaltssteigerungen lassen sich nicht im angestrebten Maße durchsetzen.
- Man hat der Bewerberin zur Gesichtswahrung nahe gelegt, sich wegzubewerben, ansonsten würde in nächster Zeit die Kündigung erfolgen.
- Das Unternehmen ist übernommen worden und im Rahmen der Umstrukturierung »rollen Köpfe«.
- Die Bereitschaft, ständige Überstunden ohne finanziellen oder zeitlichen Ausgleich zu leisten, ist nicht mehr vorhanden.
- Interne Karrierekontakte (Lobgemeinschaften) sind wegen des Wegganges mehrerer Kollegen auseinander gebrochen.
- Der Vorgesetzte, der bisher unterstützt und gefördert hat, hat sich wegbeworben.
- Der wirtschaftliche Zusammenbruch der Firma ist nur noch eine Frage der Zeit.
- »Management-by-Mobbing« ist der bevorzugte Führungs- und Umgangsstil in der Abteilung.

Machen Sie Ihren Stellenwechsel nachvollziehbar

Ihren Stellenwechsel können Sie nicht positiv darstellen, wenn Sie sich auf diese »Hitliste der Krisen und Probleme« beziehen. Klagen Sie sich nicht selbst an. Liegt tatsächlich einer der genannten Gründe bei Ihnen vor, dürfen Sie ihn im Vorstellungsgespräch nicht nennen. Sie müssen andere Argumente für Ihren Stellenwechsel finden, um ihn nachvollziehbar zu machen. Mit gutem Argumentationstraining lassen sich bei allen Stellenwechslern glaubwürdige Begründungen erarbeiten. Daher als Nächstes ein Blick auf die Argumentationen, die von Unternehmensvertretern akzeptiert werden.

Argumentationsstrategien

Als Grundregel in Personalabteilungen und Personalberatungen gilt, dass innerhalb von zehn Berufsjahren zwei bis drei Stellenwechsel toleriert werden, wenn der Bewerber zielgerichtet gewechselt hat, um seine Fähigkeiten auszubauen und damit seine berufliche Entwicklung voranzutreiben. Die folgenden Begründungen eines Stellenwechsels werden im Vorstellungsgespräch akzeptiert:

Begründungen, die akzeptiert werden

- Der Bewerber macht deutlich, dass die Bewerbung erfolgt ist, weil die ausgeschriebene Position eine planmäßige Fortsetzung seiner angestrebten Karriereziele ist.
- Der Bewerber kann seinen beruflichen Erfolg beim alten Arbeitgeber konkret belegen (Umsatz- oder Gewinnsteigerung, Abschlüsse und Ähnliches) und stellt überzeugend dar, dass das neue Unternehmen von diesen Erfahrungen profitieren wird.
- Der Bewerber hat seine fachlichen Kenntnisse und persönlichen Fähigkeiten am alten Arbeitsplatz konsequent weiterentwickelt und möchte diese nun in der neuen Position gebündelt einsetzen.

Diese anerkannten Wechselabsichten müssen in einem Vorstellungsgespräch durch Belege und Beispiele konkretisiert werden. Aus Ihrer Begründung für Ihren Stellenwechsel muss Personalverantwortlichen klar werden, dass Sie gezielt den nächsten Karriereschritt planen.

Karriereziele verfolgen

Die erste Begründung des Stellenwechsels, die Fortsetzung angestrebter Karriereziele, lässt sich für eine Bewerberin um die Position Leiterin Finanz- und Rechnungswesen im Vorstellungsgespräch so darstellen: »Derzeit arbeite ich im Controlling und bin dort Ansprechpartner in allen Fragen des Finanz- und Rechnungswesens. Ich erstelle die Monats- und

Beispiel

Jahresabschlüsse und bin verantwortlich für das Reporting. Zusätzlich möchte ich jetzt die Verantwortung für sämtliche Funktionseinheiten des Finanz- und Rechnungswesens übernehmen und die Zusammenarbeit mit den Leitern der einzelnen Unternehmensbereiche intensivieren.«

Wenn Sie sich für die Begründung »Das neue Unternehmen profitiert von Ihren Erfahrungen« entschieden haben, müssen Sie Ihre Erfolge beim alten Arbeitgeber belegen. Dazu müssen Sie für das Vorstellungsgespräch Zahlen so aufbereiten, dass Umsatzsteigerungen oder die Erhöhung der Produktionskapazität nachvollziehbar werden. Das heißt, Sie müssen Zahlen angeben, die Ihren Erfolg verdeutlichen.

Erfolge quantifizieren

Das Beispiel eines überzeugenden Stellenwechslers könnte dann lauten: »Im Jahr vor der von mir initiierten Marketingkampagne lag der Produktabsatz bei 50 000 Einheiten im Jahr. Nach dem Produkt-Relaunch stieg der Absatz auf 80 000 Einheiten. Ich möchte auch bei Ihnen Verantwortung für den Produktabsatz übernehmen.«

Die Darstellung beruflicher Erfolge erlöst Sie auch davon, auf Fehlentwicklungen in der Vergangenheit eingehen zu müssen. Um dies für Ihre Vorstellungsgespräche vorzubereiten, sollten Sie die nachfolgende Übung durcharbeiten.

Den Wechsel begründen

In dieser Übung geht es darum, Personalverantwortlichen zu vermitteln, dass der von Ihnen anvisierte Stellenwechsel eine Fortsetzung Ihrer beruflichen Erfolgsstory ist. Suchen Sie zunächst aus den von uns vorgestellten tolerierten Begründungen für den Wechsel die für Sie passende heraus. Jetzt brauchen Sie Belege dafür, dass diese Aussage auf Sie zutrifft. Für die von Ihnen gewählte Begründung müssen Sie jetzt mindestens zwei, besser drei, Belege finden, die Ihre Behauptung glaubwürdig machen.

Ihre Begründung: ....

....

Beleg 1: ....
Beleg 2: ....
Beleg 3: ....

Zukunftsorientierung statt Vergangenheitsfixierung

Niemand will »die Katze im Sack kaufen«, daher sind neue Arbeitgeber zu Recht misstrauisch, wenn Bewerber das Unternehmen wechseln wollen. Schwierige Mitarbeiter und Querulanten sind gefürchtet. Auf Unterstellungen und Vermutungen über den »wahren« Grund Ihres Wechsels brauchen Sie jedoch nicht einzugehen. Wie schon erwähnt, sollten Sie nie auf Wechselgründe aus unserer »Hitliste der Krisen und Probleme« eingehen, auch wenn einer davon auf Sie zutrifft. Ehrlichkeit hilft beim Absolvieren des Bewerbungsrituals nicht weiter. Sie können sich mit Krisen und Problemen nicht positiv darstellen. Nehmen Sie stattdessen immer eine inhaltliche Position ein, das heißt, argumentieren Sie aus den Anforde-

Argumentieren Sie aus den neuen Anforderungen heraus

rungen der neuen Position heraus und belegen Sie konkret, inwieweit Sie die Anforderungen erfüllen.

Um Ihnen zu verdeutlichen, wie der Rückgriff auf Vorwürfe an andere, wie »schlechte Vorgesetzte«, »mangelnde Unterstützung bei der Arbeit«, »Missmanagement der Firmenleitung«, aus Sicht von Dritten bewertet wird, führen Sie sich bitte Freunde und Bekannte vor Augen, die eine langjährige Partnerschaft beendet haben. Meinen Sie, eine neue Partnerin beziehungsweise ein neuer Partner ist in der Kennenlernphase begeistert über die detailgetreue Schilderung aller Probleme, die zur Trennung vom alten Partner führten? Wohl kaum, denn viele Gründe für den Bruch liegen im Verborgenen oder sind oft so komplex, dass Außenstehende nicht in der Lage und nicht bereit sind, alle problematischen Details nachzuvollziehen. Außerdem kennen Sie bestimmt auch das Sprichwort: Zum Streit gehören immer zwei.

Konzentrieren Sie sich auf neue Tätigkeitsfelder

Hinzu kommt, dass man immer stark emotional engagiert ist, wenn man Problemsituationen schildert. Das führt meistens dazu, dass man einen hochroten Kopf bekommt, die Beherrschung verliert und fließend von der Schilderung eines Problems zum nächsten übergeht. Problem- und Vergangenheitsorientierung ist aber eine schlechte Basis für einen neuen Anfang.

Vermeiden Sie Problemsituationen

Bei der Beendigung einer Partnerschaft gelten genauso wie bei der Beendigung von Arbeitsverhältnissen besondere Regeln für die Vermittlung nach außen. Wenn Sie Erfolg in einem Vorstellungsgespräch haben wollen, sollten Sie einige Trennungsgründe für sich behalten. Achten Sie deshalb im Vorstellungsgespräch darauf, dass Sie nicht auf persönlich erlebte Problemsituationen eingehen.

Abstrahieren Sie bei Fragen nach Problemen am derzeitigen Arbeitsplatz und antworten Sie allgemein gültig. Dazu benutzen Sie am besten eine Formulierung, wie »Es ist natürlich (generell) schlecht, wenn …«.

Der schlechte Vorgesetzte

Frage: »Was stört Sie an Ihrem derzeitigen Vorgesetzten besonders?«

Antwort: »Ich arbeite gut mit meinem Vorgesetzten zusammen. Es können natürlich Probleme auftreten, wenn wichtige Informationen zu spät weitergegeben werden. Da wir ein gutes Abteilungsklima haben, kommt so etwas aber selten bei uns vor.«

Sie müssen im Vorstellungsgespräch damit rechnen, dass Personalverantwortliche Sie unter Druck setzen, um die tatsächliche Motivation für Ihren Stellenwechsel herauszufinden. Dazu werden Stressfragen gestellt, um festzustellen, ob Sie sich in Widersprüche verwickeln.

Stressfrage zum Stellenwechsel

Frage: »Sie scheinen unter ziemlichem Druck zu stehen. Möchte Ihr momentaner Arbeitgeber Sie loswerden?«

Antwort: »Es tut mir Leid, wenn ich Ihnen bisher nicht deutlich genug machen konnte, was ich für die von Ihnen ausgeschriebene Position an Kenntnissen und Fähigkeiten mitbringe. Gerade meine Kenntnisse in X und Y (Selbstpräsentation) bilden meiner Meinung nach eine gute Basis, um die von Ihnen geschilderten Anforderungen zu erfüllen. In welchem Punkt konnte ich Sie noch nicht überzeugen?«

Weitere Beispiele zum souveränen Umgang mit Unterstellungen und verbalen Angriffen finden Sie im Abschnitt »Stressfragen«.

Sie überzeugen im Vorstellungsgespräch, wenn Sie sich in Ihren Vorbereitungen ein plausibles Motiv für Ihre Wechselabsichten erarbeiten. Trainieren Sie, zielorientiert zu kommunizieren. Stellen Sie Ihre bisherige berufliche Entwicklung so dar, dass sie genau auf die neue Position hinführt. Machen Sie klar, was Sie bisher zum Erreichen von Unternehmenszielen beigetragen haben, und verdeutlichen Sie, dass Sie auch für das neue Unternehmen Erfolge erzielen werden.

Auf einen Blick
Motive für den Stellenwechsel

- Die tatsächlichen Gründe und die von Personalverantwortlichen akzeptierten Gründe für einen Stellenwechsel stimmen in der Regel nicht überein.
- Ehrlichkeit ist bei der Begründung des Stellenwechsels oft kontraproduktiv, weil bei der Schilderung von Konflikten am alten Arbeitsplatz zu viele Emotionen im Spiel sind. Unter Personalverantwortlichen gilt: Zum Streit gehören immer zwei (und das spricht leider gegen Sie).
- Sie überzeugen, wenn Sie im Vorstellungsgespräch verdeutlichen, dass Sie sich bei dem neuen Arbeitgeber beworben haben, weil Sie Ihre Kenntnisse und Fähigkeiten in der neuen Position gebündelt einsetzen werden.
- Stellen Sie Ihre bisherigen beruflichen Stationen als eine nach oben aufsteigende Linie dar. Machen Sie mit Beispielen deutlich, weshalb Ihre berufliche Entwicklung genau auf die ausgeschriebene Position hinführt.
- Kommunizieren Sie zielorientiert, indem Sie die Unternehmensziele und Ihre persönlichen Ziele nennen und darstellen, wie sich beide zur Deckung bringen lassen.
- Reagieren Sie gelassen auf Stressfragen und Unterstellungen. Dies gelingt, wenn Sie ruhig und sachlich antworten und Ihre Stärken in den Vordergrund stellen.

17
Vorbereitung des Vorstellungsgesprächs

Vor Ihrem Vorstellungsgespräch müssen Sie die Kleidungsfrage klären, Sie müssen sich auf das Unternehmen einstellen und Sie müssen sich den üblichen Ablauf von Bewerbungsgesprächen vergegenwärtigen. Unsere Hinweise helfen Ihnen bei der effektiven Vorbereitung Ihres Vorstellungsgesprächs.

Das Vorstellungsgespräch beginnt nicht erst, wenn Sie einem Unternehmensvertreter gegenüber sitzen. Sie müssen sich zu Hause vorbereiten. Überlegen Sie sich, welche Kleidung Sie tragen wollen. Stellen Sie die für das Gespräch wesentlichen Unterlagen zusammen. Wenn Sie sich bei mehreren Unternehmen beworben haben, müssen Sie die passende Version Ihrer Selbstpräsentation noch einmal wiederholen. Damit Sie im Gespräch die Orientierung behalten, müssen Sie sich über den generellen Ablauf von Vorstellungsgesprächen klar werden.

Das Vorstellungsgespräch beginnt bereits zu Hause

Die richtige Kleidung

Die Frage nach der richtigen Kleidung bereitet Bewerberinnen und Bewerbern oft Kopfzerbrechen. Ähnlich wie bei Ihrem Bewerbungsfoto gilt: Die richtige Kleidung wird für Ihre Einstellung nicht ausschlaggebend sein, die falsche Kleidung kann jedoch als Störfaktor wirken und Ihnen eine überzeugende Präsentation erschweren.

Bei der Auswahl der Kleidung sollten Sie überlegen, welcher Eindruck von Ihnen erwartet wird. Manche Bewerber gehen fälschlicherweise davon aus, dass sie in einem Vorstellungsgespräch mit der Kleidung auftreten können, in der sie später arbeiten werden. Die Gefahr, sich zu nachlässig zu kleiden, ist dabei jedoch zu groß. Orientieren Sie sich bei der Auswahl Ihrer Kleidung daran, was Sie anziehen müssten, um die Firma nach außen hin zu repräsentieren. Das heißt, dass die Kleidung für Vorstellungsgespräche richtig ist, in der Sie die neue Firma auf Kongressen, Tagungen oder Messen vertreten würden.

Wählen Sie die Kleidung, mit der Sie die Firma nach außen repräsentieren würden

Wenn Sie dies beachten, wird Ihre Kleidungswahl stark eingegrenzt. Richtig ist auf jeden Fall ein Business-Outfit. Frauen sollten ein Kostüm oder einen Hosenanzug mit farblich passender Bluse auswählen und dabei auf grelle Farben verzichten. Männer sind mit einem Anzug in gedeckten Farben, einem einfarbigen Hemd, einer schlichten Krawatte, dunklen Socken und schwarzen Schuhen auf der sicheren Seite.

Die Accessoires sollten Sie so auswählen, dass Ihre Gesprächspartner auf Unternehmensseite sich nicht schon vor dem Einstieg ins Gespräch Gedanken um Ihre Anpassungsfähigkeit machen. Wenn männliche Bewerber ein kariertes Jackett mit einer roten Micky-Maus-Krawatte kombinieren und die Fansocken ihrer Lieblingsfußballmannschaft tragen, wird man sich in einem konservativen Unternehmen sicherlich fragen, ob der Bewerber überhaupt ins Unternehmen passt.

Mit einem konservativen Outfit liegen Sie richtig

Mit einem eher konservativen Outfit machen Sie im Vorstellungsgespräch nichts falsch. Wie gesagt: Sie werden zwar nicht aufgrund Ihrer Kleidung eingestellt. Es ist aber wichtig, mit Ihrem Äußeren keinen Störfaktor in das Gespräch zu bringen.

Einstimmung

Vor Vorstellungsgesprächen sollten Sie sich unbedingt noch einmal auf das Unternehmen einstimmen, das Sie eingeladen hat. Sichten Sie nochmals das Informationsmaterial und wiederholen Sie Ihre Selbstpräsentation. Achten Sie darauf, dass Sie bei der Wiederholung Ihrer Selbstpräsentation ausreichend Bezug zum neuen Unternehmen und zur neuen Position herstellen.

Falls Sie sich bei mehreren Unternehmen beworben haben, müssen Sie sich jetzt auf die besonderen Anforderungen desjenigen Unternehmens konzentrieren, das Sie zum Gespräch eingeladen hat. Schneiden Sie Ihre Selbstpräsentation konkret auf die entsprechende Firma zu. Üben Sie die Präsentation lieber einmal mehr, um Sicherheit für das Gespräch zu gewinnen und aufkommende Nervosität in den Griff zu bekommen. Wer seine berufliche Qualifikation kennt und weiß, wie er seine Fähigkeiten und Kenntnisse verdeutlichen kann, geht mit einer sicheren Ausstrahlung in das Bewerbungsgespräch. *Üben Sie Ihre Selbstpräsentation*

Zum Vorstellungsgespräch sollten Sie ein Duplikat Ihrer Bewerbungsmappe und – falls vorhanden – die Stellenausschreibung mitnehmen. Stift und Papier für Notizen (am besten DIN A5-Format) sowie die Korrespondenz, die Sie vor dem Vorstellungsgespräch mit dem neuen Unternehmen geführt haben, sollten Sie ebenfalls dabeihaben. Falls sie Ihnen bekannt sind, vergegenwärtigen Sie sich noch einmal die Namen und die Positionen Ihrer Gesprächspartner.

Sie können Ihre kommunikative Kompetenz von Anfang an deutlich machen, wenn Sie Ihre Gesprächspartner mit Namen ansprechen. (Informieren Sie sich gegebenenfalls am Empfang nach der richtigen Aussprache). Denken Sie auch daran, die Empfangsdame und die Sekretärin freundlich zu grüßen. *Sprechen Sie Ihren Gesprächspartner mit Namen an*

Die Phasen des Vorstellungsgesprächs

Zwar gleicht kein Vorstellungsgespräch dem anderen, dennoch können Sie sich auf den Ablauf vorbereiten. Es gibt Bestandteile, die in unterschiedlicher Gewichtung in jedem Vorstellungsgespräch enthalten sind. Wir erläutern Ihnen, wann Ihre Selbstpräsentation gefragt ist, wann Sie mit Fragen des Unternehmens rechnen müssen und wann Sie Ihre Fragen stellen können.

So laufen Vorstellungsgespräche ab

Im Vorstellungsgespräch erwartet Sie in der Regel eine ruhige und sachliche Atmosphäre. Sie werden weder vorgeführt, noch dienen Sie dem Personalverantwortlichen als Blitzableiter für schlechte Laune. Sie müssen jedoch immer mit Stressfragen rechnen, da das Unternehmen herausfinden will, wie Sie unter Druck reagieren. Im Abschnitt »Gesprächstechniken« erfahren Sie, wie Sie Stressfragen so entschärfen können, dass eine ergebnisorientierte Gesprächsatmosphäre erhalten bleibt.

Auch wenn die einzelnen Blöcke in Vorstellungsgesprächen je nach Unternehmen unterschiedlich gewichtet werden, können Sie sich an folgendem Schema orientieren:

- Begrüßung / Small Talk
- kurze Selbstdarstellung des Unternehmens
- Anforderungsprofil des Arbeitsplatzes aus Unternehmenssicht
- kurze Selbstdarstellung des Bewerbers (Selbstpräsentation)
- ausführliche Fragenblöcke zur Überprüfung der fachlichen, sozialen und methodischen Kompetenz des Bewerbers
- Fragen des Bewerbers an die Firma
- Abschluss des Gesprächs

Der Einstieg ins Vorstellungsgespräch ist häufig so gestaltet, dass Ihr Gesprächspartner nach der offiziellen Begrüßung kurz einen Small Talk anschließt. Beispielsweise werden Sie gefragt, ob Sie den Weg zum Unternehmen schnell gefunden haben und ob Sie schon erste Eindrücke vom Umfeld gewonnen haben. Dies soll Ihnen die erste Unsicherheit nehmen.

Danach wird Ihnen das Unternehmen vorgestellt: Sie bekommen Informationen über die Unternehmensstruktur und über die angebotenen Produkte beziehungsweise Dienstleistungen. Anschließend werden Sie mit den Anforderungen des Unternehmens an den zukünftigen Stelleninhaber vertraut gemacht.

Dann sind Sie am Zug: Es wird Ihnen Platz zur Selbstdarstellung eingeräumt. Die Grundlagen hierfür haben Sie sich anhand unseres Kapitels »Die Selbstpräsentation: das Herzstück Ihrer Bewerbung« bereits erarbeitet. Sie wissen, wo Ihre Stärken liegen und welche Anforderungen Ihr neuer Arbeitsplatz mit sich bringt. Nun kommt es darauf an, dieses Wissen im Vorstellungsgespräch wirkungsvoll einzusetzen.

Nun ist Raum für Sie

Nutzen Sie die Gelegenheit, sich im Vorstellungsgespräch positiv in Szene zu setzen. Von Personalverantwortlichen wird häufig beklagt, dass viele Bewerber im Gespräch zu zurückhaltend sind und man ihnen jedes einzelne Wort »aus der Nase ziehen« muss. Dieses Verhalten von unvorbereiteten Bewerbern ist verständlich, denn sie durchschauen die Regeln des Bewerbungsverfahrens nicht und sind daher im Gespräch vorsichtig mit der Preisgabe von Informationen. Die Angst vor falschen Antworten blockiert diese Bewerber und führt zu einer verkrampften Gesprächsatmosphäre.

Machen Sie es besser: Setzen Sie sich zur Vorbereitung Ihrer Vorstellungsgespräche mit Ihrer fachlichen, sozialen und methodischen Kompetenz auseinander. Erarbeiten Sie sich Ihre Selbstpräsentation und setzen Sie diese im Gespräch ein. Heben Sie Ihre Erfahrungen und Erfolge hervor und liefern Sie Belege dafür, dass Sie auch in der neuen Position erfolgreich arbeiten werden.

Setzen Sie sich positiv in Szene

Nach Ihrer Selbstdarstellung müssen Sie sich auf Fragen der

Unternehmensvertreter gefasst machen. Hierbei geht es um die großen Fragenblöcke

- zur Leistungsmotivation,
- zur Führungserfahrung,
- zum Unternehmen,
- zur beruflichen Entwicklung,
- zur Persönlichkeit und
- zur privaten Lebensgestaltung.

Worauf müssen Sie sich einstellen?

Je nach Branche und Unternehmensgröße wird hier sehr unterschiedlich verfahren. In kleinen und mittelständischen Unternehmen werden Sie anders befragt als in großen Unternehmen. Bewerbern für einen technischen Arbeitsplatz werden andere Fragen gestellt als Bewerbern, die sich für einen Arbeitsplatz im kaufmännischen Bereich beworben haben. Bei Bewerbern für Führungspositionen werden andere Fragenblöcke vertieft als bei Fachspezialisten. Im Kapitel »Fragenblöcke: Fragen an Sie« machen wir Sie mit den Fragen vertraut, die Ihnen in Vorstellungsgesprächen begegnen werden. Antwortmöglichkeiten stellen wir Ihnen im Kapitel »Beispielfragen und -antworten« vor.

Fragen Sie am Ende des Vorstellungsgespräches auf keinen Fall flehentlich: »Seien Sie ehrlich, wie sind meine Chancen?«

Bleiben Sie bis zum Schluss souverän

Sie würden durch diese Frage nur zeigen, dass Sie mit den Entscheidungsprozessen in der Personalauswahl nicht vertraut sind. Entscheidungen über Neueinstellungen werden erst nach gründlicher Rücksprache mit allen Beteiligten und endgültiger Prüfung des Für und Wider aller zum Vorstellungsgespräch eingeladenen Kandidaten gefällt.

Fragen Sie lieber, bis wann eine Entscheidung gefällt wird, und erkundigen Sie sich nach einem Ansprechpartner, bei dem Sie sich über den weiteren Verlauf der Auswahlentscheidung informieren können: Wird ein zweites Vorstellungsgespräch geführt werden? Wen werden Sie in der zweiten Runde überzeugen müssen? Erwartet Sie ein Assessment-Center?

Bedanken Sie sich bei allen Beteiligten für das Gespräch und stellen Sie heraus, dass Sie in Ihrem Wunsch, für dieses Unternehmen arbeiten zu wollen, bestärkt worden sind. Vergegenwärtigen Sie sich noch einmal die Namen aller Gesprächsbeteiligten. Bitten Sie im Zweifelsfall um eine Visitenkarte, damit Sie bei Rückfragen einen direkten Kontakt herstellen können.

Auf einen Blick
Vorbereitung des Vorstellungsgesprächs

Im Blick

- Im Vorstellungsgespräch hat angemessene Kleidung einen wichtigen Stellenwert. Wählen Sie deshalb Ihre Kleidung so aus, als müssten Sie das Unternehmen im Außenkontakt repräsentieren.
- Stimmen Sie sich auf das Unternehmen ein, das Sie zum Gespräch eingeladen hat. Setzen Sie sich vor jedem Vorstellungsgespräch ein weiteres Mal mit den besonderen Anforderungen des jeweiligen Unternehmens auseinander.
- Üben und wiederholen Sie Ihre Selbstpräsentation und schneiden Sie sie individuell auf die Wünsche des Unternehmens zu.
- Nehmen Sie ein Duplikat Ihrer Bewerbungsmappe, die Stellenanzeige und die geführte Korrespondenz mit zum Gespräch.
- In Vorstellungsgesprächen erwartet Sie eine sachliche und ergebnisorientierte Atmosphäre. Stressfragen werden Ihnen nur gestellt, um herauszufinden, wie Sie unter Druck reagieren.
- Ein typisches Vorstellungsgespräch verläuft nach dem Schema
  - kurze Begrüßung (Small Talk zur Auflockerung)
  - Selbstdarstellung des Unternehmens
  - Vorstellung des Anforderungsprofils
  - Selbstdarstellung des Bewerbers (Selbstpräsentation)
  - Fragenblöcke zur Leistungsmotivation, zur Führungserfah-

rung, zum Unternehmen, zur beruflichen Entwicklung, zur Persönlichkeit, zur privaten Lebensgestaltung
- Geben Sie sich auch am Ende von Vorstellungsgesprächen souverän. Bedanken Sie sich bei allen Beteiligten und fragen Sie nach einem Ansprechpartner, damit Sie sich über die nächsten Schritte im Auswahlverfahren informieren können.

18
Gesprächspartner auf Unternehmensseite

In diesem Kapitel zeigen wir Ihnen, welche unterschiedlichen Ziele Personalverantwortliche, Vorgesetzte und Geschäftsführer beziehungsweise Firmeninhaber im Gespräch mit Bewerbern verfolgen und wie Sie flexibel auf Ihre Gesprächspartner reagieren können.

Wem sitzen Sie im Vorstellungsgespräch gegenüber? Wer stellt die Fragen und wertet sie aus? Wer entscheidet am Ende des Bewerbungsmarathons endgültig darüber, ob Sie eine Absage erhalten oder einen Arbeitsvertrag angeboten bekommen? Im Folgenden werden wir Sie mit Ihren Gesprächspartnern, das heißt, mit den Personen, die Ihnen im Vorstellungsgespräch auf Seiten des Unternehmens begegnen werden, vertraut machen. Sie treffen in Vorstellungsgesprächen auf:

Wem werden Sie im Vorstellungsgespräch begegnen?

- Personalverantwortliche
- direkte Vorgesetzte
- Geschäftsführer und Firmeninhaber

Geschulte (hauptamtliche) Personalverantwortliche begegnen Ihnen in mittleren und großen Unternehmen. In kleineren Unternehmen gibt es zumeist keinen Personalverantwortlichen, dort wird über Bewerbungen vom Geschäftsführer und/oder dem zuständigen Vorgesetzten entschieden.

Die Vorstellungen über den idealen neuen Mitarbeiter werden von den beruflichen Positionen der Entscheider mit beeinflusst. Ihre Auseinandersetzung mit der speziellen Perspektive Ihres Gegenübers hilft Ihnen dabei, Ihr Antwortverhalten im Vorstellungsgespräch flexibel zu handhaben.

Personalverantwortliche

Personalverantwortliche legen andere Maßstäbe an Bewerber an als Fachvorgesetzte. Die Überprüfung von Fachkenntnissen, die zur erfolgreichen Berufsausübung nötig sind, steht zunächst im Hintergrund. Im Vordergrund stehen die persönlichen Fähigkeiten der Bewerber. In unserer Beratungspraxis erleben wir immer wieder Verständnislosigkeit, wenn wir mit Führungskräften Fragen zur sozialen und methodischen Kompetenz durchgehen. Die Darstellung ihrer sozialen und methodischen Kompetenz bereitet Führungskräften oft Schwierigkeiten. Aber erst wenn sich Bewerber mit der Bedeutung der sozialen und methodischen Kompetenz im Arbeitsalltag auseinander gesetzt haben, wird ihnen der Hintergrund der von Personalverantwortlichen gestellten Fragen klar.

Ihre persönlichen Fähigkeiten stehen im Vordergrund

Bei Führungskräften stellen wir häufig eine Fixierung auf die fachliche Kompetenz fest. Fragen zur Persönlichkeit, zur Arbeitsweise, zur Mitarbeiterführung oder zur Eigenmotivation werden als äußerst lästig empfunden. Geeignete Antworten sind daher spontan selten zu erzielen. Erst wenn wir die soziale und methodische Kompetenz aus den bisherigen beruflichen Erfahrungen und Erfolgen herausarbeiten, stellt sich bei den beratenen Führungskräften der Aha-Effekt ein.

Bereiten Sie sich gezielt vor

Um Personalverantwortliche zu überzeugen, müssen Sie sich von der Vorstellung lösen, dass die Forderung nach sozialer und methodischer Kompetenz eine leere Phrase ist. Greifen Sie bei Fragen von Personalverantwortlichen auf Ihre Erfolgsbilanz und Ihre ausgearbeitete Selbstpräsentation zurück. Machen Sie ihnen deutlich, dass Ihre persönlichen Fähigkeiten ein entscheidender Erfolgsfaktor bei Ihrem bisherigen Aufstieg gewesen sind. Wenn Sie Personalverantwortliche nicht überzeugen können, dann wird Ihnen auch ein guter Draht zu den Leitern der Fachabteilungen nicht helfen. Sie müssen im Gespräch mit Personalverantwortlichen erkennen lassen, dass Sie Ihr Wissen bei der Zusammenarbeit mit anderen und bei der Lösung beruflicher Aufgaben einsetzen können.

Vorstellungsgespräche mit Personalverantwortlichen finden wegen der Fülle der Themen meist strukturiert statt, das heißt, ein vorbereiteter Fragenkatalog wird abgearbeitet. Damit die Bewerber später verglichen werden können, bekommen alle die gleichen Fragen gestellt. Danach werden das Antwortverhalten, die Inhalte und das allgemeine Auftreten bewertet, beispielsweise auf einer Skala von eins bis fünf, und auf einem Auswertungsbogen eingetragen. Nach dem Gespräch legt der Personalverantwortliche eine Gesamtnote für jeden Bewerber fest und macht der Fachabteilung oder der Geschäftsleitung Vorschläge, welche Bewerber er für geeignet hält.

Das Gespräch folgt zumeist einem vorstrukturierten Katalog

Direkte Vorgesetzte

Im Gespräch mit direkten Vorgesetzten müssen Sie klarmachen, dass Sie den fachlichen Anforderungen des Arbeitsplatzes gerecht werden. Vorgesetzte sind keine Profis in Sachen Vorstellungsgespräch, deshalb finden diese Gespräche meist unstrukturiert statt. Meistens stellen sie Ihnen die Abteilung, den Arbeitsplatz und aktuelle Aufgaben und Projekte vor. Sie gewinnen ihre Sympathie, wenn Sie gezielte Fragen zu den Arbeitsabläufen stellen und auf ähnliche Projekte hinweisen, an denen Sie an Ihrem alten Arbeitsplatz bereits mitgearbeitet haben.

Stellen Sie gezielte Fragen zu den Arbeitsabläufen

Wichtig ist, dass Sie immer wieder typische Schlüsselworte aus dem Tagesgeschäft in das Gespräch einfließen lassen. Sie umgeben sich damit mit dem »Stallgeruch«, der zeigt, dass Sie dazugehören. Mit etwas Übung gelingt es Ihnen, Schlüsselbegriffe konsequent einzusetzen. Sie werden feststellen, dass diese Kommunikationstechnik Sie in Vorstellungsgesprächen weiterbringt. Das Interesse an Ihnen nimmt zu, wenn Ihr Gesprächspartner den Eindruck hat, dass Sie beide auf einer Wellenlänge liegen.

Schlüsselbegriffe im Vorstellungsgespräch

Ingenieur in der Fertigungsplanung

Beispiele

Schlüsselbegriffe, die Sie in einem Vorstellungsgespräch als Bewerber um eine Position als Ingenieur in der Fertigungsplanung einsetzen können, sind: »Beschaffung von Maschinen und Einrichtungen«, »Budget-Koordinierung«, »Projektabwicklung«, »Teilablaufstudien«, »Kostenvergleiche alternativer Automatisierungssysteme«, »Fertigteileabtransport« und »Richtlinienerstellung«.

Entsprechende Formulierungen im Gespräch mit Fachvorgesetzten könnten dann lauten: »Bei der Beschaffung von Maschinen und Einrichtungen habe ich die Budget-Koordinierung übernommen, Kostenvergleiche alternativer Automatisierungssysteme durchgeführt und Teilablaufstudien ausgewertet. Ich habe die gesamte Projektabwicklung verantwortet und den Fertigteileabtransport organisiert.«

Leiterin Personal

Beispiel 2

Geeignete Schlüsselbegriffe für eine zukünftige Leiterin Personal sind: »Verantwortung für Besetzungs- und Einstellungsentscheidungen«, »Vertragsgestaltung«, »Erarbeitung von Vergütungssystemen«, »Nachfolgeplanungen« und »Outplacement«.

Im Vorstellungsgespräch lassen sich mit diesen positiven Reizwörtern Sätze bilden wie: »Seit fünf Jahren bin ich verantwortlich für die Besetzungs- und Einstellungsentscheidungen in meinem Unternehmen. Ich habe leistungsbezogene Vergütungssysteme erarbeitet, die Vertragsgestaltung übernommen und Outplacement-Maßnahmen und Nachfolgeregelungen konzipiert und umgesetzt.«

Nutzen Sie die offene Situation, die Sie im Vorstellungsgespräch mit direkten Vorgesetzten erwartet. Setzen Sie sich mit dem gezielten Einsatz von Schlüsselbegriffen aus dem Tagesgeschäft positiv in Szene und steigern Sie auf diese Weise das Interesse an Ihrer Person und Ihren Fähigkeiten und Kenntnissen.

Verwenden Sie Schlüsselbegriffe aus dem Tagesgeschäft

Geschäftsführer und Firmeninhaber

Begegnen Ihnen Geschäftsführer beziehungsweise Firmeninhaber im Vorstellungsgespräch, können Sie mit Ihren Antworten punkten, wenn Sie sich den besonderen beruflichen Hintergrund der »Entscheider« vergegenwärtigen. Geschäftsführer und Firmeninhaber sind »Macher«, das heißt, sie sind es gewohnt, ihre Interessen gegen den Widerstand von Personen oder Institutionen durchzusetzen. Sie sind überzeugt davon, dass persönlicher und beruflicher Erfolg mit einer überdurchschnittlichen Leistungsbereitschaft einhergeht, und sie sind wenig detail-, dafür aber umso mehr ergebnisorientiert.

Als Führungskraft überzeugen Sie Geschäftsführer und Firmeninhaber im Vorstellungsgespräch, wenn Sie Beispiele dafür geben, wie Sie sich durchgebissen haben, um beruflich etwas zu erreichen. Zeigen Sie im Gespräch, was Sie in Ihren bisherigen beruflichen Positionen geleistet haben, und stellen Sie heraus, dass auch in Zukunft noch eine Menge von Ihnen zu erwarten ist.

Zeigen Sie, was Sie beruflich erreicht haben

Ganz besonders positiv reagieren die »Macher« an der Firmenspitze auch auf Leistungen, die über das alltägliche Maß hinausgehen. Sprechen Sie über von Ihnen angeschobene Sonderprojekte oder über auf Ihre Anregung hin durchgeführte Verbesserungsmaßnahmen. Die Bereitschaft zur Übernahme von betrieblichen Sonderaufgaben und die entsprechenden Belege aus Ihrem bisherigen Werdegang überzeugen Führungsspitzen von Ihrer überdurchschnittlichen Leistungsmotivation und Leistungsbereitschaft. Auch Weiterbildungsmaßnahmen, an denen Sie neben Ihren eigentlichen beruflichen Aufgaben teilgenommen haben, sind ein Beweis für Ihren Aufstiegswillen und werden wohlwollend zur Kenntnis genommen.

Belegen Sie Ihre überdurchschnittliche Leistungsmotivation

Projektleiterin

Beispiel

Eine Bewerberin für die Position einer Projektleiterin kann sich der Anerkennung durch den Geschäftsführer sicher sein, wenn sie sich folgendermaßen darstellt: »Als Gruppenleiterin in der Produktentwicklung sind mir immer wieder Optimierungsmöglichkeiten hinsichtlich der Qualität aufgefallen. In meiner Position war es schwer, meine Vorschläge zur besseren Vernetzung von Entwicklung, Vertrieb und Service durchzusetzen. In meinen Gesprächen mit Vorgesetzten zu diesem Thema wurde deutlich, dass das Budget für Weiterbildung bereits ausgeschöpft war. Da mir die Sache aber wichtig war, habe ich mich entschieden, berufsbegleitende Seminare zum Qualitätsmanagement zu belegen. Diese Seminare habe ich selbst bezahlt. Meine beruflichen Erfahrungen als Gruppenleiterin und meine hinzugewonnenen Qualifikationen als Qualitätsmanagerin möchte ich nun bei Ihnen als Projektleiterin einsetzen.«

Bewerber, in deren Lebensläufen berufliche Höhen und Tiefen zu erkennen sind, haben das besondere Interesse von Geschäftsführern und Firmeninhabern. Nach deren Auffassung zeigt sich gerade in der Fähigkeit, mit Rückschlägen fertig zu werden und daraus entsprechende Konsequenzen für sich zu ziehen, das wahre Gesicht von Bewerbern.

Zur Vorbereitung auf solche Fragen sollten Sie Ihren an dieses Unternehmen geschickten Lebenslauf vor dem Vorstellungsgespräch zur Hand nehmen und sich überlegen, an welchen Punkten Sie mit Nachfragen rechnen müssen. Finden Sie überzeugende Argumentationen dafür, was Sie bei Brüchen in Ihrer Entwicklung aktiv getan haben, um die Situation zum Besseren zu wenden.

Der weggefallene Arbeitsplatz

Ein Bewerber hatte eine Position als Assistent der Geschäftsleitung bei einem krisengeschüttelten Unternehmen angetreten, das nach dem Verkauf in einem anderen Unternehmen aufging. Sein Arbeitsplatz fiel bei der Zusammenlegung weg. Einen Geschäftsführer kann der Bewerber trotz dieses Bruches in seiner Entwicklung dann überzeugen, wenn er seine eigenen Leistungen als Aktivposten in dieser Krisensituation herausstellt:

»Als ich die Stelle in dem Unternehmen antrat, war nach kurzer Zeit klar, dass die Kapitaldecke zu dünn für einen dauerhaften Fortbestand der Firma war. Ich habe es als Herausforderung angesehen, einzelne Bereiche des Unternehmens wieder in die schwarzen Zahlen zu führen. So gelang es mir in Zusammenarbeit mit der Geschäftsführung, den Verkauf des Unternehmens vorzubereiten. Dass mein Arbeitsplatz im Zuge der Übernahme wegfallen würde, war mir von vornherein klar. Die Abwendung des Konkurses gelang.«

Auf einen Blick
Gesprächspartner auf Unternehmensseite

- Stellen Sie sich auf die unterschiedlichen Vorstellungen vom idealen Mitarbeiter Ihrer Gesprächspartner auf Unternehmensseite ein und erarbeiten Sie sich einen flexiblen Gesprächsstil.

- Personalverantwortliche sind in Vorstellungsgesprächen vorwiegend an Ihrer sozialen und methodischen Kompetenz interessiert.
- Direkte Vorgesetzte überzeugen Sie durch den »Stallgeruch«, indem Sie mit branchenüblichen Schlüsselbegriffen erfolgreich bearbeitete Aufgaben und Projekte thematisieren.
- Geschäftsführer und Firmeninhaber lassen sich besonders von Ihrer Leistungsbereitschaft beeindrucken. Machen Sie an konkreten Beispielen Ihren überdurchschnittlichen Einsatz für Ihre bisherigen Arbeitgeber deutlich.

19
Gesprächstechniken

Personalverantwortliche sind darin geschult, Vorstellungsgespräche zu führen. Damit Sie als Bewerber die Absichten erkennen können, die hinter der jeweils eingesetzten Fragetechnik stehen, stellen wir Ihnen in diesem Kapitel die Techniken der Gesprächsführung vor.

Im Vorstellungsgespräch werden Sie von geschulten Personalverantwortlichen mit bestimmten Fragetechniken konfrontiert, auf die Sie reagieren müssen. Ihr Antwortverhalten wird von Personalverantwortlichen genauso registriert und bewertet wie der Inhalt Ihrer Antworten. Wir stellen Ihnen nachfolgend Fragetechniken vor und zeigen Ihnen, wie Sie mit geeigneten Antworttechniken reagieren können. Die vorgestellten Fragetechniken können Sie natürlich auch für Ihre Fragen an die Unternehmensvertreter nutzen.

Auch Ihr Antwortverhalten wird bewertet

Offene Fragen

Offene Fragen sind Fragen, die Sie nicht mit ja oder nein beantworten können. Man nennt diesen Typ auch W-Fragen: Was, wie, wozu, warum, welche. Beispiele: »Was macht Sie für die ausgeschriebene Position geeignet?« oder »Welche Unterstützung brauchen Sie von uns, um erfolgreich arbeiten zu können?«

Offene Fragen haben den Vorteil, dass sie ein Gespräch oder eine Diskussion in Schwung bringen. Sie geben dem Befragten

Nutzen Sie den Raum zur Selbstdarstellung

mehr Raum zur Selbstdarstellung. Diese Fragen werden vor allem eingesetzt, um ausführliche Antworten und damit mehr Informationen zu bekommen. Danach setzt man an Teilen aus der Antwort an und vertieft diese durch weitere Fragen. Problematisch für den Befragten ist, dass er womöglich unwesentliche Informationen nennt, weil er an der Frage vorbei redet.

Sie bewältigen offene Fragen dann am besten, wenn Sie in Ihren Antworten immer einen Bezug zu der angestrebten Position herstellen und genügend Beispiele liefern. Nutzen Sie dazu die Übung »Souveränes Antwortverhalten« im Abschnitt »Antworttechnik: Beispiele geben«, um einen aussagekräftigen Antwortstil zu entwickeln.

Geschlossene Fragen

Geschlossene Fragen können Sie mit ja oder nein beantworten (»Haben Sie Führungserfahrung?«, »Sind Sie ein Mensch, der sich durchsetzen kann?«). Häufig wird einer geschlossenen Frage eine offene hinterhergeschickt, um sich die Antwort begründen zu lassen (»Wo haben Sie Ihre Führungserfahrung gewonnen?«, »Wie setzen Sie sich durch?«). Sie sollten auch bei geschlossenen Fragen Ihren Antworten immer eine kurze Begründung anschließen. Ersparen Sie Personalverantwortlichen die Mühe, immer wieder nachbohren zu müssen. Nutzen Sie die Chance, Ihre Eignung für die neue Stelle immer wieder durch Beispiele zu untermauern.

Fügen Sie Ihrer Antwort eine kurze Begründung hinzu

Geschlossene Frage zum Führungsstil

Frage: »Kennen Sie unterschiedliche Führungsstile?«

Antwort: »Ja, ich weiß, dass es mehrere Führungsstile gibt. In meiner bisherigen Berufspraxis hat sich gezeigt, dass es wichtig ist, Führungsstile flexibel einzusetzen. Generell bevorzuge ich einen demokratischen Führungsstil, der die Vorstellungen der Mitarbeiter mit einbezieht.«

Geschlossene Fragen sind auch für Bewerber geeignet, um schnell an eindeutige Informationen zu kommen, beispielsweise: »Stellen Sie mir einen Firmenwagen zur Verfügung?« oder »Wurde die ausgeschriebene Position neu geschaffen?«

Auch der Bewerber kann geschlossene Fragen stellen

Wenn Sie geschlossene Fragen stellen, dann achten Sie darauf, dass Sie genügend Hintergrundinformationen bekommen. Geben Sie sich nicht mit einem bloßen Ja oder Nein zufrieden, wenn Sie ausführlichere Informationen benötigen. Fragen Sie nach, wenn Sie zu knappe Antworten bekommen, die Sie nicht zufrieden stellen.

Neu geschaffene Position

Bewerberfrage: »Wurde die ausgeschriebene Position neu geschaffen?«

Antwort der Unternehmensseite: »Ja, um diese Stelle wurde in der Firma lange gerungen.«

Mögliche Nachfragen des Bewerbers: »Wer hat sich für beziehungsweise gegen die Schaffung der Stelle ausgesprochen? Wie ist die Stelle in die unternehmensinternen Abläufe eingegliedert? Wurden die Aufgaben bisher von jemand anderem mitbearbeitet?«

Alternativfragen

Alternativfragen sind hervorragend dazu geeignet, Bewerber dazu zu bringen, sich vorschnell festzulegen. Machen Sie den Test und beantworten Sie die folgenden drei Fragen:

- Arbeiten Sie lieber im Team oder lieber allein?

- Hören Sie lieber zu oder reden Sie lieber?
- Ist für Sie das höhere Gehalt wichtiger oder die neue Aufgabe?

Reagieren Sie wohlüberlegt

Die meisten beantworten diese Fragen entweder mit der einen oder der anderen vorgegebenen Antwortmöglichkeit. Wenn Sie jedoch in Ruhe nachdenken und gedanklich verschiedene Situationen durchspielen, werden Sie feststellen, dass Teamarbeit und selbstständiges Arbeiten zusammengehören, dass Sie sowohl zuhören als auch reden und dass für Sie das Gehalt genauso wichtig ist wie eine anspruchsvolle berufliche Tätigkeit.

Nutzen Sie diese Einsichten, wenn Ihnen Alternativfragen gestellt werden. Entscheiden Sie sich nicht vorschnell für eine vorgegebene Antwort, sondern geben Sie für beide Möglichkeiten Beispiele an. So setzen Sie sich deutlich von Ihren Mitbewerbern ab.

Beratung

Aus unserer Beratungspraxis

Theorie oder Praxis?

Ein Bewerber, der sich von uns beraten ließ, hatte bei Alternativfragen Schwierigkeiten. Seine sehr dynamische und zupackende Art verleitete ihn in Vorstellungsgesprächen leider immer wieder zu vorschnellen Festlegungen. Da er die Nachfragen der Personalverantwortlichen für belanglose Spielchen hielt, neigte er dazu, seinen Gesprächspartner abzukanzeln. Damit trübte er die Gesprächsatmosphäre und verbaute sich den Weg zu einer neuen Stelle.

Die Frage »Ist für Sie in der täglichen Arbeit die Theorie wichtiger oder die Praxis?« hatte ihm in seinem letzten Vorstellungsgespräch Schwierigkeiten bereitet. Er hatte geantwortet: »Ich bin ein Mann der Praxis.« Daraufhin erfolgte die Nachfrage »Denken Sie auch einmal, bevor Sie handeln?«, um ihn unter Druck zu setzen. Ab diesem Zeitpunkt kippte das Gespräch. Er antwortete mit einem Gegenangriff »Denken Sie denn nach, bevor Sie Fragen stellen?« und warf sich damit aus dem Bewerbungsverfahren.

Wir verdeutlichten ihm, dass es keine Praxis ohne Theorie gibt und dass solche Nachfragen eingesetzt werden, um seine Stressresistenz und Souveränität bei Kritik zu überprüfen. In seinem nächsten Gespräch gelang es ihm, auf die Frage nach seiner Theorie- oder Praxisorientierung besser zu antworten. Er stellte seine besonderen Kenntnisse heraus und machte deutlich, dass er den Theorie-Praxis-Transfer herstellen kann. Damit ersparte er sich weitere Nachfragen. Eine Kampfstimmung zwischen dem Personalverantwortlichen und ihm ließ er gar nicht erst aufkommen.

Fazit: Unangenehme Fragen im Bewerbungsgespräch resultieren weniger aus der Bösartigkeit der Personalabteilung, sondern mehr daraus, dass Bewerber Personalverantwortliche durch einseitiges oder einsilbiges Antwortverhalten zum Nachfassen zwingen.

Stressfragen

Sie kennen es noch aus der Schule: Sie gaben eine richtige Antwort, und der Lehrer guckte Sie erstaunt an und fragte: »Bist Du sicher?« Schon korrigierten Sie unter dem Gelächter der Klasse Ihre Antwort, worauf der Lehrer sagte: »Leider falsch, die erste Antwort war schon richtig. Du hast es also doch nicht gewusst und nur geraten.«

Auch Personalverantwortliche nutzen eine ähnliche Technik, um Sie unsicher zu machen und Stressreaktionen hervorzurufen. Allerdings wird diese Technik im Vorstellungsgespräch etwas subtiler eingesetzt. Nachdem Sie eine Frage beantwortet haben, schweigen die Personalverantwortlichen einfach und stellen nicht sofort die nächste Frage. Um Sie weiter unter Druck zu setzen, werden Sie mit einem bohrenden Blick angesehen. Die meisten Bewerber setzen nun ein zweites Mal an und reden so lange, bis der gute erste Teil der Antwort verblasst ist und nur noch unzusammenhängende Informationen im Raum stehen. Zu diesem Zeitpunkt merkt auch der Bewerber, dass er Unsinn redet, allerdings traut er sich jetzt nicht mehr aufzuhören. Er redet dann so lange weiter, bis sein Monolog vom Gegenüber unterbrochen wird.

Subtile Verunsicherungstechniken

Wir nennen diesen Fehler »nachdieseln«. Der Bewerber, der mit langen Pausen und bohrenden Blicken nicht vertraut ist, setzt ein zweites Mal an; genauso wie ein Pkw, der noch weiterläuft, wenn der Schlüssel im Zündschloss schon abgezogen ist. Trainieren Sie unbedingt, auf Fragen kurze und präzise Antworten zu geben und kritischen Blicken standzuhalten, sonst beginnt man, an Ihrer emotionalen Stabilität zu zweifeln.

Stressfragen werden in Vorstellungsgespräche regelmäßig eingestreut. Anmerkungen wie »Ich glaube, Sie sind nicht die Richtige für uns!«, »Hoffen Sie nicht insgeheim, dass sich Ihre Arbeitsbelastung in der neuen Stelle reduziert?«, oder »Die Beurteilungen in Ihren Arbeitszeugnissen sind ziemlich schlecht!« dienen dazu, im Schnellverfahren zu überprüfen, wie Sie unter Druck reagieren.

Reagieren Sie sachlich

Gehen Sie nicht auf Unterstellungen oder Behauptungen ein, sondern beziehen Sie sich auf die Kenntnisse und Fähigkeiten, die Sie für den zukünftigen Arbeitsplatz mitbringen. Stellen Sie dar, warum gerade Sie für den zu vergebenden Arbeitsplatz geeignet sind.

Unterstellungen

Wenn Sie auf die Unterstellung »Sie scheinen mit Kritik nicht umgehen zu können!« einen roten Kopf bekommen und viel zu laut entgegnen »Das ist doch Unsinn!«, ist diese Vorstellung nicht sehr überzeugend. Sie sind auf einen Stresstest hereingefallen.

Antworten Sie lieber sachlich und beherrscht und schildern Sie eine Situation, die Ihre Kritikfähigkeit dokumentiert, beispielsweise so: »In der Großkundenbetreuung ging es immer wieder darum, die Kritik des Kunden aufzunehmen, in einen sachlichen Kontext zu stellen und nach Lösungen zu suchen. Diese Kritik diente mir immer auch dazu, die Optimierung unserer Produkte voranzutreiben.«

Damit Sie bei Stressfragen nicht gleich die Fassung verlieren und ungeeignete Antworten geben, sollten Sie Ihre souveräne Reaktion auf Stressfragen intensiv trainieren. Machen Sie sich mit möglichen Stressfragen vertraut und üben Sie, ruhig und gelassen Antworten zu geben. Dazu hilft Ihnen unsere nachfolgende Übung.

Stressfragen entschärfen

In dieser Übung werden Sie trainieren, auf Unterstellungen, persönliche Angriffe und Vorwürfe angemessen zu reagieren. Ihre Stressstabilität wird im Vorstellungsgespräch deutlich, wenn Sie es schaffen, Angriffe ins Leere laufen zu lassen und immer wieder auf positive Selbstdarstellungen zurückgreifen. Dies gelingt Ihnen am besten nach unserem folgenden Schema:

1. Gehen Sie nicht auf die Unterstellung ein.
2. Stellen Sie das positive Gegenstück der Unterstellung anhand eines Beispiels aus dem Berufsalltag dar.

Die gedankliche Überleitung von der Unterstellung zu einem positiven Inhalt gelingt Ihnen am besten, wenn Sie Ihre Antwort in Gedanken mit den beiden Worten »im Gegenteil« einleiten. Beispiel:

Unterstellung: »Sie scheinen Schwierigkeiten damit zu haben, sich unterzuordnen!«

Antwort: (In Gedanken: Im Gegenteil) »Ich habe mit meiner Vorgesetzten stets gut zusammengearbeitet. Für die Präsentation meiner Firma auf einer Ausstellung habe ich Anregungen aus dem Marketing und dem Vertrieb aufgegriffen und mit meiner Bereichsleiterin ein Standkonzept entwickelt, das uns eine Prämierung einbrachte.«

Antworten Sie auf die folgenden Stressfragen und üben Sie, unser Schema umzusetzen. Gewöhnen Sie sich an die gedankliche Einleitung Ihrer Antworten mit den unausgesprochenen Worten »im Gegenteil«.

»Sie scheinen Schwierigkeiten mit Routineaufgaben zu haben!«

Ihre Antwort: (In Gedanken: Im Gegenteil) . . . .
. . . .
. . . .

»Ihre Zielstrebigkeit ist Ihnen wohl im Laufe der Zeit abhanden gekommen!«

Ihre Antwort: (In Gedanken: Im Gegenteil) . . . .
. . . .
. . . .

»Ich glaube, Sie sind der Typ Mensch, der sich bei Schwierigkeiten eher versteckt!«

Ihre Antwort: (In Gedanken: Im Gegenteil) . . . .
. . . .
. . . .

»Das Wohl der Firma liegt Ihnen ja nicht besonders am Herzen!«

Ihre Antwort: (In Gedanken: Im Gegenteil) . . . .
. . . .
. . . .

»Sie sind doch jetzt schon überbezahlt!«

Ihre Antwort: (In Gedanken: Im Gegenteil) . . . .
. . . .
. . . .

Antworttechnik: Beispiele geben

Das Antwortbeispiel zur Stressfrage nach der Arbeitsbereitschaft leitet zu der Antworttechnik »Beispiele geben« über. Die meisten unvorbereiteten Bewerber antworten auf Fragen in Vorstellungsgesprächen zu allgemein und oberflächlich und verzichten darauf, konkrete Beispiele zu geben. Machen Sie es besser: Geben Sie immer kurze und aussagefähige Beispiele in Ihrer Argumentation.

Geben Sie aussagekräftige Beispiele

Beispiel

Beispiele für Ihre Stärken

Wenn Sie gefragt werden »Nennen Sie uns zwei Stärken von Ihnen!«, sollten Sie niemals nur allgemein antworten: »Meine Stärken sind Ausdauer und Verlässlichkeit.« Überzeugender ist eine Antwort mit Beispielen, wie: »Meine Stärken sind Ausdauer und Verlässlichkeit, ich habe beispielsweise internationale Messen mit vorbereitet. Es kam darauf an, Terminvorgaben einzuhalten. Deshalb hat sich unsere Projektgruppe auch an Samstagen zum Arbeiten getroffen.«

Mehr zur Darstellung Ihrer Stärken im Vorstellungsgespräch erfahren Sie im Kapitel »Stärken und Schwächen«.

Fragen nach Ihrer methodischen oder sozialen Kompetenz sollten Sie ebenfalls unter Bezug auf Ihre Berufspraxis beantworten. Wenn Personalverantwortliche ihre Kommunikationsfähigkeit, Leistungsbereitschaft oder Teamfähigkeit einschätzen wollen, überzeugen Sie nur dann, wenn Sie Belege liefern.

Beispiel

Teamfähigkeit

Die Frage »Sind Sie teamfähig?« sollten Sie nicht einfach nur bejahen: »Ja, ich bin teamfähig.« Besser ist es, ein konkretes Beispiel zu geben: »Ich löse gerne berufliche Aufgaben zusammen mit anderen im Team. In meiner derzeitigen Firma haben wir eine abteilungsübergreifende Arbeitsgruppe zur Qualitätssicherung gebildet. Die Ergebnisse, die von dieser Arbeit ausgingen, führten zu einer deutlichen Senkung von Ausschuss in den Produktionslinien.«

Die Antworttechnik »Beispiele geben« ist ein wesentlicher Erfolgsfaktor in Vorstellungsgesprächen. Unvorbereitete Bewerber neigen dazu, Stichworte in den Raum zu werfen, ohne sie durch Beispiele für Personalverantwortliche verständlich zu machen. Mit unserer Übung »Souveränes Antwortverhalten« lernen Sie nun, oberflächliche Antworten durch aussagekräftige zu ersetzen. So wird das Vorstellungsgespräch zu einem Dialog. Eine Verhöratmosphäre entsteht gar nicht erst.

Wie das Vorstellungsgespräch zum Dialog wird

Souveränes Antwortverhalten

Trainieren Sie jetzt, auf häufig abgefragte Inhalte im Bewerbungsgespräch mit dem folgenden Argumentationsschema zu antworten. Ihre Antworten sollten nicht zu knapp sein, sondern mindestens zwei bis drei Sätze umfassen.

1. Schritt: Beantworten Sie die Frage.
2. Schritt: Nennen Sie eine Situation aus Ihrem bisherigen Berufsalltag.
3. Schritt: Nennen Sie erreichte Ziele oder von Ihnen gewonnene Erkenntnisse aus der Situation.

Beispiel:

Frage: »Sind Sie belastbar?«

1. Schritt: »Ich kann auch mit hohen Arbeitsanforderungen gut umgehen.«
2. Schritt: »Als Projektleiterin für das Intranet meiner Firma musste ich die Vorstellungen der einzelnen Abteilungen in das Projekt integrieren und hinsichtlich der technischen Machbarkeit überprüfen. Das zog einen großen Argumentationsbedarf nach sich und es musste viel Arbeit auch nach Feierabend geleistet werden, um das Tagesgeschäft nicht zu stören.«

3. Schritt: »Ich habe die größere Arbeitsbelastung gern übernommen, um durch die Intranet-Einführung zu reibungsloseren Abläufen in der Firma zu kommen.«

Üben Sie, die folgenden Fragen mithilfe unseres »Dreierschemas« zu beantworten.

»Würden Sie sich selbst als kommunikativ beschreiben?«

1. Schritt: ....
2. Schritt: ....
3. Schritt: ....

»Können Sie andere motivieren?«

1. Schritt: ....
2. Schritt: ....
3. Schritt: ....

»Ist Ihnen ein gutes Verhältnis zu Mitarbeitern wichtig?«

1. Schritt: ....
2. Schritt: ....
3. Schritt: ....

»Trauen Sie sich zu, ein bereichsübergreifendes Projekt zu leiten?«

1. Schritt: ....
2. Schritt: ....
3. Schritt: ....

»Wissen Sie, wie man erfolgreich führt?«

1. Schritt: ....
2. Schritt: ....
3. Schritt: ....

»Können Sie kreativ arbeiten?«

1. Schritt: ....
2. Schritt: ....
3. Schritt: ....

»Welchen Führungsstil bevorzugen Sie?«

1. Schritt: ....
2. Schritt: ....
3. Schritt: ....

Auf einen Blick
Gesprächstechniken

Im Blick

- Die vorbereitende Beschäftigung mit Frage- und Antworttechniken gibt Ihnen im Vorstellungsgespräch Sicherheit.
- Setzen Sie sich mit den Besonderheiten von offenen Fragen, geschlossenen Fragen, Alternativfragen und Stressfragen auseinander.
- Wenn Ihnen offene Fragen gestellt werden, sollten Sie die Chance nutzen und sich überzeugend präsentieren.
- Achten Sie darauf, in Ihren Antworten immer einen Bezug zur ausgeschriebenen Stelle zu schaffen.
- Sie beantworten geschlossene Fragen souverän, wenn Sie Ihre Antwort kurz begründen.

- Legen Sie sich bei Alternativfragen mit Ihren Antworten nicht voreilig fest.
- Lassen Sie sich durch Stressfragen nicht aus dem Konzept bringen. Trainieren Sie, auf Unterstellungen gelassen zu reagieren.
- Üben Sie den Einsatz der Antworttechnik »Beispiele geben«. Mit aussagekräftigen Antworten setzen Sie sich von Durchschnittskandidaten ab.

20
Stärken und Schwächen

Kein Vorstellungsgespräch vergeht ohne die berüchtigten Fragen nach den Stärken und Schwächen der Bewerber. Dieses Kapitel hilft Ihnen zu erkennen, welche Stärken erwünscht sind und wie sich Schwächen so darstellen lassen, dass Sie sich nicht selbst ins Aus katapultieren.

Für Personalverantwortliche sind die Fragen nach den Stärken und Schwächen ein wichtiger Punkt bei der Überprüfung des Bewerberprofils. Die Frage »Nennen Sie mir bitte drei Stärken und drei Schwächen von Ihnen!« taucht deshalb in Vorstellungsgesprächen regelmäßig auf. Setzen Sie sich daher unbedingt vor Vorstellungsgesprächen mit Ihren Stärken und Schwächen auseinander.

Setzen Sie sich rechtzeitig mit Ihren Stärken und Schwächen auseinander

Die zwei Fragen, die uns am häufigsten in unserer Beratungspraxis gestellt und denen wir im Folgenden nachgehen werden, lauten: »Welche Stärken von mir soll ich nennen?« und »Wie aufrichtig muss ich bei der Angabe meiner Schwächen sein?«

Stärken

Kommen wir zuerst zu den Stärken. Unsere eben im Abschnitt »Gesprächstechniken« dargestellte Antworttechnik »Beispiele geben« lässt sich auch zur Darstellung Ihrer Stärken im Vorstellungsgespräch optimal einsetzen. Zuerst überlegen Sie sich, welche Stärken für den von Ihnen angestrebten Arbeitsplatz wichtig sind. Dann müssen Sie Beispiele finden, die zeigen, in welchen Situationen Sie diese Stärken bereits genutzt haben.

Wir stellen Ihnen nun anhand der Stärken Belastungsfähigkeit und analytisches Denken vor, wie Sie Beispiele aus Ihrer beruflichen Praxis in die Darstellung dieser Stärken im Vorstellungsgespräch einbauen können.

Belastungsfähigkeit

Beispiele

»Ich bin sehr belastungsfähig. Bei Produktionsumstellungen muss ich stets einen sehr engen Zeitrahmen einhalten. Die Anlage muss nach kurzer Zeit fehlerfrei laufen. Um dies zu gewährleisten, ist auch schon mal eine Nachtschicht fällig. Wenn dann wieder alles läuft, weiß ich, dass sich mein Einsatz gelohnt hat.«

Analytisches Denken

Beispiel 2

»Analytisches Vorgehen ist ein fester Bestandteil meiner Führungsaufgaben. Bei der Umstrukturierung meiner Abteilung habe ich die Arbeitsabläufe neu strukturiert und flexibler gestaltet. Meine Fähigkeit, komplexe Aufgabenstellungen in klare Teilziele zu untergliedern, war dafür eine wesentliche Voraussetzung.«

Im Vorstellungsgespräch ist die Vermittlung Ihrer Stärken gefragt. Es nützt daher nichts, Begriffe für persönliche Stärken einfach auswendig zu lernen und dem Personalverantwortlichen an den Kopf zu werfen.

Um überzeugend zu wirken, müssen Sie auf Nachfrage drei Stärken nennen können. Überlegen Sie sich die Stärken, die kennzeichnend für Sie sind. Entscheiden Sie sich nur für Stärken, für die Sie Beispiele aus dem Berufsalltag als Beleg finden können. Nutzen Sie unsere Übung, um Ihre Stärken überzeugend präsentieren zu können.

Stärken erkennen und vermitteln

Gehen Sie bei der Ausarbeitung Ihrer Stärken so vor:

1. Üben Sie das Stichwort, das Ihre Stärke kennzeichnet, in einem vollständigen Satz zu nennen.
2. Im zweiten Satz nennen Sie eine konkrete Situation, anhand deren Ihre Stärke deutlich wird.

Beispiel »Begeisterungsfähigkeit«

1. »Ich kann mich und andere gut für berufliche Aufgaben begeistern und so motivieren.«
2. »Während der Umstrukturierung unserer Abteilung ging es darum, neue Zuständigkeiten und Verantwortlichkeiten zu definieren. Durch intensive Gespräche konnte ich meine Mitarbeiter und Kollegen für die Übernahme von mehr Verantwortung begeistern, auch wenn dies zunächst mit einem Mehr an Arbeit verbunden war.«

Jetzt zu Ihnen: Definieren Sie drei eigene Stärken oder wählen Sie Stärken aus der folgenden Liste aus.

- Durchsetzungsfähigkeit
- Führungsstärke
- Engagement
- Verantwortungsbewusstsein
- Teamfähigkeit
- Einfühlungsvermögen
- Kreativität/eigene Ideen
- Kompromissbereitschaft
- Aufgeschlossenheit
- Risikobereitschaft
- Verlässlichkeit

- Teamfähigkeit
- Leistungsbereitschaft
- Kontaktstärke
- analytisches Denken
- Entschlussfreude
- Belastungsfähigkeit

Alle drei ausgewählten Stärken setzen Sie nun nach dem von uns vorgestellten Schema um.

Stärke 1: ....

1. ....
2. ....

Stärke 2: ....

1. ....
2. ....

Stärke 3: ....

1. ....
2. ....

Schwächen

Wählen Sie Ihre Schwächen sehr überlegt aus

Schwieriger wird es bei Ihren Schwächen. Wichtig ist, dass Ihr Gesprächspartner im Vorstellungsgespräch den Eindruck gewinnt, dass Sie sich mit Ihren persönlichen Fähigkeiten auseinander gesetzt haben. Wenn Sie also sagen: »Ich habe keine Schwächen!«, wird diese Antwort als überheblich gedeutet, und Ihnen wird mangelnde Selbstkritik unterstellt. Natürlich wird man sofort nachhaken, beispielsweise mit Fragen wie: »Warum sind Sie dann noch nicht Vorstandsvorsitzender bei BMW?« oder »Warum sind Ihre Arbeitszeugnisse dann nur mittelmäßig?« Irgendeinen wunden Punkt hat jeder, und unter Stress findet man ihn noch schneller.

Wenn Sie Ihre Schwächen nennen sollen, ist auch Humor fehl am Platz. Antworten Sie bitte nicht: »Meine größte Schwäche ist, dass ich abends manchmal das Zähneputzen vergesse.« Auch bei »witzigen« Antworten wird natürlich sofort nachgehakt: »Vielen Dank für Ihre humorvolle Einlage. Aber beantworten Sie nun bitte meine Frage nach Ihren Schwächen!«

Die Frage nach Ihren Schwächen ist weder als Provokation gedacht noch als Anlass, einmal unbefangen über die eigenen Macken zu plaudern. Mit dieser Frage möchte man sehen, ob und wie Sie sich mit Ihrer Persönlichkeit auseinander gesetzt haben und ob Sie fähig zur Selbstreflexion sind. Aus diesem Grund müssen Sie in der Lage sein, eine Schwäche von sich zu nennen. Damit diese Schwäche nicht als schwerwiegender Makel erscheint, sollten Sie die Darstellung Ihrer Schwäche sorgfältig aufbauen. Das folgende Schema ist dafür optimal geeignet. Gehen Sie in drei Schritten vor:

So legen Sie Ihre Schwächen optimal dar

1. Nennen Sie die Schwäche in einem Satz und benutzen Sie Relativierungen, beispielsweise: manchmal, ab und zu, gelegentlich, es kommt vor, früher.
2. Geben Sie ein Beispiel dafür, wie sich die Schwäche in der Vergangenheit bemerkbar gemacht hat.
3. Legen Sie dar, was Sie getan haben, um Ihre Schwäche in den Griff zu bekommen.

Direktheit

»Ich bin manchmal zu direkt und offen im Gespräch. Mit meiner Vorliebe für klare Worte habe ich manchmal Kollegen und Mitarbeiter vor den Kopf gestoßen. Heute passe ich besser darauf auf, dass ich den richtigen Zeitpunkt und die richtige Situation wähle, um meine Meinung zu äußern.«

Beispiel

Nennen Sie immer nur eine Schwäche

Sie sollten jedoch bei der Frage »Nennen Sie mir drei Stärken und drei Schwächen von Ihnen!« nicht zu viele Schwächen aufzählen: Nennen Sie drei Ihrer Stärken, aber nur eine Schwäche. Eine weitere Schwäche sollten Sie nur bei einer gezielten Nachfrage angeben. Zwei Schwächen sind auf jeden Fall genug, um als überzeugender Bewerber dazustehen, der sich mit sich selbst auseinander gesetzt hat.

Damit Sie Ihre Schwächen so aufbauen, dass Sie kein Eigentor schießen, sollten Sie in unsere Übung »Schwächen darstellen« einige Zeit und Mühe investieren.

Schwächen darstellen

In dieser Übung schreiben Sie zuerst alle Ihre Schwächen auf. Gehen Sie dann Ihre Schwächen einzeln durch und überprüfen Sie, ob sich die Schwäche mit unserem Schema in einer für das Vorstellungsgespräch geeigneten Weise darstellen lässt. Eine gut aufgebaute Schwäche könnte so aussehen:

1. »Ich bin manchmal zu abwartend.«
2. »In meiner Projektgruppe wurde mir gesagt, dass ich mich bei der Planung zukünftiger Arbeitsabläufe mehr einbringen sollte. Ich war erst überrascht, weil ich dachte, dass das stört. Ich hatte viele Ideen, aber auf eine Aufforderung gewartet, um sie vorzustellen.«
3. »Heute warte ich nicht mehr so lange, ich werde schneller von mir aus aktiv.«

Wenn Sie mehrere Schwächen gefunden haben, die in das Schema passen, sollten Sie sich nun für die zwei Schwächen entscheiden, die Sie bei der zukünftigen Arbeit am wenigsten behindern.

Meine Schwäche: ....

1. ....
2. ....
3. ....

Meine (Reserve-)Schwäche: ....

1. ....
2. ....
3. ....

Auf einen Blick
Stärken und Schwächen

Im Blick

- Die Frage nach den Stärken und Schwächen ist ein zentraler Punkt im Vorstellungsgespräch.
- Sie sollten im Vorstellungsgespräch drei Stärken präsentieren können.
- Geben Sie Ihre Stärken nicht nur als abstraktes Schlagwort an. Stellen Sie Ihre Stärken anhand von Beispielen dar.
- Bereiten Sie für das Vorstellungsgespräch eine Schwäche vor, die Sie nennen können.
- Orientieren Sie sich bei der Darstellung Ihrer Schwäche an dem folgenden Dreier-Schema:
  1. Die Schwäche nennen,
  2. ein Beispiel dafür geben, wie sich die Schwäche bemerkbar gemacht hat,
  3. darlegen, was Sie getan haben, um die Schwäche in den Griff zu bekommen.

21
Fragenblöcke: Fragen an Sie

Setzen Sie sich vor Vorstellungsgesprächen mit den Hintergründen der gestellten Fragen auseinander. Wir erläutern Ihnen in diesem Kapitel, aus welchen Themenbereichen Ihnen Fragen gestellt werden und welche Strategien Sie mit Ihren Antworten verfolgen sollten.

Auf diese Fragenkomplexe sollten Sie sich einstellen

Mit Ihrer ausgearbeiteten Selbstpräsentation, den Hinweisen zum Einsatz von Gesprächstechniken und mit den Erläuterungen zur Darstellung von Stärken und Schwächen haben wir Ihnen das notwendige Rüstzeug an die Hand gegeben. Jetzt kommt es darauf an, dieses Wissen umzusetzen. In den nun folgenden Fragenblöcken finden Sie typische Fragen

- zur Leistungsmotivation,
- zur Führungserfahrung,
- zum Unternehmen,
- zur beruflichen Entwicklung,
- zur Persönlichkeit und
- zur privaten Lebensgestaltung.

Sie können die Fragenblöcke jetzt durcharbeiten oder zunächst in unser Kapitel »Beispielfragen und -antworten« wechseln. Dort finden Sie ausgewählte Antworten, die Ihnen helfen, Ihren eigenen Stil zu entwickeln beziehungsweise weiter auszubauen.

Fragen zur Leistungsmotivation

Mit den Fragen zur Leistungsmotivation will man feststellen, wie stark Ihr Wunsch ist, gerade für dieses Unternehmen beziehungsweise gerade in diesem Tätigkeitsfeld zu arbeiten. Auf Fragen wie »Was erwarten Sie von einer Anstellung bei uns?« reichen Antworten wie »Die Aufgabe interessiert mich« oder »Ich freue mich auf die Herausforderung« nicht aus.

Stellen Sie mit Ihren Antworten Ihre bisherige Leistungsmotivation bei der Erfüllung beruflicher Aufgaben heraus, sodass sich beim Zuhörer innerlich die Überzeugung einstellt, dass eine Anstellung die konsequente Fortsetzung Ihres eingeschlagenen Berufsweges bedeuten würde. Beziehen Sie sich auf Ihre Selbstpräsentation. Zeigen Sie, wie Sie sich durch das Stecken und Erreichen von beruflichen Zielen selbst motivieren und dass Sie beruflich noch lange nicht alles erreicht haben, was Sie mit Ihrem Potenzial erreichen können.

Zeigen Sie auf, wie Sie bisher berufliche Ziele erreicht haben

Liefern Sie Beispiele dafür, wann Sie sich bewusst für die Ausrichtung Ihrer beruflichen Laufbahn entschieden haben, welche Erfolge Sie in Ihrer beruflichen Entwicklung erzielt haben und welche Ihrer fachlichen Kenntnisse und persönlichen Fähigkeiten Sie nun in der neuen Position einsetzen werden – und warum.

Motivation verdeutlichen

Frage: »Was erwarten Sie von einer Anstellung bei uns?«

Antwort: »Ich möchte meine berufliche Entwicklung vorantreiben. Aufbauend auf meine bisherigen Erfahrungen als stellvertretender Produktionsleiter möchte ich jetzt die Verantwortung für Ihre Produktionsstätte in Schaffhausen übernehmen. Dafür bringe ich umfassende Berufserfahrung in der Endbauphase und der Gestaltung von Installationsabläufen mit. Ich habe auch bisher schon eng mit dem Verkauf, der Qualitätssicherung und dem Engineering zusammengearbeitet. Zusätzlich möchte ich jetzt die Verantwortung für Qualitätsstandards und die Einhaltung der Lieferzeiten übernehmen.«

Beispiel

Bereiten Sie Ihre Antworten schon im Vorfeld vor

Bereiten Sie Ihre Antworten auf Fragen zur Motivation gründlich vor. Im Gespräch selbst haben Sie nicht genügend Zeit für tiefergehende Reflektionen und persönliche Standortbestimmungen. Erarbeiten Sie sich schon jetzt mithilfe unserer Übung Ihre Antworten auf Fragen zur Motivation.

Fragen zur Motivation

Lesen Sie sich zuerst die Fragen durch und versuchen Sie, möglichst spontan zu antworten. Auf diese Weise merken Sie, welche Fragen für Sie schwieriger zu beantworten sind. Wenn Sie sich beim Formulieren von Antworten unsicher sind, sollten Sie zuerst einmal stichwortartig aufschreiben, was in die Antwort gehört. Überlegen Sie sich zum Beispiel zu der Frage »Welche Pläne haben Sie für Ihre Weiterbildung?« die speziellen Weiterbildungsmaßnahmen, die für Ihr Berufsfeld wichtig sind.

Wichtig ist an dieser Stelle erst einmal, dass Sie sich über die Inhalte der Antworten klar werden. Formulierungshilfen und Anregungen für geeignete Antworten finden Sie später im Kapitel »Beispielfragen und -antworten«.

»Was erwarten Sie von einer Anstellung bei uns?«
Ihre Antwort: . . . .

»Was hat Sie an unserer Stellenausschreibung besonders angesprochen?«
Ihre Antwort: . . . .

»Wie würden Sie den Einstieg in Ihre neue Position gestalten?«
Ihre Antwort: . . . .

»Wie lange brauchen Sie für Ihre Einarbeitung?«
Ihre Antwort: . . . .

»Was reizt Sie an der ausgeschriebenen Position am meisten?«
Ihre Antwort: . . . .

»Was wollen Sie in drei/fünf/zehn Jahren erreicht haben?«
Ihre Antwort: . . . .

»Welche Pläne haben Sie für Ihre Weiterbildung?«
Ihre Antwort: . . . .

»Was brauchen Sie, um beruflich erfolgreich zu sein?«
Ihre Antwort: . . . .

»Wenn Sie einen Stellvertreter für sich auszusuchen hätten, welche Kenntnisse und Fähigkeiten müsste er mitbringen?«
Ihre Antwort: . . . .

»Warum haben Sie sich gerade bei uns beworben?«
Ihre Antwort: . . . .

»Können wir Sie auch in anderen Unternehmensbereichen einsetzen, wenn ja, in welchen?«
Ihre Antwort: . . . .

»Wo haben Sie sich sonst noch beworben?«
Ihre Antwort: . . . .

»Interessiert Sie auch eine andere Tätigkeit als die ausgeschriebene?«
Ihre Antwort: . . . .

»Würden Sie für unser Unternehmen nach Nord-, Süd-, West- oder Ostdeutschland (-europa) gehen?«
Ihre Antwort: . . . .

»Was machen Sie, wenn Sie diese Stelle nicht bekommen?«
Ihre Antwort: . . . .

»Haben Sie schon einmal mit dem Gedanken gespielt, sich selbstständig zu machen?«
Ihre Antwort: . . . .

»Seit wann haben Sie den Wunsch, eine berufliche Tätigkeit als XYZ auszuüben?«
Ihre Antwort: . . . .

»Wie lange werden Sie in unserem Unternehmen bleiben?«
Ihre Antwort: . . . .

Fragen zur Führungserfahrung

Natürlich im Vordergrund: Ihre Führungskompetenz

Die Überprüfung der Führungserfahrung hat im Vorstellungsgespräch mit Führungskräften natürlich einen besonderen Stellenwert. Personalverantwortliche wollen wissen, wie Sie mit Mitarbeitern umgehen, Aufgaben delegieren und bei Konflikten Lösungen herbeiführen. Die von Ihnen zu beantwortenden Fragen beziehen sich auf die typischen Handlungskompetenzen, über die erfolgreiche Führungskräfte verfügen sollten. So werden Sie beispielsweise gefragt: »Wie äußern Sie Kritik gegenüber Mitarbeitern?«, »Wie führen Sie ein Team?« oder »Welche Entscheidungen fallen Ihnen am schwersten?«

Oft wird der Blick auch auf eine fiktive Situation gerichtet. Ihnen werden Szenarien beschrieben, für die Sie gleich im Vorstellungsgespräch eine Lösung entwickeln sollen. Entsprechende Fragen lauten: »Ihnen ist gerüchteweise zu Ohren gekommen, dass Ihr Stellvertreter mit dem Gedanken spielt zu kündigen. Wie reagieren Sie?« oder »Was tun Sie, wenn Mitarbeiter Zielvorgaben nicht einhalten?« Der Sinn solcher fiktiver Fragen ist herauszubekommen, wie Sie problematische Situationen auflösen. Hierbei ist Ihre soziale und methodische Kompetenz gefragt. Sie überzeugen dann, wenn Sie Schritt für Schritt beschreiben, wie Sie bei der Bewältigung von typischen Führungsaufgaben vorgehen.

Wie reagieren Sie auf fiktive Szenarien?

Gerüchte im Griff

Frage: »Ihnen ist gerüchteweise zu Ohren gekommen, dass Ihr Stellvertreter mit dem Gedanken spielt zu kündigen. Wie reagieren Sie?«

Antwort: »Ich werde nicht auf die Gerüchte einsteigen, sondern das Gespräch mit meinem Stellvertreter suchen. Sollte er tatsächlich mit dem Gedanken spielen, das Unternehmen zu verlassen, würde ich versuchen, die Gründe dafür zu erfahren. In einem Gespräch mit der Personalabteilung würde ich dann einen Spielraum für Bleibeverhandlungen festlegen.«

Bei der Beantwortung von Fragen zum optimalen Führungsstil oder zu den Erfolgsfaktoren idealer Führungskräfte kommt es nicht darauf an, dass Sie wissenschaftliche Definitionen zur Mitarbeiterführung liefern oder das Thema psychologisch ausdeuten. Das Vorstellungsgespräch ist kein wissenschaftlicher Diskurs. Generell können Sie sich an dem Idealbild »Führen durch Zielvereinbarung« orientieren.

Zeigen Sie, dass Sie komplexe Aufgaben in Teilschritte zerlegen können, dass Sie Mitarbeitern konkrete Ziele für ihr Handeln aufzeigen können, dass Sie Aufgaben so verteilen, dass die Qualifikation des Mitarbeiters ausreicht, sie zu bearbeiten, und dass Sie Zielvorgaben stecken, die überprüfbar sind.

Fragen wie »Welcher Führungsstil ist der beste?« oder »Was sind Erfolgsfaktoren für Führungskräfte?« beantworten Sie gelungen, wenn Sie konkrete Beispiele aus Ihrer beruflichen Praxis einfließen lassen.

Erfolgsfaktoren für Führungskräfte

Frage: »Was sind die entscheidenden Erfolgsfaktoren im Führungsalltag?«

Antwort: »Führungskräfte haben dann Erfolg, wenn sie Aufgaben geeignet strukturieren, Ziele definieren und Mitarbeiter optimal einsetzen können. Bei meinem jetzigen Arbeitgeber habe ich eine Abteilung für das Servicecontrolling aufgebaut. Dabei habe ich die Aufgabengebiete definiert und geeignete Mitarbeiter ausgewählt.«

Verdeutlichen Sie im Vorstellungsgespräch, dass Sie über einen flexiblen und der Situation angemessenen Führungsstil verfügen. Es sollte klar werden, dass Sie sich mit dem Thema Führung auseinander gesetzt haben und dass Sie über Ihr eigenes Führungsverhalten reflektieren können.

Fragen zur Führungserfahrung

»Was sind für Sie die größten Führungsschwächen?«
Ihre Antwort: . . . .

»Hat sich Ihr Führungsstil seit Ihrem Berufseinstieg geändert?«
Ihre Antwort:

»Mussten Sie schon einmal Mitarbeitern kündigen?«
Ihre Antwort: . . . .

»Welche Führungsaufgaben fallen Ihnen am schwersten?«
Ihre Antwort: . . . .

»Welches Umfeld brauchen Sie, um erfolgreich zu führen?«
Ihre Antwort: . . . .

»Wie begeistern Sie Mitarbeiter für Sonderaufgaben?«
Ihre Antwort: . . . .

»Was zeichnet eine Führungspersönlichkeit aus?«
Ihre Antwort: . . . .

»Ist Führungsstärke angeboren oder wird sie im Berufsalltag erworben?«
Ihre Antwort: . . . .

»Wie motivieren Sie Ihre Mitarbeiter?«
Ihre Antwort: . . . .

»Was machen Sie, wenn ein Mitarbeiter immer wieder Aufgaben unbearbeitet lässt?«
Ihre Antwort: . . . .

»Wie führen Sie ein Team?«
Ihre Antwort: . . . .

»Wie gehen Sie mit Kollegen um?«
Ihre Antwort: . . . .

»Wie wichtig ist Ihnen der Ruf Ihrer Abteilung?«
Ihre Antwort: ....

»Wie gehen Sie mit unrealistischen Vorgaben der Geschäftsleitung um?«
Ihre Antwort: ....

»Nennen Sie mir zwei problematische Situationen, in denen Ihre Führungsfähigkeiten gefragt waren!«
Ihre Antwort: ....

»Sind Sie schon einmal wegen Ihres Führungsstils kritisiert worden?«
Ihre Antwort: ....

»Wie äußern Sie Kritik gegenüber Mitarbeitern?«
Ihre Antwort: ....

»Wie lösen Sie Spannungen zwischen Mitarbeitern auf?«
Ihre Antwort: ....

»Wie reagieren Sie, wenn Ihr Stellvertreter Ihnen wiederholt Informationen vorenthält?«
Ihre Antwort: ....

Fragen zum Unternehmen

Wenn man Ihnen Informationsmaterial über das Unternehmen oder über dessen Produkte und Dienstleistungen im Vorfeld des Vorstellungsgespräches zugesandt hat, müssen Sie damit rechnen, dass Informationen aus diesem Material abgefragt werden. Man will feststellen, wie ernst Sie es mit Ihrer Bewerbung meinen, und überprüft darum, wie gründlich Sie sich mit dem Unternehmen auseinander gesetzt haben.

Die Suche nach umfassenden Informationen über Ihren neuen Arbeitgeber ist ein wichtiger Punkt in Ihrer Gesprächsvorbereitung. Sie müssen Ihr Interesse an dem neuen Unternehmen deutlich machen, sonst leidet das Interesse des Unternehmens an Ihnen.

Informieren Sie sich umfassend

Zum Teil werden die Fragen zum Unternehmen auch eingesetzt, um Ihre Auffassungsgabe zu überprüfen. Dazu werden Ihnen am Anfang des Vorstellungsgespräches Informationen über das Unternehmen gegeben und zu einem späteren Zeitpunkt abgefragt.

Fragen zum Unternehmen

Um die Fragen zum Unternehmen beantworten zu können, benötigen Sie Informationsmaterial. Wenn Sie bisher noch kein Informationsmaterial über das Unternehmen angefordert haben, müssen Sie es spätestens jetzt tun. Wer jetzt nicht auf Post warten möchte, kann Unternehmensinformationen auch im Internet recherchieren. Versuchen Sie, so viele Informationen über das Unternehmen wie möglich in Ihre Antworten einfließen zu lassen.

Ihre Antworten sollten Sie ausformulieren, damit Sie im Bewerbungsgespräch nicht in ein bloßes Faktenaufzählen verfallen.

»Was wissen Sie über unser Unternehmen?«
Ihre Antwort: ....

»Kennen Sie unsere Produkte/Dienstleistungen? Was interessiert Sie daran?«
Ihre Antwort: ....

> »Haben Sie noch Fragen zu dem Informationsmaterial?«
> *Ihre Antwort:* ....
>
> »Kennen Sie noch andere Unternehmen unserer Branche?«
> *Ihre Antwort:* ....
>
> »Kennen Sie unsere weiteren Standorte (Deutschland, Europa, weltweit)?«
> *Ihre Antwort:* ....
>
> »Wissen Sie, wie viele Mitarbeiter wir beschäftigen?«
> *Ihre Antwort:* ....
>
> »Kennen Sie unseren Jahresumsatz?«
> *Ihre Antwort:* ....
>
> »Was wissen Sie über unsere Branche?«
> *Ihre Antwort:* ....
>
> »Welchen Eindruck haben Sie von unserem Unternehmen?«
>
> *Ihre Antwort:* ....

Fragen zur beruflichen Entwicklung

Mit der Frage »Würden Sie wieder den gleichen Berufsweg gehen?« möchte man feststellen, wie stark Sie sich mit Ihrem Beruf identifizieren. Verweisen Sie auf besondere Kenntnisse und Fähigkeiten, die Sie während Ihrer Berufslaufbahn erworben haben, und beschreiben Sie, wie Sie diese Qualifikationen im

Berufsalltag praktisch eingesetzt haben. Dies dokumentiert Ihr Interesse und Ihre Begeisterung für Ihr Berufsfeld.

Die Auseinandersetzung mit neuen Entwicklungen und aktuellen Trends in Ihrem Berufsfeld sollten Sie auch durch Weiterbildungen, den Besuch von Kongressen und die Auseinandersetzung mit der Theorie in Ihrem Berufsfeld belegen. Der Blick über das Tagesgeschäft hinaus wird von Unternehmensseite positiv eingeschätzt. Es wird vermutet, dass der, der Eigenaktivität zeigt und für Kontinuität und Weiterbildung in seiner eigenen Entwicklung sorgt, sich auch am neuen Arbeitsplatz für das Unternehmen engagieren wird.

Belegen Sie Ihre Eigeninitiative

Wenn Sie Ihre berufliche Entwicklung an einer oder mehreren Stellen unterbrochen haben, durch kurzfristigen Stellenwechsel, Arbeitslosigkeit oder Kündigung, dann will man im Gespräch feststellen, wie Sie diesen Bruch verkraftet haben und wie ausdauernd Sie in Zukunft sein werden, wenn an Ihrem Arbeitsplatz nicht alles wie geplant verläuft. Rechnen Sie damit, dass Sie bei häufigem Stellenwechsel mit Stressfragen wie »Geben Sie bei Problemen immer so schnell auf?« konfrontiert werden. Versuchen Sie nicht, die Schuld an Problemen am alten Arbeitsplatz auf Vorgesetzte und Kollegen abzuschieben. Auch Ehrlichkeit ist bei solchen Fragen kontraproduktiv. Im Kapitel »Motive für den Stellenwechsel« haben wir Ihnen ausführlich erläutert, welche Wechselgründe akzeptiert werden und welche Sie nicht nennen sollten.

Zeigen Sie, was Sie aus beruflichen Situationen gemacht haben

Achten Sie bei der Darstellung Ihrer beruflichen Entwicklung darauf, dass Sie Ihre Entwicklung hin zur neuen Position plausibel machen. Eine Entwicklung machen Sie niemals dadurch deutlich, dass Sie auf verpasste Chancen, Krisen und Brüche in Ihrer Berufslaufbahn eingehen. Nutzen Sie Ihre Selbstpräsentation und stellen Sie die vorhandenen beruflichen Stationen mit konkreten Beispielen dar, um einen roten Faden der beruflichen Entwicklung zu knüpfen. Denn im Bewerbungsgespräch wollen Personalverantwortliche auch prüfen, ob Sie selbst zu Ihrer bisherigen beruflichen Entwicklung stehen. Weinen Sie deshalb keinen verpassten Chancen nach, sondern zeigen Sie, dass Sie das Beste aus der jeweiligen Situation gemacht haben.

Beachten Sie bei Antworten auf Fragen wie »Was hat Sie im Beruf besonders enttäuscht?« oder »Was war Ihr größter Misserfolg im Beruf?« die Grundregeln der »Problemkommunikation«:

- Schildern Sie kurz, was Sie als problematisch erlebt haben, und
- verdeutlichen Sie, wie Sie diese Probleme aktiv bewältigt haben.

Enttäuschungen im Beruf

Beispiel

Für die Fragen, in denen es um Ihre Frustrationen und Enttäuschungen geht, sollten Sie sich Erlebnisse überlegen, die für Ihre berufliche Entwicklung keine große Bedeutung hatten. Zum Beispiel könnte Ihre Antwort auf die Frage »Was hat Sie im Beruf besonders enttäuscht?« lauten: »Ich bin mit meinem Beruf zufrieden. Vielleicht wäre es schön gewesen, einmal eine Zeit lang im Ausland zu arbeiten, aber ich konnte meine berufliche Entwicklung auch in Deutschland vorantreiben.«

Zeigen Sie Ihre Problemlösungsfähigkeiten

Allgemeine Statements zur Abschaffung des hierarchischen Betriebsablaufes in Großunternehmen helfen nicht weiter, und auch der Verweis auf die mangelhafte Personalentwicklung und Mitarbeiterförderung ist gefährlich. Man könnte daraus schließen, dass Sie bei Problemen in Ihrer neuen Position einfach mehr Mitarbeiter oder Sachmittel fordern werden. Das aber spricht nicht gerade für Ihre Kreativität und Problemlösungsfähigkeit.

Zusammenfassend lässt sich festhalten, dass Sie den Fragenblock zur beruflichen Entwicklung dann gelungen absolvieren, wenn Sie Ihre Gesprächspartner davon überzeugen können, dass Sie Ihre Neigungen und Interessen frühzeitig erkannt, konsequent verfolgt und im Beruf ausgebaut haben, wobei Sie in der Lage waren, Hindernisse aus dem Weg zu räumen und auch gelegentliche Rückschläge zu verkraften.

Fragen zur beruflichen Entwicklung

Übung

Bei Ihrer Auseinandersetzung mit den Fragen zur beruflichen Entwicklung sollten Sie üben, Ihren Werdegang schlüssig darzustellen. Verzichten Sie auf die Aufzählung von Krisen, Problemen und Selbstanklagen. Sie sollten eine generelle Zufriedenheit mit Ihrem Berufsweg vermitteln. Stellen Sie Ihre positiven Seiten in den Vordergrund.

»Aus welchen Gründen haben Sie sich für Ihren Beruf entschieden?«
Ihre Antwort: ....

»Welche Weiterbildungen möchten Sie noch machen?«
Ihre Antwort: ....

»Gibt es eine innere Logik hinter Ihrem bisherigen beruflichen Werdegang?«
Ihre Antwort: ....

»Warum haben Sie Ihre Stelle so oft gewechselt?«
Ihre Antwort: ....

»Warum sind Sie arbeitslos geworden?«
Ihre Antwort: ....

»Wie haben Sie sich auf die beruflichen Anforderungen in Ihrer bisherigen Position vorbereitet?«
Ihre Antwort: ....

»Würden Sie wieder den gleichen Beruf wählen?«
Ihre Antwort: ....

»An welche zwei Erfolge in Ihrer Berufstätigkeit erinnern Sie sich besonders gern?«
Ihre Antwort: ....

»Was hat Sie bei Ihrem bisherigen Arbeitgeber am meisten frustriert?«
Ihre Antwort: ....

»Was hat Ihnen an Ihrer alten Stelle besonders gefallen, was nicht?«
Ihre Antwort: ....

»Welche beruflichen Tätigkeiten mochten Sie besonders, welche nicht und warum?«
Ihre Antwort: ....

»Fühlten Sie sich an Ihrem alten Arbeitsplatz gerecht beurteilt?«
Ihre Antwort: ....

»Was hat Sie im Beruf besonders enttäuscht?«
Ihre Antwort: ....

»Was waren die Gründe für Ihre guten Beurteilungen?«
Ihre Antwort: ....

»Warum haben Sie so schlechte Arbeitszeugnisse?«
Ihre Antwort: . . . .

»Welche Weiterbildungen haben Sie neben Ihrer Berufstätigkeit freiwillig absolviert?«
Ihre Antwort: . . . .

»Welche Kenntnisse und Fähigkeiten haben Sie sich außerhalb Ihrer Berufstätigkeit angeeignet?«
Ihre Antwort: . . . .

Fragen zur Persönlichkeit

In unserer Beratungspraxis haben wir häufig erlebt, dass Bewerber bei der Fragenkombination »Erinnern Sie sich an Ihren schlechtesten Vorgesetzten? Was hat Sie am meisten an ihm gestört?«, plötzlich einen feuerroten Kopf bekommen und wahre Hasstiraden auf ehemalige Vorgesetzte loslassen. Dies sollte Ihnen im Vorstellungsgespräch nicht passieren, denn dadurch stehen nur Sie und nicht Ihr ehemaliger Vorgesetzter als schwieriger Mensch da. Über den letzten Arbeitgeber, den derzeitigen Vorgesetzten und die Kollegen formulieren Sie bitte nur positiv. Sie gelten sonst als illoyal und schwierig.

Bei Fragen nach Konflikten am alten Arbeitsplatz sollten Sie abstrahieren, zum Beispiel: »Es ist immer schwierig, wenn wichtige Informationen zurückgehalten werden« oder »Unsachliche Kritik, die mit persönlichen Angriffen verbunden ist, würde mich stören.« Geben Sie auf Nachfrage jeweils kurze fiktive Beispiele für derartige Konfliktsituationen und erläutern Sie, wie Sie sie auflösen würden. Gehen Sie aber nicht auf real erlebte Problem- und Konfliktsituationen ein.

Abstrahieren Sie von Konflikten am alten Arbeitsplatz

Auf Fragen nach Ihren Stärken oder Schwächen sind Sie ja bereits vorbereitet. Die Fragen »Wie würde Ihr bester Freund Sie beschreiben?« oder »Welche Eigenschaften müsste Ihr Stellvertreter mitbringen?« zielen in die gleiche Richtung: Es geht um eine Charakterisierung Ihrer eigenen Person. Stellen Sie in Ihren Antworten Ihre Stärken heraus.

Die Zielrichtung der Frage »Könnten Sie sich, wenn Sie eine Weile bei einem anderen Arbeitgeber gearbeitet hätten, eine Rückkehr auf Ihren jetzigen Arbeitsplatz vorstellen?« ist klar. Man will überprüfen, ob Sie an Ihrem Arbeitsplatz unter hohem Druck stehen und ihn auf jeden Fall verlassen wollen.

Der alte Arbeitgeber

Frage: »Könnten Sie sich vorstellen, unter anderen Bedingungen bei Ihrem alten Arbeitgeber zu bleiben?«

Antwort: »Die neue Position in Ihrer Firma ermöglicht mir, meine Kenntnisse und Fähigkeiten in den Bereichen X und Y einzusetzen. Mein alter Arbeitgeber hat keine derartige Position für mich, ein Weiterarbeiten wäre mit einem Verzicht auf die Tätigkeiten X und Y verbunden und ist daher für mich nicht vorstellbar.«

Antworten auf Fragen nach der Bedeutung und Gewichtung von Arbeit und Freizeit sollten Sie vor dem Vorstellungsgespräch für sich geklärt haben. Im Mittelpunkt Ihrer Antworten sollte dabei stets der Bezug zur bisherigen Berufstätigkeit stehen.

Bedeutung von Arbeit

Frage: »Was bedeutet Arbeit für Sie?«

Antwort: »Arbeit bedeutet für mich, mir Ziele zu setzen und diese Ziele zu erreichen, so habe ich bisher ... (Selbstpräsentation)«

Dasselbe gilt für Fragen zu »Erfolg« und »Misserfolg«.

Erfolg

Frage: »Was bedeutet Erfolg für Sie?«

Antwort: »Aus meiner Sicht bin ich dann erfolgreich, wenn es mir gelingt, private und berufliche Ziele miteinander zu verbinden. Arbeit ist für mich auch immer eine Möglichkeit der Selbstbestätigung, und beruflicher Erfolg strahlt positiv in mein Privatleben aus.«

Beispiele

Misserfolg

Frage: »Was bedeutet Misserfolg für Sie?«

Antwort: »Misserfolg akzeptiere ich nicht. Wenn ein angestrebtes Ziel nicht erreicht wird, überprüfe ich die Zielsetzung und analysiere mögliche Störfaktoren. So gelang es uns beispielsweise erst nach einer Modifikation der Marketingstrategie, unser Produkt erfolgreich auf dem spanischen Markt einzuführen.«

Beispiel 2

In der folgenden Übung »Fragen zur Persönlichkeit« erwarten Sie einige Fragen, deren Sinn und Zweck nicht auf den ersten Blick deutlich wird. Manche dieser Fragen werden von Personalverantwortlichen auch eingesetzt, um Bewerber kurzfristig zu verunsichern. Achten Sie bei Fragen nach inneren oder äußeren Konflikten darauf, dass Sie nicht zu tief in die Beschreibung von Krisen geraten. Stellen Sie in den Mittelpunkt Ihrer Antworten, dass Ihr Umgang mit anderen und sich selbst problemfrei verläuft.

Fragen zur Persönlichkeit

Übung

»Wie holen Sie sich aus seelischen Krisen heraus?«
Ihre Antwort: ....

»Was war in Ihrem Leben die schwierigste Entscheidung?«
Ihre Antwort: ....

»Kennen Sie beruflich erfolgreiche Menschen?«
Ihre Antwort: ....

»Wie wirken Kritik und Anerkennung auf Sie?«
Ihre Antwort: ....

»Wie reagieren Sie bei ungerechtfertigter Kritik?«
Ihre Antwort: ....

»Wenn Sie noch einmal von vorn anfangen könnten, was würden Sie anders machen?«
Ihre Antwort: ....

»Was bedeutet Arbeit für Sie? Was Freizeit?«
Ihre Antwort: ....

»Was würden Sie tun, wenn Sie mehr Freizeit hätten?«
Ihre Antwort: ....

»Was bedeutet Erfolg für Sie? Was Misserfolg?«
Ihre Antwort: ....

»Wie verhalten Sie sich in unangenehmen Situationen?«
Ihre Antwort: ....

»Arbeiten Sie lieber allein oder lieber im Team?«
Ihre Antwort: . . . .

»Welche Eigenschaft stört Sie an Menschen am meisten?«
Ihre Antwort: . . . .

»Könnten Sie sich, wenn Sie eine Weile bei einem anderen Arbeitgeber gearbeitet hätten, eine Rückkehr auf Ihren jetzigen Arbeitsplatz vorstellen?«
Ihre Antwort: . . . .

»Wie, glauben Sie, schätzen andere Menschen Sie ein?«
Ihre Antwort: . . . .

»Wenn wir Ihren besten Freund fragen würden, wie würde er Sie beschreiben?«
Ihre Antwort: . . . .

»Wenn Sie einen Stellvertreter für sich auszusuchen hätten, welche Eigenschaften müsste er mitbringen?«
Ihre Antwort: . . . .

»Welche Eigenschaften müsste Ihr idealer Vorgesetzter mitbringen?«
Ihre Antwort: . . . .

»Erinnern Sie sich an Ihren schlechtesten Vorgesetzten. Was hat Sie am meisten an ihm gestört?«
Ihre Antwort: . . . .

»Nennen Sie mir bitte drei Stärken/Schwächen von Ihnen!«
Ihre Antwort: . . . .

»Was tun Sie lieber: Zuhören oder reden?«
Ihre Antwort: . . . .

»Was ist Ihre größte Stärke? Was Ihre größte Schwäche?«
Ihre Antwort: . . . .

»Welchen Führungsstil bevorzugen Sie?«
Ihre Antwort: . . . .

»Welche Erwartungen haben Sie an zukünftige Kollegen?«
Ihre Antwort: . . . .

»Was hat Sie an bisherigen Kollegen am meisten gestört?«
Ihre Antwort: . . . .

»Was tun Sie, wenn Ihr Vorgesetzter Ihre Vorschläge immer wieder ablehnt?«
Ihre Antwort: . . . .

Fragen zur privaten Lebensgestaltung

Von Vorteil: ein stabiles soziales Umfeld

In vielen Unternehmen herrscht die Meinung vor, dass Kandidaten, die über ein stabiles soziales Umfeld verfügen, dauerhaft bessere Leistungen erbringen. Zu diesem sozialen Umfeld gehören Lebens- oder Ehepartner, Bekanntenkreis, aber auch Sportvereine oder ehrenamtliches Engagement.

Versuchen Sie nicht, durch Freizeitaktivitäten Ihre persönlichen Fähigkeiten belegen zu wollen. Man wird Ihnen dann womöglich unterstellen, dass Sie zu viel Energie in die Gestaltung Ihrer Freizeit stecken und diese Energie aus Ihrem Berufsleben abziehen. Dies ist gefährlich, da bei der Stellenvergabe Ihr Engagement für den Arbeitgeber geprüft wird. Ihre persönlichen Fähigkeiten werden eher danach beurteilt, wie Sie berufliche Situationen bewältigen. Stellen Sie daher Ihre beruflichen Erfahrungen im Vorstellungsgespräch in den Vordergrund, und belegen Sie Ihre persönlichen Fähigkeiten möglichst anhand von beruflichen Aufgabenstellungen.

Nennen Sie Hobbys, die Ihre Lernfähigkeit belegen

Das heißt jedoch nicht, dass Sie auf die Darstellung Ihrer Freizeitaktivitäten verzichten müssen. Zeigen Sie, dass Sie auch außerhalb Ihres Berufes wissbegierig, lernfähig und verantwortungsbewusst sind. Vermeiden Sie dabei den Eindruck, nur einseitig interessiert zu sein und lassen Sie es nicht zu, dass Ihre Begeisterung mit Ihnen durchgeht. Bei Ihren Hobbys kommen Ihre Emotionen mit ins Spiel, und Sie können leicht zum Viel- und Dauerredner werden.

Die beste Möglichkeit, Freizeitaktivitäten im Vorstellungsgespräch positiv darzustellen, ist ehrenamtliches Engagement. Auf diese Weise haben Sie die Möglichkeit, Ihr gesellschaftliches Engagement passend aufzubereiten. Achten Sie darauf, dass Ihr Engagement mit einer (Funktionärs-)Position verbunden ist. So zeigen Sie, dass Sie auch privat bereit sind, Verantwortung zu übernehmen und gestaltend zu wirken.

Engagement im Sportverein

Frage: »Engagieren Sie sich auch in der Freizeit für Dinge, die Ihnen am Herzen liegen?«

Antwort: »Ich finde es wichtig, sich privat zu engagieren. Im sportlichen Bereich habe ich als zweiter Vorsitzender des örtlichen Turnvereins dafür gesorgt, dass Jugendliche sich in neuen Sportarten zusammenfinden konnten. Ich habe den Bau eines Volleyballfeldes auf dem vereinseigenen Sportgelände initiiert und eine Jugendsparte Volleyball gegründet, die von den Jugendlichen selbst geleitet wird.«

Machen Sie deutlich, dass Ihr Lebenspartner Sie unterstützt

Die Angaben über Ihren Familienstand im Lebenslauf sagen wenig über Ihr Privatleben aus. Weisen Sie Fragen nach Ihrer weiteren Familien- und Lebensplanung nicht mit der Bemerkung »Das geht keinen etwas an!« zurück (mehr dazu im Kapitel »Ihre Reaktion auf unzulässige Fragen«). Sie zeigen durch überlegte Antworten auf Fragen wie »Was denkt Ihr Lebenspartner über Ihren Beruf?«, dass Sie sich mit den zu erwartenden Veränderungen Ihres Privatlebens gründlich auseinander gesetzt haben. Dies ist besonders wichtig, wenn die berufliche Veränderung mit einem Umzug verbunden ist.

Unsichere Antworten lassen die Befürchtung aufkommen, dass Ihr Lebenspartner noch nichts über die neue Stelle weiß und Ihre Entscheidung damit noch beeinflussen kann. Damit verschlechtern Sie Ihre Position gegenüber anderen Mitbewerbern deutlich. Je deutlicher wird, dass Ihr Lebenspartner Sie beim Erreichen beruflicher Ziele unterstützt, umso besser für Sie. Wir haben sogar schon den Fall erlebt, dass die Lebenspartnerin mit zu einem Vorstellungsgespräch eingeladen wurde.

Privat und beruflich: ein Teamplayer

Die Fragen zum Privatleben dienen zum einen dazu, die Gesprächssituation zu entspannen. Sie werden aber auch benutzt, um Ihre Angaben in den anderen Frageblöcken zu überprüfen. Wenn Sie sich beispielsweise als beruflichen Teamplayer darstellen, Ihre Freizeit jedoch ausschließlich allein beim Angeln verbringen, wird dies Personalverantwortliche stutzig machen. Die Angaben zu Ihrem Verhalten gegenüber Kollegen und Mitarbeitern sollten den Angaben gleichen, die Sie zum Umgang mit Freunden und Bekannten in Ihrer Freizeit machen.

Der Privatmensch Bewerber ist für Personalverantwortliche hauptsächlich deshalb interessant, weil Rückschlüsse auf das Verhalten im Unternehmen gezogen werden können.

Fragen zur privaten Lebensgestaltung

Übung

Achten Sie bei Ihren Antworten darauf, dass deutlich wird, dass Sie in einem stabilen sozialen Umfeld leben und sich auch in Ihrer Freizeit engagieren.

»Was denkt Ihr Lebenspartner über Ihren Beruf?«
Ihre Antwort: ....

»Welchen Beruf übt Ihre Lebenspartnerin aus?«
Ihre Antwort: ....

»Welche Unterstützung bekommen Sie von Ihrem Lebenspartner für Ihren Beruf?«
Ihre Antwort: ....

»Wie sieht Ihre private Lebensplanung aus?«
Ihre Antwort: ....

»Was machen Sie in Ihrer Freizeit?«
Ihre Antwort: ....

»Was haben Sie in der letzten Woche in Ihrer freien Zeit gemacht?
Ihre Antwort: ....

»Welche Hobbys haben Sie?«
Ihre Antwort: ....

»Sind Sie in Ihrer Freizeit lieber allein oder ziehen Sie die Geselligkeit in der Gruppe vor?«
Ihre Antwort: ....

»Sind Sie Mitglied in einem Verein?«
Ihre Antwort: . . . .

»Welche Zeitungen/Zeitschriften lesen Sie?«
Ihre Antwort: . . . .

»Welches Buch haben Sie zuletzt gelesen?«
Ihre Antwort: . . . .

»Welchen Film haben Sie zuletzt gesehen?«
Ihre Antwort: . . . .

»Gehen Sie gern ins Kino/Theater/Museum/Konzert?«
Ihre Antwort: . . . .

»Reisen Sie im Urlaub gerne oder verbringen Sie Ihre Zeit lieber zu Hause?«
Ihre Antwort: . . . .

»Wie entspannen Sie sich?«
Ihre Antwort: . . . .

»Treiben Sie Sport? Wenn ja, welchen, und wenn nein, warum nicht?«
Ihre Antwort: . . . .

»Haben Sie schon einmal über ehrenamtliches Engagement nachgedacht?«
Ihre Antwort: . . . .

»Liegt Ihnen außerhalb Ihres Berufes noch etwas am Herzen?«
Ihre Antwort: . . . .

»Zu welchen Freizeitaktivitäten würden Sie Ihre Kinder anregen?«
Ihre Antwort: ....

Auf einen Blick
Fragenblöcke: Fragen an Sie

Im Blick

- Im Vorstellungsgespräch müssen Sie mit Fragen aus diesen Bereichen rechnen:
  - Leistungsmotivation
  - Führungserfahrung
  - beworbenes Unternehmen
  - berufliche Entwicklung
  - Persönlichkeit
  - private Lebensgestaltung
- Mit Fragen zu Ihrer Leistungsmotivation soll überprüft werden, wie ernsthaft Sie sich mit Ihrer beruflichen Zukunft auseinander gesetzt haben und warum Sie bei gerade diesem Unternehmen arbeiten möchten.
- Fragen zur Führungserfahrung sollen erfassen, wie Sie mit Mitarbeitern umgehen, Aufgaben delegieren und bei Konflikten Lösungen herbeiführen.
- Die Fragen zum Unternehmen dienen dazu festzustellen, ob und wie umfassend Sie sich über Ihren neuen Arbeitgeber informiert haben.
- Fragen zu Ihrer beruflichen Entwicklung werden Ihnen gestellt, um festzustellen, wie stark Sie sich mit Ihrem Beruf identifizieren.
- Die Fragen zu Ihrer Persönlichkeit sollen Rückschlüsse auf Ihren zukünftigen Umgang mit Vorgesetzten und Kollegen erlauben.
- Ihre private Lebensgestaltung interessiert Personalverantwortliche, weil ein stabiles soziales Umfeld als Voraussetzung für berufliche Leistungsfähigkeit angesehen wird.

22

Ihre Fragen

In diesem Kapitel erfahren Sie, warum von Führungskräften erwartet wird, dass sie konkrete eigene Vorstellungen von der zukünftigen beruflichen Position in das Vorstellungsgespräch einfließen lassen.

Karriereplanung ist ein langwieriger Prozess, der am erfolgreichsten ist, wenn er auf möglichst vielen Informationen beruht. In der Fachsprache der Personalexperten heißt das Schlagwort dazu »realistische Tätigkeitsvorausschau«. Es hat sich gezeigt, dass Bewerber, die sich ausführlich über den neuen Arbeitsplatz informiert haben, in der neuen Position mehr Frustrationstoleranz und Ausdauer zeigen als Bewerber, die uninformiert in das neue Unternehmen hineinstolpern.

Informieren Sie sich ausführlich über Ihren neuen Arbeitgeber

Aus unserer Beratungserfahrung heraus können wir bestätigen, dass Ihre Fragen an das Unternehmen wichtig sind. Handeln Sie bei Ihrem Stellenwechsel auf keinen Fall nach der Devise »Hauptsache irgendwas Neues«. Wenn es nach zwei Wochen am neuen Arbeitsplatz kriselt, weil Sie nicht wussten und daher nicht berücksichtigt haben, dass die Position für Sie neu geschaffen wurde und Sie nun zwischen allen Hierarchiestufen hängen, haben Sie ein echtes Problem. Der Weg zurück ist verbaut, und Sie müssen dem nächsten Arbeitgeber erklären, warum Sie schon wieder wechseln wollen.

Bereiten Sie Ihren Stellenwechsel daher so gründlich wie möglich durch gezielte Fragen im Vorstellungsgespräch vor.

Verärgern Sie jedoch Ihre Gesprächspartner nicht dadurch, dass Sie gleich zu Beginn des Gesprächs einen Fragenkatalog aus der Tasche ziehen und Frage für Frage abhaken. Wenn Sie erkennen, dass Sie sich in einer weniger strukturierten Phase des Vorstellungsgespräches befinden, können Sie einzelne Fragen einfließen lassen. Ansonsten stellen Sie Ihre Fragen am besten im letzten Drittel des Bewerbungsgesprächs.

Der richtige Zeitpunkt für Ihre Fragen

Aber Achtung: Fangen Sie nicht mit Fragen nach der Gleitzeit, den Urlaubstagen, der Abgeltung von Überstunden, der privaten Nutzung des Dienstwagens oder sozialen Extraleistungen an. Auch die Frage »Die Aktienkurse Ihres Unternehmens fallen in den letzten Monaten ja täglich. Wie sicher ist mein neuer Arbeitsplatz eigentlich?« zeigt zwar Ihre Informiertheit, führt aber sicherlich nicht zu einer optimalen Gesprächsatmosphäre. Stellen Sie Fragen, die für Sie bei der Ausübung Ihrer neuen beruflichen Tätigkeit wirklich von Interesse sind.

Auf Fragen zu Ihrer Einarbeitung und Ihrer Stellung in der Firmenhierarchie sollten Sie nicht verzichten. Damit Ihre Auffassungsgabe aber nicht in schlechtem Licht erscheint, müssen Sie aufpassen. Hüten Sie sich davor, Informationen, die Ihnen bereits gegeben wurden, am Schluss des Gespräches noch einmal einzufordern. Berücksichtigen Sie die im Kapitel »Gesprächstechniken« dargestellten Tipps, und formulieren Sie offene Fragen. So können Sie Ihre Kommunikationsfähigkeit deutlich machen und den Gesprächsfluss erhalten.

Ihre Fragen

Markieren Sie in der folgenden Liste die Fragen, die Sie für besonders wichtig halten. Diese sollten Sie, ergänzt durch eigene Fragen, auf einem Extrablatt notieren, das Sie zum Bewerbungsgespräch mitnehmen.

Übung

- Wie ist die Einarbeitung geplant? Wer ist während der Einarbeitungsphase Ihr Ansprechpartner?
- Wie viele Mitarbeiter werden Sie führen?
- Welche Verantwortungsbereiche werden Sie übernehmen?
- Mit welchen Abteilungen/Unternehmensbereichen werden Sie eng zusammenarbeiten?
- Wem gegenüber sind Sie berichtspflichtig?
- In welchen zeitlichen Anteilen stehen die wesentlichen Aufgaben Ihrer Position zueinander (beispielsweise zeitliche Anteile von Führungs- und Fachaufgaben oder Beratung, Verkauf und Service oder Innen- und Außendienst)?
- Wer ist Ihr direkter Vorgesetzter? Gibt es die Möglichkeit, ihn vorher kennen zu lernen? Welche Ausbildung/Qualifikation hat er?
- Wurde die ausgeschriebene Position neu geschaffen?
- Wenn nicht: Wie lange hat Ihr Vorgänger auf dieser Position gearbeitet und wo ist er jetzt? (Bei kurzer Dauer: Wie lange der Vorgänger des Vorgängers?)
- Wie ist die Position in die betriebliche Organisation und Hierarchie eingegliedert?
- Gibt es einen Organisationsplan des Unternehmens?
- Welchen Anteil haben Dienstreisen an Ihrer Tätigkeit?
- Ist geplant, dass Sie für das Unternehmen ins Ausland gehen?
- Welche Weiterbildungsmöglichkeiten gibt es?
- Wie und in welchen Zeitabständen werden Mitarbeiterbeurteilungen durchgeführt?
- Wie hoch ist das Gehalt? Gibt es außertarifliche Leistungen?
- Gibt es eine betriebliche Altersvorsorge/Lebensversicherung?

- Wird ein Firmenwagen gestellt? Wie wird die private Nutzung abgerechnet?
- Wie ist die Arbeitszeit geregelt? (Gleitzeit?)
- Wie viele Tage umfasst der Jahresurlaub?

Auf einen Blick
Ihre Fragen

- Von Führungskräften wird erwartet, dass sie eigene Vorstellungen von der zukünftigen Tätigkeit haben und gezielt Fragen stellen können.
- Mit den richtigen Fragen dokumentieren Sie Ihr Interesse am neuen Arbeitsplatz.
- Überlegen Sie sich vor Ihrem Vorstellungsgespräch einige Fragen. Schreiben Sie diese Fragen auf und stellen Sie sie an passender Stelle.

Im Blick

23

Ihre Reaktion auf unzulässige Fragen

In diesem Kapitel stellen wir Ihnen die Fragen vor, die in Vorstellungsgesprächen eigentlich nicht erlaubt sind. Sie erfahren, warum und wie Sie auf unzulässige Fragen souverän reagieren sollten.

Es werden Ihnen im Bewerbungsgespräch auch Fragen gestellt, die Sie eigentlich nicht beantworten müssen oder bei deren Beantwortung Sie lügen dürfen – juristisch gesehen jedenfalls. Sie sollten sich nicht erst im Vorstellungsgespräch überlegen, bei welchen Fragen Sie Informationsgrenzen setzen möchten. Zur Vorbereitung stellen wir Ihnen nun die Fragen vor, die in Vorstellungsgesprächen eigentlich unzulässig sind. Wir werden Ihnen schildern, warum Sie auch auf unzulässige Fragen gelassen antworten sollten.

Ihre Reaktion in Stresssituationen wird getestet

Wir wissen aus unserer Beratungstätigkeit von Bewerbern, die das ganze Vorstellungsgespräch darauf lauern, dass ihnen eine derartige Frage gestellt wird. In tiefster moralischer Inbrunst lehnen sie dann die Beantwortung weiterer Fragen ab oder drohen damit, den Personalrat beziehungsweise die Gewerkschaft einzuschalten. Das Ergebnis dieser »politisch korrekten« Fragenbeantwortung ist dann, dass der Personalverantwortliche die Einstellung des Kandidaten ablehnt.

Ein wichtiger Aspekt, der von den meisten Bewerberinnen und Bewerbern übersehen wird, ist, dass unzulässige Fragen gestellt werden, um die Reaktionen der Bewerber zu testen, insbesondere die Stressresistenz. Aber zugegeben: Die Grenze zwischen einem wirklichen Interesse an der Beantwortung einer eigentlich unzulässigen Frage und dem Einsatz dieser Frage als Stressfrage ist sehr schmal.

Sollte eine Bewerberin mit der Frage nach zukünftigen Kinderwünschen konfrontiert werden, so ist es sinnvoll, eine Antwortstrategie zu verfolgen, die deutlich macht, dass die Bewerberin über diesen Punkt genauso intensiv nachgedacht hat wie über die anderen persönlichen und fachlichen Aspekte, die mit der Ausübung des Berufes zusammenhängen.

Familienplanung

Beispiel

Die *Frage* »Wie stellen Sie sich Ihre weitere private Lebensplanung vor? Wann möchten Sie Kinder bekommen?« ist mit einer aufbrausend trotzigen Antwort wie »Das geht Sie gar nichts an!« schlecht beantwortet. Eine geeignetere *Antwort* wäre: »Ich habe meine weitere Lebensplanung mit meinem Freund/ Ehemann durchgesprochen. Kinder spielen in unseren Überlegungen keine Rolle. Für mich stehen die beruflichen Ziele im Vordergrund. Aufbauend auf meine Ausbildung und meine Berufserfahrung möchte ich jetzt bei Ihnen umfassendere Aufgaben und mehr Verantwortung übernehmen.«

Wichtig bei diesen Fragen ist – ähnlich wie bei Stressfragen –, dass Sie nicht trotzig oder angriffslustig reagieren, sondern ruhig und gelassen eine geeignete Antwort geben. Diese Antwort können Sie »diplomatisch« gestalten, indem Sie jeder Eindeutigkeit aus dem Wege gehen, wie unser Beispiel »Parteizugehörigkeit« zeigt.

Parteizugehörigkeit

Beispiel

Die *Frage* »Wenn nächsten Sonntag Bundestagswahlen anstünden, welche Partei würden Sie wählen?« ist mit der knappen, angriffslustig geäußerten Bemerkung »Ich wüsste nicht, warum ich Ihnen auf diese Frage antworten sollte!« ebenfalls nicht optimal beantwortet. Eleganter ist die folgende *Antwort*: »Ich würde sicherlich eine Partei wählen, die mit ihrer Politik auch die Interessen der Wirtschaft berücksichtigt.«

Bleiben Sie ruhig und gelassen

Bedenken Sie bei Ihrer Reaktion auch: Zukünftige Arbeitgeber wollen im Schnellverfahren feststellen, wie souverän Sie mit schwierigen Mitarbeitern umgehen können und ob Sie in der Lage sind, angespannte Gesprächssituationen auszuhalten oder besser noch zu entschärfen.

Auch im Umgang mit Kollegen und Kunden werden Sie unterschiedliche Ansichten und Ansprüche erwarten. Wenn Sie als Bewerber den Eindruck erwecken, dass Sie bei Problemen und Konflikten schmollen oder blockieren, machen Sie es sich unnötig schwer. Man wird Ihnen unterstellen, dass Sie nicht in der Lage sind, Konflikte offen auszutragen, sondern den zwischenmenschlichen Blockade-Stil bevorzugen.

Ihre Antworten sollten überlegt und souverän sein

Wichtig für Sie ist es, bei kritischen und emotional besetzten Fragen gelassen zu reagieren und überlegt zu antworten. Personalabteilungen sind keine Geheimdienste. Aber unzulässige Fragen werden in Vorstellungsgesprächen immer wieder auftauchen, und Sie müssen in der Lage sein, diese souverän zu beantworten.

Ihr Vorteil bei der Suche nach einer geeigneten Antwort liegt darin, dass Sie auf unzulässige Fragen nicht wahrheitsgemäß antworten müssen. Nachfolgend stellen wir Ihnen die Fragen vor, deren Beantwortung Sie fantasievoll gestalten können. Gleichzeitig nennen wir Ihnen die Ausnahmen, bei denen Sie wahrheitsgemäß antworten sollten, da Sie sonst mit arbeitsrechtlichen Nachteilen rechnen müssen.

Fragen nach Schwangerschaft und konkreter Familienplanung sind im Vorstellungsgespräch grundsätzlich unzulässig. Ausnahmen: Wegen der Möglichkeit einer Fruchtschädigung darf eine Schwangere bestimmte Tätigkeiten nicht ausüben: beispielsweise eine Tätigkeit in einer Röntgenabteilung, die mit erhöhter Strahlenbelastung verbunden ist, oder eine Tätigkeit im Labor, die den Umgang mit gefährlichen Chemikalien beinhaltet.

Fragen nach Konfession, Partei- und Gewerkschaftszugehörigkeit sind unzulässig. Ausnahmen gelten für so genannte Tendenzbetriebe, das heißt, eine Kirche, eine Partei oder eine Gewerkschaft stellt selbst ein. Sucht beispielsweise ein katholischer Kindergarten eine Leiterin, ist die Frage nach der Religionszugehörigkeit im Vorstellungsgespräch erlaubt.

Ausnahme: Tendenzbetriebe

Die Zulässigkeit der Frage nach Aids ist noch nicht endgültig geklärt. Eine Aids-Infektion muss meistens nicht genannt werden, eine Aids-Erkrankung muss angegeben werden. Eine Aids-Infektion muss dann genannt werden, wenn die Tätigkeit andere Menschen gefährden kann.

Fragen nach Lohnpfändungen und Vermögensverhältnissen sind unzulässig. Ausnahme: der Bewerber strebt eine Position mit umfangreichem Geldverkehr an, wie zum Beispiel Kassierer in einer Bank.

Bedingt zulässig

Fragen nach Vorstrafen sind unzulässig. Ausnahme: Die Vorstrafe ist für den Arbeitsplatz von direkter Bedeutung, beispielsweise Verkehrsdelikte bei Außendienstmitarbeitern oder Unterschlagung bei Buchhaltern.

Achtung: Die Frage nach Schwerbehinderungen ist erlaubt. Kommt zu einem späteren Zeitpunkt heraus, dass der Bewerber zum Zeitpunkt der Einstellung schwerbehindert war, ist der Arbeitsvertrag von Anfang an nichtig.

Auf einen Blick

Ihre Reaktion auf unzulässige Fragen

- Es gibt im Vorstellungsgespräch unzulässige Fragen, bei deren Beantwortung Sie nicht die Wahrheit sagen müssen.
- Führungskräfte verkennen oft, dass unzulässige Fragen auch gestellt werden, um das Stressverhalten zu überprüfen.
- Sie beantworten unzulässige Fragen dann glaubwürdig, wenn Sie sich vor dem Bewerbungsgespräch mit Antwortalternativen auseinander gesetzt haben.
- Fragen nach dem Vorliegen einer Schwangerschaft sind unzulässig. Ausnahme: Mögliche Fruchtschädigung des Fötus durch die Tätigkeit.
- Fragen nach der künftigen Familienplanung sind unzulässig.
- Fragen nach Konfession, Partei- oder Gewerkschaftszugehörigkeit sind unzulässig. Ausnahme: Tendenzbetriebe.
- Fragen nach einer Aidserkrankung müssen wahrheitgemäß beantwortet werden.
- Fragen nach Lohnpfändungen sind unzulässig. Ausnahme: Die ausgeschriebene Stelle beinhaltet die Betreuung eines umfassenden Geldverkehrs.
- Fragen nach Vorstrafen sind unzulässig. Ausnahme: Die Vorstrafe steht in Beziehung zur ausgeschriebenen Stelle.
- Fragen nach Schwerbehinderungen sind erlaubt und müssen wahrheitsgemäß beantwortet werden.

24
Gehaltsverhandlungen

Bei der Suche nach einer verantwortungsvolleren und interessanteren Position steht für Führungskräfte auch der Wunsch nach einem höheren Gehalt im Vordergrund. In diesem Kapitel erläutern wir Ihnen, wie Sie Ihre Gehaltsvorstellungen taktisch durchsetzen.

Führungskräfte möchten meist nicht nur einen bloßen Stellenwechsel vornehmen, sondern in ihrer Karriere weiterkommen. Der angestrebte Karrieresprung soll mit neuen Aufgaben, aber auch mit einem entsprechend höheren Gehalt verbunden sein.

Auch bei den Gehaltsverhandlungen steht zuallererst Ihr berufliches Profil im Vordergrund. Sie sollten herausstellen, dass es Ihnen vorrangig um die neuen beruflichen Aufgaben geht. Fortschritte in der Karriere müssen Sie potenziellen Arbeitgebern gegenüber inhaltlich plausibel machen. Sie werden dann überzeugen, wenn Sie Ihr Interesse an neuen Aufgaben, größerer Verantwortung und weiteren Handlungsspielräumen deutlich machen. Sie können Ihren Stellenwechsel nicht damit begründen, dass Sie ein höheres Gehalt erzielen wollen, selbst wenn Sie sich momentan unterbezahlt fühlen. Das Gehalt ist nur der formale Rahmen Ihrer zukünftigen Tätigkeit. Sie müssen inhaltlich argumentieren, um auch bei Gehaltsverhandlungen deutlich zu machen, dass Sie die neue Position ausfüllen können.

Im Vordergrund steht Ihre Karriere

Einige Punkte müssen Sie allerdings bei Ihren Gehaltswünschen beachten. Da deutlich werden soll, dass Sie aufsteigen möchten, also mehr Verantwortungs- und Gestaltungsräume in einer neuen Position suchen, sollte die neue Stelle auch besser dotiert sein als Ihre vorherige.

Fordern Sie 20 Prozent mehr

Als Richtschnur gilt: Verlangen Sie etwa 20 Prozent mehr Brutto-Jahresgehalt. Das ist für Personalverantwortliche plausibel, ansonsten wird vermutet, dass nicht nur der Wunsch nach dem nächsten Karriereschritt hinter Ihrem angestrebten Stellenwechsel steht.

Gehaltshöhe ermitteln

Argumentieren Sie immer mit Brutto-Jahresgehältern. Wenn Sie Monatsgehälter als Verhandlungsbasis angeben, haben Sie noch nicht die Anzahl der Monatsgehälter (12, 13 oder 14) geklärt. Ebensowenig haben Sie in Ihre Gehaltsvorstellungen Sonderleistungen und Vergünstigungen einbezogen.

Informieren Sie sich über den Gehaltsrahmen

Nutzen Sie Veröffentlichungen auf den Berufsseiten großer Tageszeitungen oder in Wirtschaftsjournalen und Fachzeitschriften als Anhaltspunkte für Ihre Gehaltswünsche. Oder orientieren Sie sich an unserer Abbildung 3, die auf einer Befragung von 25 000 Führungskräften beruht.

Je nach Lage auf dem Arbeitsmarkt sind große Schwankungen möglich. Das Gehalt, das Sie in Ihrer neuen Position erzielen können, hängt stark von Ihrer aussagekräftigen Selbstpräsentation ab. Informieren Sie sich über den Gehaltsrahmen, in dem sich Ihre angestrebte Position bewegt, denn Ihre Vertrautheit mit den Anforderungen der Branche zeigt sich auch daran, dass Sie mit der üblichen Gehaltshöhe vertraut sind.

Antworten Sie bei Fragen nach Ihren Gehaltsvorstellungen niemals unter Bezug auf den Bundesangestelltentarif des öffentlichen Dienstes (BAT). Führungskräfte, die auf BAT verweisen, trüben die Gesprächsatmosphäre in der freien Wirtschaft erheblich. »Öffentlicher Dienst« und »Tarif« sind negative Reizworte im Vorstellungsgespräch.

Gehälter von Führungskräften

Unternehmensgröße bzw. Branche	Geschäftsführer	Bereichsleiter	Hauptabteilungsleiter	Abt. leiter	Gruppen- u. Projektleiter
bis 150 Beschäftigte	136 472	84 150	80 258	64 428	54 197
151 bis 500 Beschäftigte	174 272	96 945	82 604	68 567	56 200
501 bis 1500 Beschäftigte	188 883	108 810	90 488	73 198	57 620
1501 bis 6500 Beschäftigte	200 080	117 195	99 298	77 349	60 076
Maschinen- und Fahrzeugbau	186 767	110 183	90 814	74 179	56 219
Elektrotechnik, Elektronik	186 460	117 840	95 768	76 578	51 245
Chemie, Pharma	189 780	119 592	97 902	78 457	61 205
Bau, Baustoffe	191 965	107 470	92 437	70 915	59 772
Flugzeugbau	213 740	124 712	85 522	72 075	63 685
Nahrungs- und Genussmittel	170 498	108 506	85 382	71 740	54 630
Metall	205 993	106 423	86 064	74 047	56 456
Feinmechanik, Optik	160 002	104 456	88 563	73 319	54 955
Finanzdienstleistungen	184 502	107 382	87 944	71 177	59 746
Unternehmensberatung	190 190	116 699	87 872	85 184	61 990
Verkehr, Tourismus	174 922	85 970	71 723	68 242	61 317
Handel	179 775	103 160	82 402	68 230	56 010
Handwerk	145 723	78 242	k.A.	55 684	56 550

Abbildung 3

Quelle: Gesellschaft für Verhaltensanalyse und Evaluation, München/eigene Berechnung

Einmal abgesehen von branchenüblichen Gehaltsrahmen sollten Sie Ihre jetzigen Bezüge inklusive Sonderleistungen oder eventueller Nebenverdienste in Ihre Überlegungen zur Gehaltshöhe einbeziehen. Bei einem Umzug kann es zu hö-

Denken Sie auch an Sonderleistungen

heren Lebenshaltungskosten kommen, Ihr Partner muss vielleicht seine Stelle aufgeben und vieles mehr. Damit Sie in Ihren Überlegungen nichts vergessen, haben wir einige Fragen in unserer nachfolgenden Übung für Sie zusammengestellt.

Gehaltsfragen

Das Brutto-Jahresgehalt sollte für Sie nicht der einzige Maßstab für Ihre Gehaltsforderung sein. Wenn Sie von Ihrer jetzigen Firma Zusatzleistungen erhalten oder die Möglichkeit haben, Nebenverdienste zu erzielen, müssen Sie dies in Ihre Überlegungen einbeziehen. Sonst kann es sein, dass Sie selbst bei einem höheren Grundgehalt in der neuen Position keine reale Gehaltssteigerung erzielen.

Stellen Sie sich daher die folgenden Fragen, wenn Sie Ihr neues Wunschgehalt ausarbeiten:

- Erhalten Sie umsatz- beziehungsweise gewinnbezogene Erfolgsprämien?
- Sind Sie mit Aktien/Aktienoptionen an der Entwicklung des Unternehmens beteiligt?
- Erhalten Sie Urlaubs- beziehungsweise Weihnachtsgeld?
- Erhalten Sie vermögenswirksame Leistungen?
- Schließt die Firma für Sie Zusatzversicherungen ab?
- Kommen Sie in den Genuss von Firmenrabatten?
- Erhalten Sie kostengünstiges Mittagessen in der Kantine?
- Wie sind die Reisekostenvergütungen bemessen?
- Stellt man Ihnen einen Firmenwagen zur Verfügung?
- Gibt es eine zusätzliche betriebliche Altersvorsorge?
- Bewohnen Sie eine Firmenwohnung mit günstiger

Miete? Stellt der neue Arbeitgeber eine Firmenwohnung?
- Beteiligt sich Ihr neuer Arbeitgeber an den Umzugskosten oder übernimmt er sie komplett?
- Wie hoch ist Ihre bisherige Mietbelastung, und wie hoch sind die Mietpreise und Lebenshaltungskosten an Ihrem neuen Tätigkeitsort (Stadt-Land-/Nord-Süd-Gefälle)?
- Erhalten Sie Zusatzvergütungen für Außendienst- beziehungsweise Auslandseinsätze?
- Werden Überstunden ausbezahlt?
- Kann Ihre Lebenspartnerin beziehungsweise Ihr Lebenspartner weiterhin beruflich tätig sein? In welcher Übergangsfrist ist es möglich, eine adäquate Anstellung zu finden?
- Stehen Ihnen firmeneigene Telekommunikationseinrichtungen auch für den privaten Gebrauch zur Verfügung?
- Welche Weiterbildungskosten werden übernommen?
- Haben Sie aus Nebentätigkeiten ein zusätzliches Einkommen, das bei Ihrer neuen Stelle wegfallen würde?
- Sind Sie bereit, für Aufstiegs- und Entwicklungsmöglichkeiten im neuen Unternehmen Abstriche am Anfangsgehalt zu machen?

Gehaltsforderungen taktisch durchsetzen

Gehaltsdiskussionen gehören an das Ende eines Vorstellungsgespräches und nicht an den Anfang. Jeder weiß zwar, dass Sie arbeiten, um Geld zu verdienen. Trotzdem ist es ein ungeschriebenes Gesetz des Bewerbungsverfahrens, dass Sie in erster Linie wegen der interessanten Position und der zukünftigen Aufgabenstellungen arbeiten wollen und dass das Gehalt lediglich eine zwangsläufige Konsequenz Ihrer ausgeübten Tätigkeit ist.

Ein wesentlicher Aspekt der Gehaltsverhandlung ist Ihre Einordnung in das bestehende Gehaltsgefüge des Unternehmens durch den Personalverantwortlichen. Ihr Einstiegsgehalt muss zu den Gehältern Ihrer zukünftigen Kollegen in einer vertretbaren Relation stehen. Sie selbst brauchen diese Einordnung zwar nicht zu leisten, aber Sie müssen Ihrem Gesprächspartner auf Unternehmensseite Argumente liefern, damit er Ihre Gehaltswünsche gegenüber anderen Entscheidungsträgern rechtfertigen kann. Je klarer Sie deshalb im Gespräch herausarbeiten, was Sie von anderen Mitbewerbern positiv abhebt, desto stärker ist Ihre Verhandlungsposition.

Liefern Sie überzeugende Argumente

Aus unseren Erfahrungen wissen wir, dass ein interessanter Kandidat im Bewerbungsgespräch nur äußerst selten an seinen Gehaltswünschen scheitert. Im Gespräch lässt sich fast immer eine Lösung finden, die für beide Seiten akzeptabel ist. Dies können vertraglich vereinbarte Erhöhungen des Gehaltes nach der Probezeit sein oder vertraglich vereinbarte Zusatzleistungen, wie die private Nutzung von Dienstwagen oder die Übernahme von Weiterbildungskosten.

Wichtig dabei ist für Sie: Nur was schriftlich festgehalten wird, hat auch Bestand. Lassen Sie sich auf keinen Fall mit einem »Wenn Sie sich in unserer Firma bewähren, werden wir nach der Probezeit neu verhandeln« abspeisen.

Argumentieren Sie aus Sicht der Firma

Argumentieren Sie bei Gehaltsverhandlungen – wie im gesamten Bewerbungsverfahren – aus der Sicht des Unternehmens. Verweisen Sie auf spezielle Anforderungen der ausgeschriebenen Position, die gerade Sie mit Ihren Kenntnissen und Fähigkeiten erfüllen. Branchenerfahrung, sofort einsetzbares Wissen und Spezialkenntnisse können Ihr neues Einkommen erhöhen.

Taktisch verhandeln

Wenn man Ihnen am Ende des Vorstellungsgespräches mitteilt »Die von Ihnen geforderten 63 000,- Euro Jahresgehalt können wir Ihnen beim besten Willen nicht zahlen«, sollten Sie dies als Aufforderung sehen, Ihren Nutzen für die Firma noch einmal darzustellen. Sie haben von Ihrem Gesprächspartner soeben ein Kaufsignal erhalten. Es geht jetzt darum, die Unsicherheit auf Seiten Ihres Gesprächspartners abzubauen. Zum Beispiel mit folgender Aussage:

»Ich verfüge über umfassende Branchenerfahrungen, habe bei meinem bisherigen Arbeitgeber Großkunden betreut und die Zahl der Verkaufsabschlüsse in den letzten beiden Jahren jeweils um 25 Prozent steigern können. Die intensivere Kundenbetreuung in der neuen Position erfordert mehr Reisetätigkeit von mir. Ich glaube, dass ein Jahresgehalt von 63 000,- Euro meine Berufs- und Branchenerfahrung angemessen honoriert.«

Auf einen Blick
Gehaltsverhandlungen

- Auch bei Gehaltsverhandlungen steht Ihr berufliches Profil im Vordergrund. Wenn das Unternehmen an Ihnen interessiert ist, wird man versuchen, auf Ihre Gehaltsvorstellungen einzugehen.
- Geben Sie als Gehaltswunsch immer ein Brutto-Jahresgehalt an. Beziehen Sie Weihnachtsgeld, Urlaubsgeld, Prämien und andere Sonderleistungen mit ein.
- Verlangen Sie bei Ihrem Aufstieg in die neue Position etwa 20 Prozent mehr Brutto-Jahresgehalt. Sonst wird vermutet, dass nicht der Karrieresprung, sondern Probleme am alten Arbeitsplatz hinter Ihrem Wechselwunsch stehen.
- Liefern Sie im Gespräch Argumente für Ihren Gehaltswunsch, die der Personalverantwortliche firmenintern vertreten kann.
- Um Ihre Gehaltsforderungen durchzusetzen, sollten Sie Ihren

zukünftigen Wert für das Unternehmen deutlich machen. Verweisen Sie auf von Ihnen erzielte Umsatzsteigerungen, Qualitätsverbesserungen, Gewinnsteigerungen oder Kosteneinsparungen.
- In Aussicht gestellte Gehaltserhöhungen nach der Probezeit sollten Sie schriftlich fixieren lassen.
- Führen Sie Gehaltsverhandlungen erst am Ende des Vorstellungsgespräches.

25
Aktive Nachbereitung

Bleiben Sie auch nach dem Vorstellungsgespräch aktiv. Bringen Sie sich telefonisch in Erinnerung, wenn die Entscheidungsphase zu lange dauert. Erkundigen Sie sich nach dem Fortgang des Auswahlverfahrens, um weiterhin gut vorbereitet aufzutreten.

Im Vorstellungsgespräch sollten Sie immer das Ziel vor Augen haben, dass man Ihnen einen Arbeitsvertrag anbietet. Auch wenn Sie bereits im Gespräch zu der Überzeugung kommen, dass Sie sich eine Tätigkeit in diesem Unternehmen nicht vorstellen können, sollten Sie bis zum Schluss Ihr Bestes geben.

Daher sollte Ihre Auswertung des Vorstellungsgespräches und Ihre Entscheidung für oder gegen einen Einstieg in dieses Unternehmen auf jeden Fall stattfinden, unabhängig davon, ob die Firma sich interessiert zeigt oder nicht. Spielen Sie das Vorstellungsgespräch noch einmal in Gedanken durch und überlegen Sie dabei, an welchen Stellen Sie mit den Antworten der Unternehmensvertreter weniger und an welchen Sie mehr zufrieden waren. Vergleichen Sie, was sich für Sie – bezogen auf Ihren derzeitigen Arbeitsplatz – verschlechtern würde, was gleich bliebe und was sich verbessern würde.

Spielen Sie das Vorstellungsgespräch noch einmal durch

Bei Ihrer Entscheidungsfindung sollten Sie abwägen, welchen Stellenwert für Sie die Aufgaben im Tagesgeschäft, die Entwicklungsmöglichkeiten, die Ausstattung des Arbeitsplatzes, der Kontakt zu Vorgesetzten und Kollegen und das allgemeine Arbeitsklima in der Firma einnehmen. Den wichtigen Punkt Gehalt beziehen Sie an dieser Stelle in Ihre Überlegungen

Wägen Sie ein Angebot genau ab

sicherlich auch mit ein. Schätzen Sie realistisch ein, inwiefern Sie sich verbessern und wo Sie mit finanziellen Abstrichen rechnen müssen. Hierzu können Sie sich in unserem Kapitel »Gehaltsverhandlungen« an der Übung »Gehaltsfragen« orientieren. Zu allen anderen Fragen ziehen Sie am besten die nachfolgende Übung heran.

Ihre Entscheidung: Drum prüfe, wer sich ewig bindet ...

Übung

Bevor Sie einen Arbeitsvertrag unterschreiben, sollten Sie in Ruhe abwägen, was Ihnen beim Besuch des Unternehmens gefallen und was Ihnen nicht so sehr gefallen hat. Überlegen Sie sich, ob Sie mit den Dingen, die Ihnen nicht so sehr gefallen haben, leben können. Werfen Sie einen Blick in die Zukunft und prüfen Sie, ob Sie Ihre Vorstellungen verwirklichen können.

- Ist Ihnen Ihr zukünftiger Arbeitsalltag klar geworden?
- Wo werden Sie hauptsächlich arbeiten?
- Ist Ihnen der Anteil von Dienstreisen an Ihrer Tätigkeit genannt worden?
- Sind für Sie Entwicklungsmöglichkeiten im Unternehmen deutlich geworden?
- Wie schnell und wie umfassend werden Sie Verantwortung übernehmen?
- Werden Sie eher mit jüngeren oder mit älteren Kollegen zusammenarbeiten?
- Sind Ihnen Ihre zukünftigen Vorgesetzten, Kollegen und Mitarbeiter sympathisch?
- Welchen Eindruck haben Sie vom Betriebsklima gewonnen?

- Wirkt die propagierte Unternehmenskultur auf Sie glaubwürdig?
- Herrscht das Prinzip der offenen Tür vor?
- Welches Image hat das Unternehmen?
- Wie hoch ist der Freizeitwert des Unternehmensstandortes?
- Gefällt Ihnen die Unternehmensarchitektur?
- Sind die Unternehmensangehörigen stolz auf Ihre Produkte/Dienstleistungen?
- Wurden im Gespräch eher Tradition oder Innovation betont?

Setzen Sie sich nicht unter einen zu hohen Entscheidungsdruck. Niemand erwartet von Ihnen, dass Sie sofort nach dem Bewerbungsgespräch einen Arbeitsvertrag unterschreiben. Nutzen Sie die Zeit zwischen der mündlichen Einigung mit dem neuen Arbeitgeber und der Ausfertigung des Arbeitsvertrages, um die oben angesprochenen Punkte für sich und mit Ihrem sozialen Umfeld zu klären.

Entscheiden Sie sich erst nach gründlicher Prüfung

Der Druck, möglichst bald einen neuen Arbeitsvertrag zu unterschreiben, ist bei Bewerbern ohne Stelle natürlich sehr viel stärker. Wer einige Monate arbeitslos ist oder wem gekündigt wurde, wird seine Situation sicherlich anders einschätzen als derjenige, der sich aus einer ungekündigten Stelle heraus bewirbt.

Vermeiden Sie es trotzdem, ein neues Arbeitsverhältnis aufzunehmen, bei dem schon im Vorfeld klar wird, dass Probleme zu erwarten sind. Dies wäre beispielsweise der Fall, wenn die Firma für ihre hohe Mitarbeiterfluktuation bekannt ist oder wenn die Firma sich in einem Markt bewegt, der durch starken Wettbewerb, hohen Kostendruck und geringe Gewinnmargen gekennzeichnet ist. Problematisch ist auch, wenn die Stelle neu geschaffen wurde, aber von der Tätigkeitsbeschreibung her so unklar definiert ist, dass nun jeder Mitarbeiter in der Abteilung erwartet, sämtliche Projekte, die aus Personalknappheit verzögert und verschoben worden sind, könnten vom neuen Kollegen bewältigt werden.

Telefonisch nachfassen

Eine Frage, die uns oft gestellt wird, dürfte auch Sie beschäftigen: »Wann darf ich – nach einem Vorstellungsgespräch – bei dem Unternehmen anrufen und fragen, ob ich einen Arbeitsvertrag angeboten bekomme?« Prinzipiell gilt, dass es bei großen Unternehmen länger dauert, bis alle an der Entscheidung Beteiligten sich eine Meinung über den Bewerber gebildet haben. Dementsprechend kann es bis zur endgültigen Entscheidung manchmal vier bis sechs Wochen dauern. Mittlere und kleine Unternehmen sind dagegen in der Lage, schneller zu entscheiden. Eine Absage oder ein Angebot erhalten Sie dort häufig bereits ein bis zwei Wochen nach dem Vorstellungsgespräch.

Wann können Sie mit einer Entscheidung rechnen?

Zwei bis vier Wochen nach dem Vorstellungsgespräch dürfen Sie in jedem Fall bei der Personalabteilung anrufen und um Informationen über den aktuellen Stand bitten. Ganz wichtig hierbei ist, dass Sie eine freundliche und nette Telefonstimme einsetzen. Das Bewerbungsverfahren läuft schließlich noch, und Sie telefonieren mit einem Beteiligten aus der Personalabteilung.

Haken Sie telefonisch nach

Auf inhaltliche Rückfragen sollten Sie verzichten. Beschränken Sie sich auf rein formale Fragen zum weiteren Zeitablauf, beispielsweise: »Gibt es einen Zeitrahmen, in dem die Entscheidung über die Besetzung der Stelle fällt?« oder »Bis wann kann ich mit einer Nachricht von Ihnen rechnen?«

Wenn Sie zu den Berufsgruppen gehören, die gerade stark nachgefragt sind, können Sie auch etwas Schwung in die Entscheidungsfindung bringen. Weisen Sie Ihre Gesprächspartner darauf hin, dass Sie sehr daran interessiert sind, bei gerade diesem Unternehmen anzufangen. Jedoch liege bereits ein Angebot von einer anderen Firma vor, sodass Sie sich momentan in einer Zwickmühle befänden. In den Fällen, in denen ein Unternehmen aufgrund der beruflichen Qualifikation großes Interesse am Bewerber hat, haben wir oft erlebt, dass ein Arbeitsvertrag schneller als üblich angeboten wird.

So bringen Sie Schwung in die Entscheidungsfindung

Ein Teil der Bewerber bekommt nach einem erfolgreich absolvierten Vorstellungsgespräch die Einladung zu einem Assessment-Center.

Taktisch weiter bewerben

Da Unternehmen hohe Ansprüche an die fachlichen und persönlichen Fähigkeiten von Führungskräften stellen, sind die eingesetzten Auswahlverfahren zum Überprüfen der Anforderungen sehr personalintensiv und damit auch zeitaufwändig. Für Sie hat dies die nervenzehrende Konsequenz, dass sich die Zeit bis zum endgültigen Abschluss des Bewerbungsverfahrens sehr in die Länge zieht.

Sie müssen sich darauf einstellen, dass vom Versenden der Bewerbungsmappe bis zur Unterzeichnung eines Arbeitsvertrages drei bis sechs Monate vergehen können. Je größer die Unternehmen sind und je mehr Personen an dem Entscheidungsprozess beteiligt sind, desto länger dauert es, bis Sie wissen, woran Sie mit ihren Bewerbungsbemühungen sind.

So lange bewerben, bis ein Arbeitsvertrag vorliegt

Für die eigene Bewerbungsstrategie bedeutet dies, dass Sie sich so lange bei interessanten Arbeitgebern weiter bewerben, bis ein Arbeitsvertrag vorliegt, der nicht nur von Ihnen, sondern auch von Unternehmensseite unterschrieben worden ist. Erst wenn dies der Fall ist, sollten Sie Ihre aktive Bewerbungsphase abschließen.

Auf einen Blick

Im Blick

Aktive Nachbereitung

- Verfolgen Sie im Vorstellungsgespräch immer das Ziel, von dem Unternehmen einen Arbeitsvertrag angeboten zu bekommen.
- Ihre Entscheidung für oder gegen die neue Stelle sollten Sie erst nach einer gründlichen Auswertung des Gesprächs treffen.
- Die optimale Stelle, in der Sie alle Wunschvorstellungen gleichermaßen durchsetzen können, gibt es selten. Finden Sie einen realistischen Kompromiss. Wägen Sie ab, was Ihnen am wichtigsten ist: Die Aufgaben, die Entwicklungsmöglichkeiten, die Arbeitszufriedenheit, der Umgang mit Kollegen und Vorgesetzten oder das Gehalt.
- Zwei bis vier Wochen nach dem Vorstellungsgespräch dürfen Sie telefonisch nachfassen.
- Stellen Sie nur formale Fragen, beispielsweise: »Bis wann kann ich etwa mit einer Nachricht von Ihnen rechnen?«
- Je größer Unternehmen sind, desto länger dauert es, bis Sie wissen, ob Sie eine Absage oder Zusage bekommen.
- Beenden Sie Ihre aktive Bewerbungsphase erst, wenn Sie einen vom Arbeitgeber unterschriebenen Arbeitsvertrag vorliegen haben.

V
Sonderfälle

26
Bewerben mit 40-plus

Für Bewerber über 40 Jahre gelten im Bewerbungsverfahren zusätzliche Anforderungen, die oft unausgesprochen bleiben. Auch wenn es niemand offen aussprechen wird: Die Beurteilung älterer Bewerberinnen und Bewerber läuft leider oft auf die Einschätzung »Entweder auf die Überholspur oder auf den Parkplatz!« hinaus. Sie müssen sich diesen Vorurteilen stellen, wenn Sie sich mit Ihrer Bewerbung durchsetzen wollen.

Personalverantwortliche unterteilen ältere Bewerber gerne in »work horses« und »dead wood«. Wird aus Ihrer Bewerbung deutlich, dass Sie gerne arbeiten und weiterhin die berufliche Bestätigung suchen? Oder lassen Ihre Bewerbungsunterlagen vermuten, dass Sie zwar meinen, sich bewerben zu müssen, sich aber am liebsten aus dem anstrengenden Berufsalltag zurückziehen möchten?

Machen Sie deutlich, dass Sie weiterhin berufliche Bestätigung suchen

Fredmund Malik, Leiter des Beratungs- und Ausbildungsinstituts Management Zentrum St. Gallen, teilte 40-jährige Berufstätige einmal in drei Gruppen ein:

- Die A-Gruppe, das seien die absolut Besten, die 4, 5 Prozent, die für Top-Positionen geeignet sind. Und diese Guten wissen, dass sie mit 40 ihren maximalen Marktwert erreicht haben, und sie gehen, wenn die Firma nichts für sie tut.
- Die B-Gruppe, das sind auch fantastische Leute, die aber an ihrem Limit angelangt sind. Sie werden den letzten Sprung nicht mehr schaffen, doch sie brauchen neue Herausforde-

rungen: Man sollte ihnen viel mehr Arbeit als bisher geben. Keine Angst, sie werden das schaffen.
- Die C-Gruppe schließlich, das sind auch hervorragende Leute, aber nicht für uns. Man muss sich von ihnen trennen. Das ist brutal? Gewiss. Aber sich von einem 50-Jährigen zu trennen ist absolut unmenschlich.

Zu welcher Gruppe gehören Sie? Wo stehen Sie momentan? Was sind Ihre Beweggründe für einen Arbeitsplatzwechsel?

Auf der Suche nach neuen Herausforderungen

Auch im vierten Lebensjahrzehnt haben Sie die Chance, sich beruflich zu verändern. Sie können auf vielfältige Erfahrungen und Kenntnisse aus der Berufspraxis zurückgreifen. Dies macht Sie für viele Unternehmen interessant. An der Einteilung von Fredmund Malik sehen Sie, dass Sie nach Ihrem vierzigsten Lebensjahr nicht darauf verzichten sollten, Ihre Karriere weiter aktiv voranzutreiben.

Wenn Sie sich in einem für Sie ungünstigen Arbeitsumfeld befinden und damit zur C-Gruppe gehören, sollten Sie sich auf die Suche nach Arbeitsmöglichkeiten machen, in denen Sie Ihre Stärken besser einbringen können. Für viele Führungskräfte ist die Suche nach neuen Herausforderungen eine wichtige persönliche Motivation. Sie müssen sich nicht mit einem Stillstand zufrieden geben, nur weil in Ihrem jetzigen Unternehmen »nichts mehr passiert«.

Das Unternehmen wechseln oder mit dem alten Arbeitgeber verhandeln

Suchen Sie als B-Kandidat neue Herausforderungen in anderen Unternehmen, statt am jetzigen Arbeitsplatz ständig die gleichen Aufgaben zu erledigen.

Sind Sie Angehöriger der A-Gruppe, können Sie die Möglichkeit nutzen, Ihren Marktwert durch eine Bewerbung zu erhöhen. Ein höheres Gehalt und größere Verantwortlichkeiten können Sie sowohl durch den Wechsel zu einem anderen Unternehmen als auch in Verhandlungen mit dem alten Arbeitgeber erzielen. Nach Ihrem vierten Lebensjahrzehnt können Sie sich dann ja immer noch auf die Bewahrung des Erreichten konzentrieren, denn, wie es einer unserer Kunden einmal formulierte: »Man merkt, dass man 50 Jahre alt ist, wenn sich der Headhunter nicht mehr mindestens einmal im Monat bei einem meldet.«

Attraktiv für den Headhunter

Auch wenn die Zeit vom vierzigsten bis zum fünfzigsten Lebensjahr aus Sicht der Personalverantwortlichen ebenso eine aktive Bewerbungszeit sein sollte wie die Zeit davor, müssen Sie mit unausgesprochenen Vorurteilen rechnen.

Entkräften Sie Vorurteile

Seien Sie ehrlich: Würden Sie jemanden einstellen, der

- zum Stillstand gekommen ist,
- sich nicht mehr weiterentwickelt,
- frustriert ist und innerlich gekündigt hat,
- Erfolgserlebnisse im Freizeitbereich sucht,
- keine Ziele mehr hat,
- keine Anpassungsfähigkeit besitzt,
- geistige Beweglichkeit vermissen lässt?

Wir erleben in unserer Beratungspraxis häufig, dass 40-plus-Bewerberinnen und Bewerber ganz unabsichtlich diesen Eindruck erwecken. Dieser negative Eindruck entsteht durch ein Zusammenwirken von ungeschickten Formulierungen auf der Bewerberseite und von Vorurteilen auf der Seite der Personalverantwortlichen.

Vermeiden Sie negative Signalwirkungen durch den Rückzug auf formale Positionen in der Betriebshierarchie, ohne diese inhaltlich zu füllen, oder durch eine breite Darstellung Ihrer Hobbys. Alles dies lässt auf einen beginnenden Rückzug aus beruflicher Verantwortung schließen und bestätigt typische Vorurteile gegenüber 40-plus-Bewerbern.

Vermeiden Sie negative Signale

Auch bei Ihnen ist es möglich, einen zupackenden erfolgsorientierten Präsentationsstil für Anschreiben, Lebensläufe und

Vorstellungsgespräche zu entwickeln. Und zwar vor allem wegen Ihres Alters: weil die beruflichen Erfolge vorhanden sind und die umfassende Berufserfahrung ein individuelles Profil möglich macht.

Die 40-plus Erfolgsstory

Die beruflichen Erfolge eines Leiters der Logistik/Warenbewirtschaftung lassen sich so zusammenfassen:

Beispiel

Aufgabe

- Gestaltung internationaler Absatzwege
- Erschließung neuer Märkte
- Gründung von Distributionszentren
- Verantwortung für den optimalen Warenfluss zwischen Produktionsstätten und Distributionszentren
- Eingliederung neuer Zulieferer
- Zertifizierung

Erfolg

- Absatzsteigerung im zweistelligen Bereich
- Absatz der Produkte in mittel- und osteuropäischen Ländern
- Reduktion der Transportkosten
- Sicherstellung der Warenverfügbarkeit
- Ausweitung der vertriebenen Produktpalette
- größere Marktakzeptanz

Präsentieren Sie eine interessante Erfolgsstory

Mit der Darstellung beruflicher Erfolge vermeiden Sie es, Vorurteile bei Personalverantwortlichen aufkommen zu lassen. Wenn Sie sich als aktive und zupackende Persönlichkeit mit einer interessanten Erfolgsstory präsentieren, spielt Ihr Alter bei der Bewertung Ihres Bewerberprofils keine Rolle. Mit den richtigen Reiz- und Schlüsselwörtern zeigen Sie, dass Sie mit beiden Beinen fest im Berufsleben stehen und noch viel von Ihnen zu erwarten ist. Erarbeiten auch Sie sich Ihre Erfolgsstory anhand unserer Übung »Die Summe Ihrer Erfolge«.

Die Summe Ihrer Erfolge

Suchen Sie die fünf umfassendsten Aufgaben, die Sie bisher bearbeitet haben, aus Ihrer Erfolgsbilanz heraus und stellen Sie den bewältigten Aufgaben die erzielten Erfolge gegenüber.

Aufgabe: .... Erfolg: ....

Aufgabe: .... Erfolg: ....

Aufgabe: .... Erfolg: ....

Aufgabe: .... Erfolg: ....

Aufgabe: .... Erfolg: ....

Wir erläutern Ihnen nun, wie Sie die Summe Ihrer Erfolge als 40-plus-Bewerberin oder -Bewerber für die Aufbereitung Ihrer Anschreiben und für die Vermittlung in Vorstellungsgesprächen nutzen.

Das 40-plus-Anschreiben

Zu viele 40-plus-Bewerber thematisieren im Anschreiben Probleme am derzeitigen Arbeitsplatz. Diese Problemorientierung ist jedoch nicht geeignet, Erfolge im Bewerbungsverfahren zu erreichen. Im Anschreiben müssen Sie nicht auf Ihr Alter verweisen. Die Angabe Ihres Geburtsdatums im Lebenslauf ist völlig ausreichend. Stellen Sie die inhaltlichen Fak-

Stellen Sie inhaltliche Faktoren in den Vordergrund

Bedenken Sie: Das Anschreiben ist ein Selbstgutachten

toren, die Ihr berufliches Profil definieren, in den Vordergrund. Bedenken Sie, dass Sie mit dem Anschreiben ein Selbstgutachten über Ihre berufliche Qualifikation liefern. Wenn Sie sich in diesem Gutachten anklagen, werden beim Personalverantwortlichen Zweifel an Ihrer Leistungsbereitschaft im beruflichen Alltag entstehen. Damit mobilisieren Sie nur die unterschwelligen Vorurteile bei Personalverantwortlichen.

Ihr Alter ist weder ein Einstellungs- noch ein Ablehnungsgrund. Es hat deshalb im Anschreiben keinen Platz. Anschreiben, die mit Formulierungen beginnen wie »Mit neunundvierzig Jahren gehöre ich noch nicht zum alten Eisen und suche deshalb eine interessante Stelle bei Ihnen, um zu beweisen, was noch alles in mir steckt«, wecken nur Vorurteile, aber nicht das Interesse von Personalverantwortlichen. Ein geeigneter Anfang Ihres Anschreibens sind Ihre beruflichen Erfolge.

Beispiele

40-plus-Bewerberin für die Position Produktmanagerin

Der Anfang eines Anschreibens könnte so aussehen: »Ich habe bereits Produktgruppen im EDV-Bereich von der Neu- und Weiterentwicklung bis zur Vermarktung geführt. Die Beobachtung von Wettbewerbern und das dazugehörige Benchmarking gehört ebenso zu meinen Aufgaben wie die laufende Produktbetreuung und die Kalkulation der Produkte. Sowohl im Marketing als auch im Produktmanagement habe ich bereits umfassende Personal- und Umsatzverantwortung übernommen und konnte für mein Unternehmen erfolgreich neue Märkte erschließen.«

40-plus-Bewerber für die Position Kaufmännischer Leiter

Beispiel 2

Ein überzeugendes Anschreiben könnte folgendermaßen beginnen: »Für die Position Kaufmännischer Leiter bringe ich langjährige Erfahrungen im strategischen Controlling mit. Ich habe bereits die Bereiche Rechnungswesen und allgemeine Verwaltungsdienste geleitet. Sehr gute Kenntnisse der handels- und steuerrechtlichen Bestimmungen, der Kostenrechnung und der Budgetierung bringe ich ebenso mit wie Erfolge in der Organisationsentwicklung unter schwierigen Bedingungen.«

Wecken Sie mit Ihren Eingangsformulierungen im Anschreiben das Interesse, das Ihnen aufgrund Ihrer langjährigen Berufserfahrung zusteht. Bei der weiteren Darstellung Ihrer Qualifikationen im Anschreiben können Sie auf Ihre Selbstpräsentation zurückgreifen. Beachten Sie dazu unsere Überzeugungsregeln für Selbstpräsentationen aus dem Kapitel »Selbstpräsentation: Das Herzstück Ihrer Bewerbung« und unsere Hinweise zur Ausgestaltung von Anschreiben im Kapitel »Ihre schriftliche Bewerbungsunterlagen«.

Interesse wecken durch Berufserfahrung

Wie alle anderen Bewerberinnen und Bewerber müssen Sie den guten Eindruck, den Sie mit Ihren Bewerbungsunterlagen vermittelt haben, im Vorstellungsgespräch bestätigen. Auch dabei müssen Sie als 40-plus-Bewerber einige Besonderheiten beachten.

Das 40-plus-Vorstellungsgespräch

In Vorstellungsgesprächen treffen 40-plus-Bewerber meist auf jüngere Personalreferenten. Oftmals tritt dann ein Generationenkonflikt zutage. Die latent vorhandenen Vorurteile auf Seiten der Personalverantwortlichen werden schnell ein unterschwelliger Bestandteil des Gespräches, wenn ältere Führungskräfte die nachfolgend aufgeführten Fehler begehen.

Darauf sollten Sie achten

- Sie kokettieren mit Ihrem Alter, entschuldigen sich womöglich.
- Sie erzählen Geschichten aus Ihrer Ausbildungszeit.

- Sie konzentrieren sich bei der Darstellung Ihrer Fähigkeiten auf weit zurückliegende Tätigkeiten, nicht auf die momentane Position.
- Opa kommt! Sie sprechen viel über die Schul- und Studienerfolge Ihrer Kinder, womöglich über Ihre Enkel.
- Sie berichten ausdauernd darüber, wie man früher Aufgaben gelöst hat. Auf die Anforderungen des neuen Unternehmens gehen Sie nicht ein.
- Bei Problemen am Arbeitsplatz waren alle anderen schuld, nur Sie selbst nicht.
- Sie schimpfen über Ihren alten Arbeitgeber.
- Sie behaupten, dass Ihre Vorgesetzten und Mitarbeiter Sie blockieren.
- Sie meinen, dass man alles auf dem »praktischen Weg« lösen kann, ohne sich weiter mit theoretischen Hintergründen beschäftigen zu müssen, nach dem Motto: »Weiterbildung? Das, was ich schon alles erlebt habe, reicht für zwei Berufsleben!«
- Sie erwecken den Eindruck, dass alle, die weniger Berufserfahrung als Sie haben, eigentlich »grüne Jungs« sind – insbesondere die Ihnen gegenüber sitzenden Personalverantwortlichen.

Konzentrieren Sie sich auf die Darstellung Ihrer Stärken

Sie lassen diese negative Gesprächsatmosphäre gar nicht erst entstehen, wenn Sie sich auf die Darstellung Ihrer Stärken konzentrieren, einen roten Faden in Ihrer beruflichen Entwicklung deutlich machen und eine aussagekräftige Selbstpräsentation mit ins Gespräch nehmen. 40-plus-Bewerber überzeugen, wenn sie ihre berufliche und persönliche Entwicklung deutlich machen. Dies gelingt Ihnen, indem Sie im Gespräch herausstellen, welche neuen Verantwortungsbereiche Sie übernommen haben, welche Aufgaben Sie bewältigt haben und für welche Projekte und Sonderaufgaben Sie verantwortlich waren.

Stillstand oder Entwicklung

Frage: »Ich habe den Eindruck, Ihre berufliche Entwicklung ist bereits seit einigen Jahren zum Stillstand gekommen?«

Antwort: »Ich habe mich ständig weiterentwickelt. Vor drei Jahren habe ich zusätzliche Aufgaben in den Bereichen Zuliefererintegration und Optimierung der Logistik übernommen. Da ich weiterhin das Tagesgeschäft an meinem alten Arbeitsplatz gemanagt habe, bin ich zwar formal nicht aufgestiegen, habe aber umfangreiche Aufgaben im gesamten europäischen Raum übernommen. Insbesondere die Einbindung neuer Produktionsstätten im europäischen Ausland ins Unternehmen war für mich eine interessante Herausforderung. Letztlich war für mich die Ausweitung meiner Verantwortung für das Unternehmen wichtiger als eine neue Stellenbezeichnung.«

Die beste Möglichkeit, Vorurteile auszuräumen, haben 40-plus-Bewerber, wenn sie herausstellen können, dass sie sich in modernen Formen der Arbeitsorganisation bewährt haben. Zeigen Sie, dass Sie die aktuellen Trends kennen und aktiv mitgestalten. Der Verweis auf die Mitarbeit an Prozessoptimierungen und der Neustrukturierung von Informations- und Entscheidungswegen ist ein überzeugender Beleg dafür, dass der Anschluss an neue Entwicklungen nicht verpasst worden ist. Wenn Sie beispielsweise Ihre Mitarbeit an den Maßnahmen Change Management, Business Reengineering, Total Quality Management, Lean Management, Wissensmanagement, Zertifizierung hervorheben, können Sie entscheidend punkten.

Erfahrungen in der Zertifizierung

Frage: »Auf welchen Erfolg sind Sie besonders stolz?«

Antwort: »Als Bereichsleiterin in der Produktion habe ich die Zertifizierung unserer Produkte begleitet. Neben der eigentlichen Zertifizierung habe ich zusammen mit dem Marketing neue Vermarktungsstrategien für die zertifizierten Produkte erarbeitet. Durch die Zertifizierung stieg die Produktakzeptanz bei den Kunden, und innerbetriebliche Abläufe konnten reibungsloser gestaltet werden.«

Trainieren Sie, berufliche Erfolge darzustellen

Greifen Sie in Vorstellungsgesprächen auf die in der Übung »Die Summe Ihrer Erfolge« zusammengefassten herausragenden beruflichen Leistungen zurück. Trainieren Sie, die beruflichen Erfolge und ihren persönlichen Anteil daran in Ihre Antworten zu integrieren. Machen Sie dazu unsere nachfolgende Übung.

Erfolge im Vorstellungsgespräch darstellen

Beantworten Sie die aufgeführten Fragen. Behalten Sie bei Ihren Antworten die neue Stelle im Blick und stellen Sie Leistungen heraus, die auch in der neuen Position gefragt sind.

»Warum sollten wir Sie einem jüngeren Bewerber vorziehen?«
Ihre Antwort: . . . .

»Ist Ihnen inzwischen Ihr eigenes Wohlergehen wichtiger als das des Unternehmens?«
Ihre Antwort: . . . .

»Hat Ihr Alter Sie schon einmal daran gehindert, berufliche Aufgaben erfolgreich zu lösen?«
Ihre Antwort: . . . .

»Können Sie mit jüngeren Kollegen zusammenarbeiten?«
Ihre Antwort: . . . .

»Welche Leistungen trauen Sie sich noch zu?«
Ihre Antwort: . . . .

Wenn Sie sich von der Erörterung von Problemen im Vorstellungsgespräch gelöst haben und stattdessen Ihre Erfolge in den Mittelpunkt des Gespräches stellen, haben Sie den entscheidenden Schritt zum Ausräumen von Vorurteilen als 40-plus-Bewerber getan. Es gibt aber noch andere Klippen, die Sie umschiffen müssen.

Vermeiden Sie in Vorstellungsgesprächen Formulierungen wie »die Zeiten ändern sich nun mal«, »zu meiner Zeit war das ganz anders« oder »heute wüsste ich, was ich anders machen würde«. Man wird Sie nicht aufgrund Ihrer Leistungen als 25-Jähriger einstellen, sondern nur dann, wenn man von Ihnen als 40-plus-Jährigem überzeugt ist. Trainieren Sie deshalb, mit Ihren Antworten den Eindruck zu hinterlassen, dass Sie mit sich und Ihrer beruflichen Entwicklung im Reinen sind.

Sie müssen mit Ihrer beruflichen Entwicklung im Reinen sein

Der Neubeginn

Frage: »Was würden Sie anders machen, wenn Sie noch einmal von vorne anfangen könnten?«

Antwort: »Ich würde wieder den Weg wählen, mich in der Berufspraxis durch Leistung zu empfehlen. Eventuell würde ich studieren/promovieren/eine längere Zeit im Ausland arbeiten. Da ich meine bisherigen Entwicklungsziele erreicht habe, bin ich mit meinem Werdegang aber generell sehr zufrieden.«

Beispiel

Aus unserer Beratungspraxis wissen wir, dass manche 40-plus-Bewerber aufgrund ihrer vielfältigen beruflichen Erfahrungen zu überlangen Antworten neigen. Diesen »Märchenonkelstil« interpretiert Ihr Gesprächspartner jedoch dahingehend, dass Sie nicht in der Lage sind, Informationen auf den Punkt zu bringen und sich auf Gesprächsimpulse des Personalverantwortlichen – und damit auch anderer Mitarbeiter im Unternehmen – einzustellen. Auch die von uns häufig erlebte Gegenreaktion »Dann rede ich eben im Telegrammstil« zeigt zwar, dass Sie trotzig wie ein Kind sein können, aber dies ist nicht die Jugendlichkeit, die man von Ihnen erwartet.

Bringen Sie Informationen auf den Punkt

Optimieren Sie daher Ihr Sprachverhalten. Kontrollieren Sie Ihre Kommunikation auf Abschweifungen und überlange Antworten. Trainieren Sie, gegebenenfalls kürzer und knapper zu antworten, wecken Sie dabei aber das Interesse des Gesprächspartners durch die Verwendung von ausgewählten Schlag- und Schlüsselworten. So kann Ihr Gesprächspartner Ihre Kompetenzen nachvollziehen und hat die Möglichkeit, gezielt nachzufragen.

Im Folgenden haben wir Ihnen häufige Fragen an 40-plus-Bewerber zusammengestellt, die gezielt auf Ihr Alter rekurrieren. Lassen Sie sich durch den provokativen Ton mancher dieser Fragen nicht schockieren. Ausführliche Hinweise zum Umgang mit Unterstellungen finden Sie im Abschnitt »Stressfragen«. Beachten Sie unsere Tipps zum Antwortverhalten, wenn Sie unsere Übung »Spezialfragen 40-plus« durcharbeiten.

Spezialfragen 40-plus

»Sind Sie nicht zu alt für diese Position?«
Ihre Antwort: . . . .

»Sie laufen doch die 200 Meter auch nicht mehr in derselben Zeit wie mit 20 Jahren. Glauben Sie nicht, dass Ihre Leistungsfähigkeit gesunken ist?«
Ihre Antwort: ....

»Halten Sie es für richtig, den Nachwuchs zu blockieren?«
Ihre Antwort: ....

»Warum machen Sie nicht Karriere in Ihrem alten Unternehmen?«
Ihre Antwort: ....

»Wie alt muss Ihr Stellvertreter sein, wie alt darf er höchstens sein?«
Ihre Antwort: ....

»Haben Sie noch Ziele? Wo wollen Sie mit 55 Jahren stehen?«
Ihre Antwort: ....

»Was machen Sie nach Ihrem aktiven Erwerbsleben?«
Ihre Antwort: ....

»Wie viel Erfahrung braucht eine Führungskraft?«
Ihre Antwort: ....

»Was haben Sie jüngeren Kollegen voraus?«
Ihre Antwort: ....

»Was würden Sie anders machen, wenn Sie noch einmal die Wahl hätten, von vorne anzufangen?«
Ihre Antwort: ....

»Wie viel Prozent des Jahres bestehen aus Arbeit, wie viel Prozent widmen Sie der Familie?«
Ihre Antwort: . . . .

»Haben Sie schon einmal über Ihre Erfolge und Misserfolge nachgedacht? Nennen Sie uns jeweils drei Beispiele!«
Ihre Antwort: . . . .

»Wie haben Sie sich in den letzten Jahren persönlich entwickelt? Was war anders mit 20 und was mit 30 Jahren?«
Ihre Antwort: . . . .

»Werden Sie sich noch einmal beruflich umorientieren?«
Ihre Antwort: . . . .

»Sind Sie bereit umzuziehen, falls unser Unternehmen den Standort wechselt?«
Ihre Antwort: . . . .

»Wie viele Fehltage eines Mitarbeiters sind Ihrer Meinung nach vertretbar? Und wie viele bei über 40-Jährigen?«
Ihre Antwort: . . . .

»Warum haben Sie Ihren Arbeitsplatz so oft (so wenig) gewechselt?«
Ihre Antwort: . . . .

»Wie war Ihre bisherige Zusammenarbeit mit Mitarbeitern und Kollegen?«
Ihre Antwort: . . . .

»Was haben Sie für Ihre fachliche Weiterbildung getan?«
Ihre Antwort: . . . .

Sie müssen als 40-plus-Bewerber damit leben, dass man bestimmte Vorurteile Ihnen gegenüber hat. Durch die Darstellung Ihrer beruflichen Erfolge und eine aussagekräftige Ausgestaltung Ihrer Selbstpräsentation lassen Sie Vorurteile jedoch gar nicht erst aufkommen. Aber rechnen Sie immer damit, dass man Sie im Vorstellungsgespräch noch einmal mit Vorurteilen konfrontiert. Man will überprüfen, wie stressresistent Sie sind und inwieweit Sie sich mit sich selbst auseinander gesetzt haben. Reagieren Sie auf Unterstellungen und Provokationen gelassen, indem Sie nicht darauf eingehen. Verweisen Sie immer wieder auf Ihre beruflichen Erfolge und belegen Sie mit konkreten Beispielen, dass der neue Arbeitgeber noch viel von Ihnen zu erwarten hat.

Reagieren Sie auf Provokationen gelassen

Auf einen Blick
Bewerben mit 40-plus

- Auch als 40-plus-Bewerber haben Sie gute Chancen im Bewerbungsverfahren.
- Sie müssen als 40-plus-Bewerber mit unausgesprochenen Vorurteilen rechnen. Entkräften Sie Vorurteile, indem Sie Ihre bisherige Entwicklung als Erfolgsstory aufbereiten.
- Ungeschickte Formulierungen im Anschreiben oder im Vorstellungsgespräch rufen Vorurteile bei Personalverantwortlichen hervor. Problemorientierung und Vergangenheitsfixierung wirft Sie ganz aus dem Bewerberrennen.
- Hüten Sie sich vor Generationenkonflikten in Vorstellungsgesprächen. Tauchen Sie nicht in die Vergangenheit ein, sondern stellen Sie Ihre Verantwortung für aktuelle Aufgaben in den Vordergrund.
- Wenn Sie im Vorstellungsgespräch mit ausgesprochenen Vorurteilen konfrontiert werden, soll Ihre Stressresistenz überprüft werden.

Im Blick

27

E-Mail-Bewerbung: die schnellste Variante

Immer mehr Firmen überlassen es den Bewerberinnen und Bewerbern, ob sie ihre Unterlagen per Post oder per E-Mail zuschicken möchten. Grundsätzlich bevorzugen wir den Versand von Bewerbungen per Post, weil eine gut aufgemachte Bewerbungsmappe unserer Erfahrung nach überzeugender wirkt. Es kommt aber vor, dass Firmen ausdrücklich eine E-Mail-Bewerbung wünschen oder dass Bewerber sich aus Kostengründen bevorzugt per E-Mail präsentieren.

Personalisierte E-Mail-Adressen suchen

Wenn Sie sich per E-Mail bewerben möchten, sollte sich Ihre E-Mail-Bewerbung nach Möglichkeit an einen persönlichen Ansprechpartner richten. Adressen wie *personalabteilung@firma.de* oder *info@firma.de* sind zu allgemein. Womöglich erreicht Ihre E-Mail niemals den gewünschten Adressaten, weil sie mit unerwünschter Werbung verwechselt wird. Prüfen Sie also, ob in der Stellenanzeige eine personalisierte E-Mail-Adresse wie *jochen.mueller@firma.de* oder *frauke-schmidt@firma.de* angegeben ist.

Überfordern Sie Personalverantwortliche nicht, indem Sie viele unterschiedliche Dateianhänge mixen. Idealerweise fassen Sie Anschreiben, Lebenslauf und Foto (falls eingesetzt auch Deckblatt und Leistungsbilanz) in einer PDF-Datei zusammen, und Scans von Arbeitszeugnissen, Ausbildungszeugnissen und Weiterbildungszertifikaten in einer zweiten PDF-Datei. Das PDF-Format hat sich als Standard durchgesetzt und lässt sich mit dem Adobe Reader in jeder Firma öffnen.

In die eigentliche E-Mail brauchen Sie nur wenige Zeilen schreiben, beispielsweise *Sehr geehrter Herr Müller, beiliegend über-*

sende ich Ihnen meine Bewerbungsunterlagen als PDF-Anhang. Mit freundlichen Grüßen, Elke Schmidt. In der Betreffzeile sollte die Stelle genannt werden, um die es geht, zum Beispiel *Bewerbung als Produktmanagerin.* Dann weiß der Adressat gleich, worum es eigentlich geht. Verärgern Sie Personalverantwortliche nicht mit zu großen Datenmengen, mehr als zwei Megabyte sollte Ihre E-Mail-Bewerbung nicht umfassen.

Auf einen Blick
Die E-Mail-Bewerbung

- Vergewissern Sie sich, ob die Firma ausdrücklich eine Bewerbung per E-Mail verlangt.
- Lesen Sie die Stellenanzeige genau und prüfen Sie, ob es einen persönlichen Ansprechpartner mit personalisierter E-Mail-Adresse gibt.
- Verzichten Sie auf den Mix verschiedener Datei-Anhänge wie Word, PDF, gif und jpg.
- Fassen Sie Anschreiben, Lebenslauf und Foto (gegebenenfalls auch Deckblatt und Leistungsbilanz) in einer Datei, idealerweise im PDF-Format, zusammen.
- Fügen Sie die Scans von Zeugnissen und Weiterbildungsnachweisen in einer eigenen Datei (idealerweise PDF-Datei) bei.
- Halten Sie sich an die maximale Datengröße, die der Empfänger angegeben hat.
- Falls eine maximale Dateigröße nicht angegeben ist: Achten Sie darauf, dass Ihre E-Mail-Bewerbung nicht mehr als zwei Megabyte umfasst.
- Ihre E-Mail-Adresse sollte neutral und seriös klingen.
- Überprüfen Sie Ihr E-Mail-Postfach in der aktiven Bewerbungsphase täglich.

28
Englisch: die neue Herausforderung im Job-Interview

Immer häufiger erreichen uns in unserer Beratungspraxis Anfragen von Kunden, die sich auf Job-Interviews in englischer Sprache vorbereiten wollen. In Zeiten globalisierter Arbeitsprozesse ist dies auch kaum verwunderlich. Einige unserer Kunden wollen sich bei deutschen Tochterunternehmen US-amerikanischer Konzerne bewerben. Andere möchten für asiatische Konzerne in Europa tätig werden. Wiederum andere streben eine Position im Ausland an. Und dann gibt es auch noch Unternehmen in Deutschland, die sich für Englisch als Geschäftssprache entschieden haben und deshalb bei ihrer Bewerberauswahl englische Job-Interviews einsetzen.

Warum werden englische Job-Interviews in Deutschland eingesetzt?

Job-Interviews auf Englisch haben in den letzten Jahren stark zugenommen. Betraf dies früher hier zu Lande überwiegend (deutschsprachige) Bewerber, die in den USA, in Großbritannien, in Kanada, Australien oder Neuseeland arbeiten wollten, ist es mittlerweile anders geworden. Die ursprüngliche Gruppe der Auslandsbewerber gibt es natürlich immer noch. Aber zusätzlich gibt es heutzutage eine weitere Gruppe von Bewerbern, die sich englischen Job-Interviews stellen muss, allerdings direkt in Deutschland oder Europa. Festzuhalten bleibt also, dass der Einsatz der englischen Sprache bei der Personal-

Auch hierzulande üblich

auswahl in dem Maße zugenommen hat, in dem die Personalgewinnung internationaler geworden ist.

Europaweit tätige Personalberatungen führen daher Auswahlgespräche mit deutschen Kandidaten auf Englisch. Auch international tätige deutsche Unternehmen wollen sicherstellen, dass zukünftige Mitarbeiter sich auf Englisch verständigen können. Tochterunternehmen amerikanischer Konzerne, die in Deutschland angesiedelt sind, benutzen zwar im Arbeitsalltag häufig die deutsche Sprache. Bei direkten Kontakten zum US-Headquarter oder bei internationalen Meetings, ist dann aber ebenfalls Englisch gefragt. Da also Englisch im Arbeitsalltag eine immer größere Rolle spielt, werden mittlerweile englische Job-Interviews in Deutschland viel häufiger als früher eingesetzt.

Internationale Kommunikation

Die wichtigsten Fragenkomplexe im Überblick

Es ist wichtig, mit genügend Material in das englische Job-Interview zu gehen. Eine gut ausgearbeitete Selbstpräsentation auf Englisch ist auch hier ein hervorragender Sicherungsanker. Darüber hinaus sollten Sie sich schon vorab mit typischen Fragen intensiv beschäftigen. Die folgende Übersicht zeigt Ihnen die verschiedenen Themenbereiche, die in englischen Job-Interviews angesprochen werden. Es erwarten Sie Fragen aus diesen Bereichen:

Fragen zur beruflichen Qualifikation:

- Why should we give you the job? (Warum sollten wir gerade Sie einstellen?)
- What can you do for us? (Was können Sie für uns leisten?)
- Are you customer-oriented? (Verfügen Sie über Kundenorientierung?)

- How good are your PC skills? (Wie gut sind Ihre PC-Kenntnisse?)

Fragen zum Unternehmen:

- What do you know about our company? (Was wissen Sie über unsere Firma?)

Fragen zur persönlichen Qualifikation:

- How do you cope with change? (Wie gehen Sie mit Veränderungen um?)
- How do you motivate yourself for work duties? (Wie motivieren Sie sich für berufliche Aufgaben?)
- Do you have a realistic self-image? (Ist Ihr Selbstbild realistisch?)
- How do you deal with conflict? (Kennen Sie Ihr Konfliktverhalten?)

Fragen zur Führungserfahrung:

- What kind of people manager are you? (Wie führen Sie Ihre Mitarbeiter?)

Wir stellen Ihnen zu jedem Themenbereich zwei englische Fragen vor. Bitte beantworten Sie zunächst die Fragen, bevor Sie einen Blick auf unsere Beispielantworten werfen. Gleichen Sie Ihre Antworten ab. Modifizieren Sie bei Bedarf Ihre Antworten anhand unserer gelungenen Beispiele. Überlegen Sie sich zusätzlich individuelle Belege mit Praxisbezug, mit denen Sie Ihre Antworten plausibel ausgestalten können.

1. *What made you apply for this job in particular?*

Why should we give you the job?

- *Negative Antwort:* I read your job advertisement, and I'm very interested in the position.
- *Positive Antwort:* When I read your job advertisement, I realized it was describing me. My present duties include calcula-

ting costs and soliciting quotations. I worked on a project where we achieved better supply chain integration through the selection of suppliers. I have several years' experience in the areas of billing control, scheduling and data administration. I was particularly interested in the close liaison with field staff that you mentioned in the advertisement.

2. *Could you summarize your background in a few sentences?*
   - *Negative Antwort:* Well, after finishing Hauptschule I was unhappy with the situation, so I went back to school and did my Realschule leaving certificate. Then I did an apprenticeship as an electrical engineer. When I finished my apprenticeship, the firm didn't keep me on. I was able to get a service job with another firm. Now I'm responsible for service tasks and also have to travel a bit.
   - *Positive Antwort:* After completing Realschule I decided to do an apprenticeship as an electrical engineer. Even as a trainee I took on service contracts independently. I realized that I was good at fault spotting and problem analysis in clients' systems. With my current employer I'm in charge of PLC programming for machines and preparing documentation and manuals. Also, my work includes commissioning machines for clients. I have a talent for building a good relationship with clients' operating crews, so lately I've taken over responsibility for briefing clients on site, too.

3. *What are your strengths?*
   - *Negative Antwort:* I'm highly motivated, flexible and a team player.
   - *Positive Antwort:* I can produce good work under pressure – for example, I was able to keep on top of day-to-day work during the changeover to a new computer system. Our customers weren't even aware of the huge restructuring task that was under way. Another of my strengths is my knowledge of different aspects of the company's work.

What can you do for us?

Alongside my usual office duties I frequently took on special interdepartmental tasks like product optimisation.

4. *What can you do to take our company forward?*
   - *Negative Antwort:* I can work hard and produce good results.
   - *Positive Antwort:* I'm keen to give you the benefit of my experience in interdepartmental liaison. Through discussions with colleagues I have been able to reduce processing times in my company. My keen market awareness will also be useful to you.

5. *What contribution can you make in your field of work to help us win more customers?*
   - *Positive Antwort:* I think I would advocate price reductions.
   - *Negative Antwort:* In production it's very important that no products leave the hall with defects of any kind. In previous jobs I've been involved in quality assurance groups. So I know that we in production have to report back if manufacturing stages become so complicated that errors can occur. If we in production take care, the quality and reliability of our products can be improved – and then more customers will want them.

Are you customer-oriented?

6. *In your view, what do customers value about our products / services?*
   - *Negative Antwort:* Well, people can't do their own tax returns these days, it's all too complicated. People need a tax adviser.
   - *Positive Antwort:* That they feel they're thoroughly taken care of. You offer a comprehensive service in your tax consultancy. Not just taxation advice, but also bookkeeping, company start-ups, help with inheritance issues and even property management. Clients get a complete package.

7. *Which applications do you use for which tasks?*
   - *Negative Antwort:* The ones that are appropriate – a word-processing application for letters and other suitable software.

- *Positive Antwort:* I work with Microsoft Office on a daily basis – Word for correspondence, Excel for statistics and Power-Point for presentations. On top of that, I also use specialist measuring and calculating software.

How good are your PC skills?

8. *How did you acquire your software knowledge?*
   - *Negative Antwort:* As I went along, by trial and error. I would have liked more support from my company. I'm sure I could do a lot more with the software if only I knew how.
   - *Positive Antwort:* I taught myself to use Word with the help of tutoring CDs in my own time. The same goes for Power-Point. To learn Excel, I did an advanced course at evening school. To learn my company's specialist software, I did in-house training.

9. *What impression do you have of our company?*
   - *Negative Antwort:* A very good one so far. But I'll be working in the field, in any case.
   - *Positive Antwort:* A very professional impression. There's an efficient, friendly atmosphere here. If I were a prospective customer, I would feel I was in good hands.

What do you know about our company?

10. *Where did you hear of our company?*
    - *Negative Antwort:* From the job advert. That was the first time I heard of you.
    - *Positive Antwort:* I've known of your company for several years. My first contact with you was at a trade fair. After that I often came across articles about you. I've been impressed time and again by your company's spirit of innovation.

11. *Have you ever experienced budget cuts in your own workplace? How did you cope with them?*
    - *Negative Antwort:* Budget cuts are a fact of life, even if they do cause a lot of disruption.
    - *Positive Antwort:* It isn't easy when your budget is cut time after time. In my department we lost two out of ten

How do you cope with change?

jobs. The remaining colleagues had to divide up the work between them. Of course, that meant more work for everyone, but the workload was still manageable. Our advertising budget was cut as well. Together with the rest of the team I made sure that the remaining budget was only used for selected advertising channels with a high attention value.

12. *Give me two examples of your professional flexibility.*
    - *Negative Antwort:* I had to relocate for my last employer, and I even had to cancel my leave once.
    - *Positive Antwort:* I've often covered for colleagues, once for an extended period. And I've taught myself to use new software more than once.

13. *What prompted your choice of training/university course?*
    - *Negative Antwort:* I wasn't sure what I wanted to do. School doesn't really help you to make those kinds of decisions about your future career. So my choice was a bit random.
    - *Positive Antwort:* At school I always had a strong interest in technical subjects / creative subjects / languages / science. I used my work placements to get a taste of different careers that might interest me and get my first real-world experience. I made my final decision after finding out about the career possibilities that training / a degree in ... would open up to me.

How do you motivate yourself for work duties?

14. *What motivates you in your daily work?*
    - *Negative Antwort:* I tell myself that I have to pay the rent one way or another.
    - *Positive Antwort:* I find it motivating to see things progressing. I like to set myself goals in my work. So I worked together with the customer service team to respond better to customers' wishes. It was a difficult task, but the positive feedback from customers encouraged me.

15. *What are your strengths and weaknesses?*

    • *Negative Antwort:* I have a good sense of what is achievable. My particular strengths are positive thinking, optimism without naivety and commitment. My weaknesses include the fact that I can be direct and stubborn. I'm always honest, but sometimes I'm not diplomatic enough.

    Do you have a realistic self-image?

    • *Positive Antwort:* My strengths include teamwork. I have a good understanding of the processes involved in product management and know how I can best use the talents of the people involved. When there's a heavy workload, I can motivate others by making sure they understand how important their contribution is to the team's results. In addition, my good head for figures has always helped me to draw the right conclusions from market research. My weakness is that I'm a bit too direct, sometimes. I need to learn that departmental diplomacy is important to get a project started.

16. *How will you approach your new colleagues?*

    • *Negative Antwort:* I hope that my new colleagues will like me and won't be difficult.

    • *Positive Antwort:* I'll try to establish a personal connection with each of my colleagues. That leads to better teamwork. Everyone has their favourite subjects that they like to talk about. I'll find out how things work and then help to get the job done.

17. *What would the people in your present team criticise about you?*

    • *Negative Antwort:* Not a lot, I hope. But you never really know what your colleagues think of you.

    How do you deal with conflict?

    • *Positive Antwort:* Perhaps that I don't like to discuss the same point ten times. I know that it's important to consult people, but I do like things to keep moving forward.

18. *How do you deal with criticism?*

    • *Negative Antwort:* In an open-minded, honest way. That's what's expected.

    • *Positive Antwort:* I listen to the criticism carefully. It can be helpful. It needs to be given in a constructive way, though. If I think the criticism isn't justified, I try to discuss the matter with the person in private. Most ill-feeling can be diffused in that way.

19. *What management principles do you apply?*

    • *Negative Antwort:* I think that humanity, expressed through intuition and empathy, is the key factor in situational management. Strong leadership needs to take a back seat to flexibility. Knowledge of human nature isn't entirely something you can learn, though. You still need a certain amount of natural leadership talent.

    • *Positive Antwort:* I've achieved good results with management by objectives. Employees appreciate having clear goals to work towards but freedom in how they achieve them. It's also important to back up your staff and get involved yourself, so as to keep things going in the right direction.

    What kind of people manager are you?

20. *What positive comments would your present staff make about you? What negative comments would they make?*

    • *Negative Antwort:* It would depend on which staff members you asked. There's always a troublemaker in the team. I think most of them would be very pleased with me, a few of them less so, but you have to put up with that as the manager.

    • *Positive Antwort:* My staff would say that I'm always ready with advice and practical assistance, that I give them sufficient autonomy, and that they can rely on me. Sometimes, they grumble when I want results quickly. But they know that I won't set unattainable goals.

Weitere Fragen für Ihre Vorbereitung, einschließlich ausgearbeiteter Selbstpräsentationen und 400 misslungener und gelungener Beispielantworten, finden Sie in unserem Ratgeber: *Das überzeugende Vorstellungsgespräch auf Englisch. Die 200 entscheidenden Fragen und die besten Antworten.*

Fit für den Karrieresprung

Erfolgreiche Arbeit ist leider keine Garantie für die Karriereentwicklung. Als Führungskraft werden Sie nur dann aufsteigen, wenn es Ihnen gelingt, sich auf die Anforderungen im Bewerbungsverfahren genauso gut einzustellen wie auf die Anforderungen am Arbeitsplatz. Sie erstellen mit der schriftlichen Bewerbung ein Gutachten über die eigene Leistungsfähigkeit und müssen in der Lage sein, die Ergebnisse des Gutachtens im Gespräch vertreten zu können.

Der Weg zum Top-Kandidaten ist nicht ganz leicht. Sie müssen in vielen Disziplinen überzeugen, um den scharfen Wettbewerb um interessante Positionen zu gewinnen. In diesem Ratgeber haben Sie Schritt für Schritt gelernt, wie Sie mit ausgefeilter Detailarbeit Hindernisse durch eine überzeugende Selbstdarstellung aus dem Weg räumen. Sie kennen erfolgversprechende Strategien, um Kontakt zu Ihren Wunscharbeitgebern herzustellen, und können sich in Gesprächen überzeugend präsentieren. Mit Ihren eigenen Wünschen und Vorstellungen haben Sie sich auseinander gesetzt.

Sie haben gelernt, den Wettbewerb um interessante Positionen zu gewinnen

Mithilfe unserer Beispiele und Übungen ist es Ihnen gelungen, ein individuelles und aussagekräftiges Profil zu entwickeln.

Es gibt leider keine Zaubersprüche, die Personalverantwortliche gefügig machen. Keine Beschwörung wird die Fee herbeirufen, die Ihnen alle beruflichen Wünsche erfüllt. Sie müssen sich für Ihren Erfolg weiterhin genauso einsetzen, wie Sie es bisher getan haben. Doch mit der Kenntnis der richtigen Strate-

Auf dem Weg zur Wunschposition

gien wird der nächste Karriereschritt deutlich leichter. Den ersten Schritt haben Sie bereits getan: Sie haben den Wechsel in ihre Wunschposition mithilfe dieses Ratgebers professionell vorbereitet.

Viel Erfolg für Ihren Karrieresprung wünschen Ihnen

Christian Püttjer und *Uwe Schnierda*

Register

Allgemeines Gleichbehandlungsgesetz (AGG) 206
Anforderungen
- der ausgeschriebenen Position 172 ff.
- der Unternehmen 12, 18, 41 ff., 131
- fachliche 93 f., 100 f., 111, 174, 213, 273
- im Berufsalltag 11, 18, 47 f., 59
- in Stellenausschreibungen 25, 51, 64 ff., 105 f., 126 ff.
- von Fach- und Personalabteilungen 74

Anforderungsprofil 124 ff., 283
Anknüpfungspunkte 26, 64, 131, 254
Anschreiben 14, 19, 24 f., 32, 37, 41 ff., 64 f., 71 ff., 87, 110, 130 f., 139 ff., 147 ff., 158 ff., 162 ff., 179, 354 ff., 365
- Beispielanschreiben 212 ff., 356 ff.
- Erfolgsformel 170 f.
- Fehler 64, 72 ff., 162, 166 ff.
- Formulierungen 168, 175 ff.
- richtige Form 162 ff.
- Schrifttypen 167

Antworten
- Antworttechniken 74, 279 ff.
- Beispielantworten 75
- humorvolle 297
- souveränes Antwortverhalten 280, 289 ff.

Arbeiten, selbstständiges 49
Arbeitgeber
- umschreiben 120
- Wunscharbeitgeber finden 115 ff.

Arbeitslosigkeit 306 f., 311
Arbeitstechniken 59
Arbeitsvertrag 13, 176, 333, 343 ff.
- prüfen 344 f.

Arbeitszeugnis *siehe* Zeugnisse
Assessment-Center 12, 13, 15, 70 ff., 79 ff., 84 f., 268, 347
- Gruppendiskussion im 72 f.

Aufgaben, derzeitige 82, 88 ff.
Ausbildung 23, 45, 54, 88 ff., 149, 158 ff., 172, 182, 194, 203
Auswahlverfahren 12 ff., 70 ff., 201, 270, 343, 347
- die gängigsten 72
- Häufigkeit von Personalauswahlverfahren 71
- neue Personalauswahlverfahren 15, 70 f.

Belastungsfähigkeit 51, 294 ff.
Beratungspraxis 19 ff., 32 f., 43 ff., 169 f., 179 f., 190 ff., 282 f.

Berufsbezeichnungen 23, 54 ff., 203
Berufseinsteiger 23, 48, 158
Berufserfahrung 23, 54, 133, 165, 192, 194, 355 ff.
- *siehe auch* Erfahrung, berufliche
Berufspraxis 46, 54 ff., 62, 105, 136 ff., 190, 280, 288, 353, 361
Bewerberfehler 64, 96, 136, 190
Bewerberprofil 26, 33 ff., 73, 127, 167 ff., 293 f., 355
Bewerbung mit 40-plus 13, 15, 351 ff.
- Anschreiben 355 ff.
- Erfolgsstory 354 f.
- Spezialfragen 362 ff.
- Stärken 352, 358
- Vorstellungsgespräch 357 ff.
- Vorurteile entkräften 353
Bewerbungsfoto 157, 161, 182, 205 ff.
- Mimik und Blickrichtung 209
Bewerbungsmappe
- als erste Arbeitsprobe 212 f.
- Farben 159
- Foto 161, 182, 205 f.
- Unterlagen sortieren 158 f., 161
- vollständige 161
- als Dateianhang 366 f.
Bewerbungsverfahren
- Gehaltsverhandlungen 327 ff.
- lückenlose Aufstellung 34, 196
- Regeln 25 ff.
- telefonisch nachfassen 346 f.
- überzeugen 19, 378
- Wettkampf 11
Blindbewerbung 14, 141, 154
Branchen 13, 46, 65, 73, 89, 94, 101 ff., 116 f., 136, 278, 337, 340
Coaching 26
Computerkenntnisse *siehe* EDV-Kenntnisse
Denken, analytisches 51, 294 ff.
Dienst, öffentlicher 70, 76, 161, 336
Direktheit 297 f.
dritte Seite 238 ff.
Durchsetzungsfähigkeit 51, 295
EDV-Kenntnisse 58 f., 147, 159, 182, 197, 204, 372 f.
Ehrenämter 182, 195 f., 203
Ehrlichkeit, kontraproduktive 93, 95 f., 103, 111, 259, 262, 311
Eigenbewertung *siehe* Selbstbewertung
Eigeninitiative 50, 127, 172
E-Mail-Bewerbung 15, 366 ff.
Entwicklung, berufliche 25, 33 ff., 41, 75 ff., 87 ff., 101, 109 ff., 136, 172, 174, 179, 185, 190, 195, 254, 257, 261 ff., 268, 300 f., 310 ff., 358 ff., 378
- Fragen zur 310 ff.
- Krisen und Brüche 311
- roter Faden 91, 109
- Stillstand 141, 190, 353, 359
Erfahrung, berufliche 31 ff., 108, 272, 321
Erfolge, berufliche 31 ff., 274, 317, 354 ff.
- Darstellung 23, 258, 360
- dokumentieren 12, 33 ff.
Erfolgsbilanz 22, 26, 31 ff., 104, 133, 138, 250, 272, 355
Fachkenntnis *siehe* Kompetenz, fachliche

Fachvorgesetzte 74 f., 272 ff.
Fähigkeiten, persönliche 63 ff.,
    213, 257, 272, 294 ff., 301 ff.,
    347
Familienplanung 331 ff.
Fehler
- formale 14, 72 f., 84, 162 ff.
- inhaltliche 73
- in der Selbstpräsentation 91 ff.
- Rechtschreibfehler 168
Floskeln 65, 212, 251
- Leerfloskeln 44, 93 f., 102, 111
Formulierungen 86 ff., 146, 175,
    177 ff., 212 ff.
- aktive 146
- berufliche Stationen 104
- Nicht- und Negativ-Formulierungen 93, 96 ff., 111
- patzige 176
- sachliche 103
Fragen
- Alternativfragen 281 f., 291 f.
- auf Englisch 369 ff.
- Beispielfragen 300 ff., 369 ff.
- Fragetechniken 279 ff.
- geschlossene 280 f.
- offene 279 f.
- stellen 131, 266, 281, 283, 326 ff.
- unzulässige 322, 330 ff.
Freizeitaktivitäten 91, 197, 320 ff.
Führungserfahrung, Fragen zur
    75, 147, 254, 268, 304 ff., 376 f.
Führungskräfte
- Beurteilung 23
- Bewerbungsprozess 12 ff., 70 ff.
- individuelle Leistungen 18
- spezieller beruflicher Hintergrund 13
- Tätigkeitsfelder 44, 52, 260

Führungsqualitäten 13, 44
Gehaltsvorstellungen 173 f., 335 ff.
- Gehaltsfragen 338 ff.
- Gehaltshöhe 176, 336 ff.
- Gehaltsverhandlungen 14,
    335 ff., 340 ff..
- Gehaltsziele 12
Gerüchte 305 f.
Gesprächspartner 15, 74, 123 ff.,
    128, 131 ff., 145, 148, 249,
    264 f., 271 ff., 313, 327, 340,
    347, 362
- direkte Vorgesetzte 271, 273 ff.
- Geschäftsführer und Firmeninhaber 271, 275 ff.
- Namen 129, 136 ff., 197, 265 ff.
- Personalverantwortliche 271 ff.
Gesprächstechnik 48, 74, 254,
    266, 293, 300, 327
Gesprächsziele 74, 128 ff., 139
Graue-Maus-Image 91
Gutachten, grafologische 13,
    82 ff., 201 f.
Hands-on-Mentalität 15
Hard Skills 238
Headhunter 120 f., 353
Hobbys 200 f., 204, 321, 323, 353
Individualität 19, 22, 212
Initiativanschreiben
- Beispiele 149 ff.
- Insiderwissen integrieren 148
Initiativbewerbung 12 ff., 87, 110,
    140 ff.
- Vorarbeit 141 f., 154
Interviews 71, 73 ff., 84
Jobbörsen 117 ff., 125
- Suchmaschinen 117 f.
Job-Robots 117 f.
Kandidat-denkt-mit-Effekt 172 ff.

Kenntnisse, fachliche 54 ff., 122, 170, 178, 200, 257, 301
- aus Berufspraxis 46, 54 ff.
- aus Fort- und Weiterbildungen 57 ff.

Kleidung, richtige 208 f., 263 f.

Kommunikationsfähigkeit 50 ff., 63, 102, 192, 288, 327

Kompetenz
- außerfachliche 44, 59
- fachliche 44 ff., 52 f., 65 f., 70, 74, 86 f., 122, 131, 140, 213, 266, 272
- kommunikative 265
- methodische 23, 25, 41 ff., 47 ff., 51 f., 59 ff., 65 ff., 70, 74, 80 f., 85 ff., 93, 96, 101 f., 111, 131, 140, 174, 213, 266 f., 272, 278, 288, 305
- soziale 25, 35, 41 f., 49 ff., 61 f., 70, 74, 78, 80 f., 85 f., 93, 96, 101 f., 111, 131, 140, 174, 194, 213, 266 f., 272, 278, 288, 305, 320 f., 347

Konflikte 97, 315, 332, 375 f.

Kontakt
- knüpfen 110, 115, 122 ff.
- persönlicher 24, 39, 87, 110, 121 ff., 125, 143
- telefonischer 24, 39, 127, 141, 145

Kontaktaufnahme
- kreative 123 f.
- telefonische 14, 64, 126 ff.
- zu Personalberatungen 87, 119, 121, 125

Kontaktfähigkeit 50 ff.

Kritik 103, 173, 281, 296, 304, 308, 315, 318, 349

- Kritikfähigkeit 51

Kundenorientierung 80, 102, 369, 372 f.

Kurzbewerbung 120, 146 ff., 154

Lebensgestaltung, private 268, 270, 300
- Fragen zur 320, 323 ff.

Lebenslauf 14, 19, 24, 37, 71, 82, 130, 141, 149, 154, 160 f., 179, 188, 190 ff., 199, 203, 213, 277, 322, 355
- Beispiellebensläufe 180 ff., 216 ff., 231 f.
- Berufstätigkeit 180 f., 185, 192, 198 f., 203, 316
- handgeschriebener 84, 202 f.
- Lücken 180, 198, 204
- persönliche Daten 181, 201
- recycelter 179
- Sprachgebrauch 185
- Themenblöcke 182

Leistungsbereitschaft 50, 53, 93, 96, 101, 172, 201, 275 f., 347

Leistungsbilanz 238 ff.

Leistungsmotivation 75, 254, 268 f., 276, 300 f.
- Fragen zur 301, 325

Leistungsnachweise 71, 149, 158, 160 f., 168

Lernfähigkeit 51, 321

Marketing, Bewerbung im 220 f., 233 ff.

Missverständnisse 96, 191, 210

Motivation 261, 268, 276, 300, 325
- Eigenmotivation 219
- Fragen zur 51, 75, 301 ff.
- Hauptmotive 37

Nachbereitung 344 f., 346, 348

Orientierung, berufliche 18
Parteizugehörigkeit 331
Personalberatungen 83, 87, 119 ff.,
  160, 257
Personalentwicklung, Bewerbung
  in der 230 f.
Personalreferent 34, 189
Personalverantwortliche 272
- als Berufberater 24
- Anforderungen 47, 51, 65
- Erwartungen 17, 45 f. 49
- Gespräche mit 74, 76
- Namen 167
- Sympathie als Prüfungsdimension 206
- Vorurteile 15, 351, 353 ff.
Persönlichkeit, Fragen zur 272, 297, 300, 307, 315, 318, 325
Praktika 180
Privatleben 254, 317, 322
- Lebenspartner 312
- *siehe auch* Lebensgestaltung, private
Produktmanagerin, Bewerbung als 220 f.
Profil 16 f.
- aussagekräftiges 22 f., 174
- berufliches 24, 54, 120, 133, 213
- individuelles 14, 27, 22 f., 182, 251
Profillosigkeit 19 ff., 94, 111, 169, 250 f.
Provokationen 365
Qualifikation
- berufliche 14, 41 f., 69, 74, 86, 175
- Darstellung 33 f., 53, 213
- von Führungskräften 18 f.

Qualifikationsprofil 19
Qualitätsmanagement 49
Qualitätssicherung, Bewerbung in der 224 ff.
Referenzen 13, 71 f., 81, 84 f.
Schlüsselbegriffe 101, 105, 106 f., 109, 111, 127, 145, 154, 172, 174, 188, 213, 274 f.
- Selbstbeschreibung mit 108
Schwächen 254, 296 f., 306
- darstellen 298
Selbstanklage 94, 99, 103, 11, 241, 313
Selbstbewertung 94, 99, 109, 111
Selbstdarstellung 26, 31, 53 f., 98, 99, 127 f.
- am Telefon 134 f.
- des Bewerbers 266 f.
- im Vorstellungsgespräch 14
- problematisierende 174
- schriftliche 72 f., 170, 249
Selbstpräsentation 14, 22, 86 f.
- am Telefon 144 f.
- Aufbau 88, 90
- auf Englisch 369 f.
- erstellen 12, 86 ff.
- im Anschreiben 171
- im Bewerbungsverfahren 13
- im Vorstellungsgespräch 252, 265 f.
- Negativbeispiele 91 ff.
- optimieren 108 f.
- Positivbeispiele 100 ff., 120 ff.
- Überzeugungsregeln 100 ff.
Soft Skills 238, 241, 244
Sonderaufgaben 34, 36, 60, 82, 89, 136, 268, 358
Sprachkenntnisse 58 f., 101, 197, 223

Stärken 17, 37, 262, 267, 288, 293, 299, 352, 358, 371 f.
- erkennen und vermitteln 295
- Stärkenprofil 87
Startvorteil 126
Stellenausschreibung
- anknüpfen an 131
- Auswertung 64 ff., 66
- Belege für die Anforderungen in 133
- in Printmedien 116, 124
- Schlagworte 51
Stellenmarkt, verdeckter 115, 140, 154
Stellensuche 116 ff.
- Fachmagazine 116
- Homepages der Unternehmen 117
- Internet 116
- Online-Stellenmärkte der Zeitungen 117
- Printmedien 116
Stellenwechsel 37, 124, 255, 311, 326, 335
- Argumentationsstrategie 257 ff.
- Begründung 255 ff.
Stressfragen 15, 261 f., 266, 269, 283 f., 291, 311
- entschärfen 285
- subtile Verunsicherungstechniken 284
Studium 23, 45, 54, 88, 90, 172, 194
Sympathie 122, 134, 138, 176, 205, 209, 211, 250
Tätigkeitsbezeichnungen 185 ff.
Teamfähigkeit 50 f., 61 f., 102, 288 f.
Techniken, methodische 48

Telefongespräche 87, 136 f.
- gezielte Fragen 129
- Negativbeispiel 135
- optimale Rahmenbedingungen 128
- Regeln 128 ff.
- überzeugen 138
Telefontraining 127
Tests 13, 70 f., 75 ff., 84
- Intelligenztest 71, 76
- Persönlichkeitstests 71, 76 f.
Theorie-Praxis-Transfer 69
Übertreibungen 99
Umfeld, soziales 320, 323
Unterlagen, schriftliche 13 f., 19, 22, 72, 84
- Standardformulierungen 73
Unternehmen
- Ansprechpartner 121, 142 f.
- Fragen zum 308 ff., 325
- Perspektive 24
- Wünsche 19, 23 ff.
Unterstellungen 259 ff., 284, 285, 365
Verkaufsleiter, Bewerbung als 215 ff.
Visitenkarten 143
Vorstellungsgespräche 13, 20 f., 25, 44, 53, 71, 73 f., 84, 110, 240 ff.
- auf Englisch 15, 368 ff.
- Auswertung 343
- Einstimmung 265
- Gesprächsatmosphäre 266 f., 282, 327, 336, 360
- Phasen 266
- Sinn und Zweck 249 f., 254
- Vorbereitung 263 ff., 269
Vortrag 49, 86 f., 93, 120

Weiterbildungen 49, 57, 122, 195, 204, 276
Wunschposition
- Anforderung an 250
- definieren 37 f.
Zeugnisse
- Arbeitszeugnisse 33, 81 f., 158, 160 f., 168, 210
- Ausbildungszeugnisse 148, 157
- berufsqualifizierende 158, 161
- Fotokopien 160 f.
Zielstrebigkeit 51, 62
Zusatzqualifikationen 197 f.

Püttjer & Schnierda:
Coaching und Beratung

Wir sind für Sie da

Unsere Angebote:
Bewerbungsmappen-Check · Vorstellungsgespräch-Coaching · Karriereplanung · Assessment-Center-Intensivtraining · Rhetoriktraining · Führungskräfte-Coaching

Preise und weitere Details zu den einzelnen Beratungsmodulen sowie mehr als 100 kostenlose Jobbörsen finden Sie im Internet unter **www.karriereakademie.de**

Püttjer & Schnierda
Raiffeisenstraße 26
24796 Bredenbek / Naturpark Westensee
Tel.   (04334) 183787
Fax   (04334) 183790
E-Mail team@karriereakademie.de

Mehr Informationen unter
www.campus.de

Christian Püttjer, Uwe Schnierda
Assessment-Center-Training für Führungskräfte
Die wichtigsten Übungen – die besten Lösungen

2007, 305 Seiten, kartoniert
ISBN 978-3-593-37943-2

Erfolg ist kein Zufall

Die Erfahrung zeigt: Nur die Bewerber, die sich gezielt auf dieses Gruppenauswahlverfahren vorbereiten, schneiden wirklich gut ab. Denn nur wer weiß, was auf ihn zukommt und wie man die Übungen und Aufgaben souverän meistert, kann sich als Topkandidat profilieren. Mithilfe der Karriereexperten Püttjer & Schnierda sind Bewerber bestens vorbereitet – sowohl auf die offenen als auch auf die »heimlichen« Tests.

Mehr Informationen unter
www.campus.de

Frankfurt · New York